职业教育建筑类专业“互联网+”创新教材

钢筋翻样与加工

主　编　孙学礼　陶春光　王新兵
副主编　朱贺嫘　徐晓丽　曲彩虹　战东升
参　编　徐志朋　秦贝贝　杨晓玲　叶秋香　张　霞

机械工业出版社

本书以混凝土施工图纸为载体，依据《中等职业学校工程造价专业教学标准》、22G101《混凝土结构施工图平面整体表示方法制图规则和构造详图》系列图集、18G901《混凝土结构施工钢筋排布规则与构造详图》系列图集、国家现行结构设计和施工规范、1+X 相关证书内容及建筑钢筋工岗位技能新要求进行编写。

本书主要包括识读混凝土结构施工图结构设计总说明，独立基础的钢筋翻样，柱的钢筋翻样，梁的钢筋翻样，板的钢筋翻样，识读剪力墙平法施工图，识读楼梯平法施工图，识读基础平法施工图，钢筋加工、连接及安装共 9 个项目内容。

本书可作为职业院校建筑工程造价专业教材，也可作为相关企业建筑工程技术人员参考用书。在使用本书时，可根据实际选择对应的学习内容。

为方便教学，本书还配有电子课件及相关资源，凡使用本书作为教材的教师可登录机械工业出版社教育服务网 www.cmpedu.com 进行注册下载。机工社职教建筑群（教师交流 QQ 群）：221010660。咨询电话：010-88379934。

图书在版编目（CIP）数据

钢筋翻样与加工/孙学礼，陶春光，王新兵主编. —北京：机械工业出版社，2023.10

职业教育建筑类专业“互联网+”创新教材

ISBN 978-7-111-73868-8

Ⅰ.①钢… Ⅱ.①孙… ②陶… ③王… Ⅲ.①建筑工程-钢筋-工程施工-中等专业学校-教材 Ⅳ.①TU755.3

中国国家版本馆 CIP 数据核字（2023）第 174546 号

机械工业出版社（北京市百万庄大街 22 号 邮政编码 100037）

策划编辑：沈百琦　　责任编辑：沈百琦

责任校对：李小宝　薄萌钰　　封面设计：马精明

责任印制：常天培

北京机工印刷厂有限公司印刷

2024 年 1 月第 1 版第 1 次印刷

184mm×260mm · 14 印张 · 340 千字

标准书号：ISBN 978-7-111-73868-8

定价：45.00 元

电话服务　　网络服务

客服电话：010-88361066　　机 工 官 网：www.cmpbook.com

010-88379833　　机 工 官 博：weibo.com/cmp1952

010-68326294　　金 书 网：www.golden-book.com

机工教育服务网：www.cmpedu.com

前言

党的二十大报告指出“坚持面向世界科技前沿、面向经济主战场、面向国家重大需求、面向人民生命健康，加快实现高水平科技自立自强。以国家战略需求为导向，集聚力量进行原创性引领性科技攻关，坚决打赢关键核心技术攻坚战。”钢筋翻样是建筑施工领域核心技术，是工程成本占比最多的项目，做好钢筋翻样与加工工作，关系到人民的生命与安全和企业持续发展。

本书以附录的混凝土施工图纸为载体，依据《中等职业学校工程造价专业教学标准》、22G101《混凝土结构施工图平面整体表示方法制图规则和构造详图》系列图集、18G901《混凝土结构施工钢筋排布规则与构造详图》系列图集、国家现行结构设计和施工规范、1+X 相关证书内容及建筑钢筋工岗位技能新要求进行编写。选取内容体现“以学生为中心，工学结合、德技并修”的教学理念。本书特色如下：

1. 体例创新——体现校企合作、理实一体的理念

本书为校企“双元”合作编写教材，专业教师与企业专家基于一线工作岗位要求，提炼工作技能，形成理论学习和技能训练体系，按图纸识读、建筑工程施工程序及各项目特性将全书分为九大教学项目，每个项目按照“项目分析→知识目标→技能目标→素养目标→知识准备→技能训练（项目一～项目五）→自我检验”的思路进行编写。项目分析概述了本项目要学习的内容，为读者提炼了本项目的学习要点；知识目标阐述了本项目的学习目标，对读者提出了本项目的学习要求；技能目标制定了读者在本项目中所要掌握的技能；素养目标指出了读者在课程学习中所要提升的职业素养。在教学过程中，先学习每一项目的理论知识和技能训练要求，做好知识储备，再结合实际图纸进行训练。课后布置自我检验练习题，完成这些练习题，可使读者更好地掌握本项目的重点内容。

2. 案例教学——引用工程实例，注重工学结合，实用性更强

本书从工作岗位实际出发，选用工作中典型的某框架结构图纸作为学习和练习的案例，图纸中构件类型涵盖了本书主要学习的构件，结合图纸按照施工顺序分别进行独立基础、框架柱、框架梁、楼板等构件钢筋翻样计算，使理论学习与技能训练融为一体。

3. 资源配套——实施立体化教材建设，满足新业态职业教育发展需求

本书配套完整的微课视频、案例图纸、电子课件和教案等数字化资源。

4. 立德树人——引入育人元素，注重培养职业素养，德技并修

本书在“素养目标”里增加了育人元素，通过岗位技能严格训练，体现精益求精和厉行节约的工程施工理念，培养大国工匠技能人才。

本书按90学时编写，各项目学时分配见下表（供参考）：

	教学内容	学时数	备注
项目一	识读混凝土结构施工图结构设计总说明	9	必学
项目二	独立基础的钢筋翻样	6	必学
项目三	柱的钢筋翻样	16	必学
项目四	梁的钢筋翻样	20	必学
项目五	板的钢筋翻样	10	必学
项目六	识读剪力墙平法施工图	（20）	选学
项目七	识读楼梯平法施工图	4	必学
项目八	识读基础平法施工图	8	必学
项目九	钢筋加工、连接及安装	12	必学
综合训练及机动时间		5	
合计		90（110）	

本书由烟台理工学校孙学礼、陶春光和山东明磊幕墙装饰工程有限公司王新兵担任主编，烟台理工学校朱贺嫘、徐晓丽、曲彩虹和战东升担任副主编，参与编写的还有烟台理工学校徐志朋、秦贝贝、杨晓玲、叶秋香和张霞。

本书在编写过程中参阅和借鉴了许多优秀书籍和资料，并得到了有关领导和专家的帮助，在此一并表示感谢。

由于编者的学识和经验有限，书中不妥之处在所难免，恳请读者批评指正。

编　者

本书微课视频清单

序号	名称	图形	序号	名称	图形
1	柱顶钢筋构造		8	剪力墙竖向钢筋搭接构造	
2	梁水平加腋		9	地下室外墙钢筋	
3	框架梁上部贯通筋和架立筋		10	钢筋条形基础	
4	框架梁中间支座附近钢筋构造		11	筏板基础钢筋	
5	框架梁端部支座附近钢筋构造		12	桩基础螺旋箍筋加工	
6	梁顶面高差较大时构造		13	三桩承台	
7	剪力墙端部有暗柱时的钢筋构造				

目　录

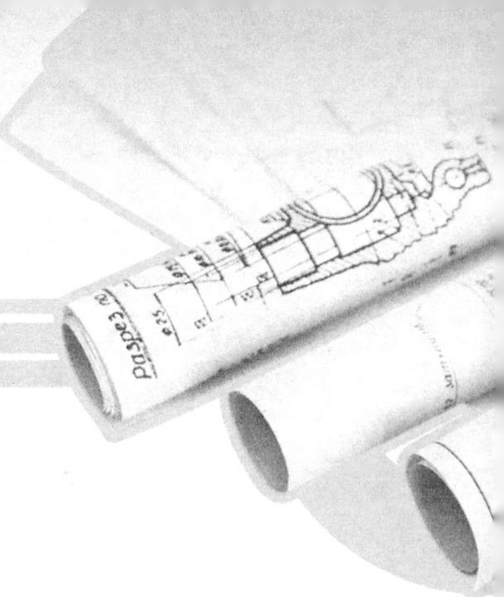

项目一
识读混凝土结构施工图结构设计总说明

项目分析

良好的开端等于成功的一半。

当接到一个混凝土工程施工任务，识读混凝土结构施工图纸时，首先要识读混凝土结构施工图结构设计总说明，其主要介绍该工程的图纸目录、工程概况（结构类型等）、建筑物主要荷载取值、主要结构材料、工程施工要点等内容，为工程施工提供技术标准和施工依据。要识读混凝土结构施工图结构设计总说明，需要学习建筑结构类型、抗震、材料知识，以及规范规定的混凝土保护层最小厚度、钢筋锚固长度、钢筋连接方式、结构通用构造知识和国家标准要求。混凝土结构施工图结构设计总说明里面的要求是针对该工程具体实际提出的，当要求高于国家规范要求时，应按该工程施工要求执行。学习了上述内容，才能更好地识读图纸。

知识目标

1. 了解混凝土结构体系及构件关系，了解地震和结构抗震基本知识，了解各类标准及主要结构材料。

2. 理解混凝土保护层最小厚度和受拉钢筋锚固长度的确定方法，理解钢筋连接的三种方式及箍筋、梁钢筋、柱钢筋的构造要求。

技能目标

1. 能够正确识读施工图结构设计总说明。

2. 能够根据施工图结构设计总说明，确定受拉钢筋锚固长度和混凝土保护层最小厚度，以便于按规范要求进行钢筋的正确施工。

3. 能够独立完成本书附录图纸的结构设计总说明的识读工作。

素养目标

通过学习，了解国家结构规范标准的重要性，树立结构安全意识，建立学好本课程的信心。

知识准备

任务1　认识混凝土结构类型及构件关系

一、建筑结构的概念

建筑结构是指建筑物中用来承受荷载和其他间接作用（如温度变化引起的伸缩、地基不均匀沉降等）并起骨架作用的体系。在房屋建筑中，组成结构的构件有基础、柱、墙、梁、板、屋架等。

二、混凝土结构分类

混凝土结构是以混凝土为主要材料的结构，具有强度高、耐久性好、耐火性好、可模性好、整体性好、易于就地取材等优点，缺点是自重大、抗拉强度低。如今混凝土结构已成为应用最普遍的结构形式，广泛应用于住宅、厂房、办公楼等多层和高层建筑，也大量应用于桥梁、水利等工程。

混凝土结构根据承重体系不同，可分为框架结构、剪力墙结构、框架-剪力墙结构、框支剪力墙结构、筒体结构和悬挂结构等。本书主要学习框架结构，选学剪力墙结构。

1. 框架结构

框架结构（图1-1）是指由梁和柱刚接而成的承重体系结构。框架结构在竖向荷载作用下，框架梁主要承受弯矩和剪力，框架柱主要承受轴力和弯矩。一般情况下由于框架梁与板整体浇筑，造成框架结构在水平方向的刚度远远大于在竖直方向的刚度，表现出竖向刚度小、水平侧移大的特点。因此在地震设防区，由于地震作用大于风荷载，框架结构的层数要比非地震设防地区层数少，且地震设防烈度越高，场地地质越差，框架结构的楼层越少。

2. 剪力墙结构

采用钢筋混凝土墙体作为承受水平荷载及竖向荷载的结构体系，称为剪力墙结构（图1-2)。现浇钢筋混凝土剪力墙结构整体性好、刚度大，墙体既承担水平构件传来的竖向荷载，同时又承担风力或地震作用传来的水平荷载，在水平荷载作用下侧向变形小，比框架结构有更好的抗侧力能力，可建造较高的建筑物。

图1-1　框架结构

图1-2　剪力墙结构

3. 框架-剪力墙结构

在框架结构中设置部分剪力墙，使框架和剪力墙两者结合起来，取长补短，共同承受竖向和水平荷载作用，这种体系称为框架-剪力墙结构。在框架-剪力墙结构中，由于剪力墙刚度大，剪力墙承受大部分水平力，是抗侧力的主体，框架柱则承受竖向荷载，同时也承受部分水平力，框架结构增加了空间的灵活性。两者协同工作，承载力大大提高，因此这种结构形式可用来建造较高的高层建筑。

三、混凝土结构构件关系

混凝土结构由各类结构构件连接而成，理清建筑物结构构件之间的关系，能够帮助我们正确识读图纸，能够和建筑力学的知识联系上，知道各构件相关联的支座是哪个构件、如何传力，明确整个结构系统的层次性、关联性和相对完整性。

建筑物主要有基础、柱、墙、梁、板、楼梯等构件。各构件传力途径如下：荷载→板→次梁→主梁（框架梁）→柱（墙）→基础。楼板主要承受楼面竖向荷载，承受弯矩作用，板将荷载传递给框架梁；框架梁主要承受弯矩和剪力作用，框架梁把荷载传递给框架柱或剪力墙等竖向构件上；框架柱主要承受压力，剪力墙主要承受压力和水平剪力，柱（墙）把荷载传给基础。各构件之间的关联性如下：柱（墙）与基础关联，柱（墙）以基础为支座；梁与柱关联，梁以柱为支座；板与梁关联，板以梁为支座；两种构件相连时，是支座的构件在节点处箍筋贯通节点布置，不是支座的构件在节点处箍筋不布置（特殊情况下为固定受力筋，设置较少的非复合箍筋或水平筋，如框架柱在基础中的情况），如图 1-3 和图 1-4 所示。

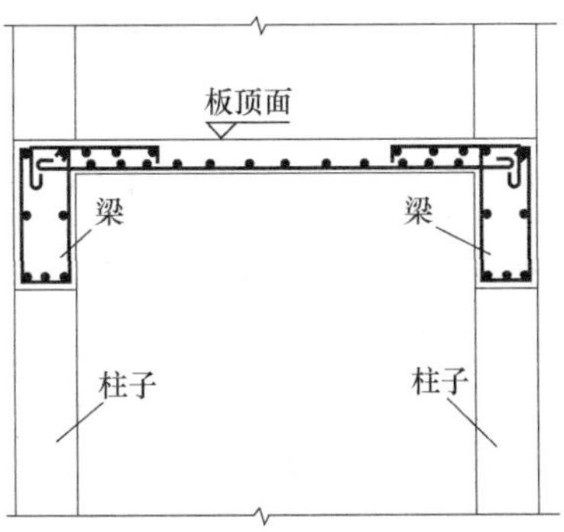

图 1-3　板与框架梁的关系

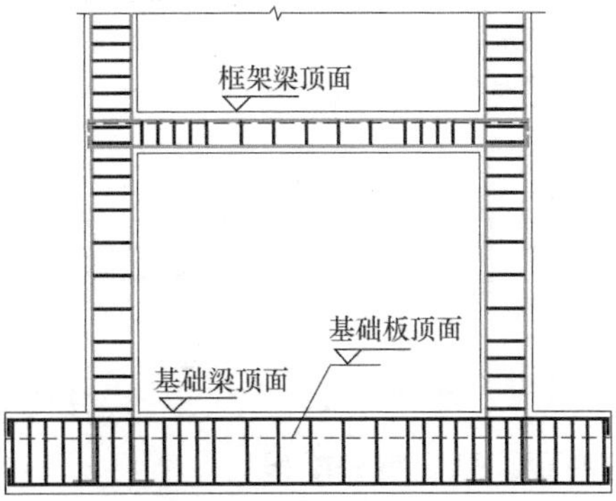

图 1-4　基础、框架柱与框架梁的关系

构件纵筋在支座处可锚固或贯通，当锚固时，其锚固形式按实际受力需求，分为刚性锚固和半刚性锚固。框架梁在框架柱和框架柱在基础中的锚固均为刚性锚固，次梁在主梁中的锚固则为半刚性锚固。锚固性质不同，纵筋的锚固长度也不同。

四、抗震要求

1. 抗震设防烈度

抗震设防烈度是按国家规定的权限批准作为一个地区抗震设防依据的地震烈度。《建筑抗震设计规范（2016 年版）》（GB 50011—2010）规定，抗震设防烈度为 6 度及以上地区的建筑，必须进行抗震设计。现行抗震设计规范适用于抗震设防烈度为 6 度、7 度、8 度、

9 度地区建筑工程的抗震设计、隔震、消能减震设计。抗震设防烈度大于 9 度地区的建筑及行业有特殊要求的工业建筑，按相关规定执行。

2. 抗震等级

抗震等级是我国抗震规范和高层规程综合考虑建筑抗震重要性类别、地震作用（包括区分设防烈度和场地类别）、结构类型（包括区分主、次抗侧力构件）和房屋高度等因素，对钢筋混凝土结构划分不同的抗震级别。抗震等级的高低，体现了对抗震性能要求的严格程度。不同的抗震等级有不同的抗震计算和构造措施要求，从四级到一级，抗震要求依次提高；高层规程中还规定了抗震等级更高的特一级。抗震等级确定方法见表 1-1（本表只列到抗震墙部分）。

表 1-1　抗震等级分类

<table>
<tr><th colspan="2" rowspan="2">结构类型</th><th colspan="12">设防烈度</th></tr>
<tr><th colspan="2">6</th><th colspan="4">7</th><th colspan="4">8</th><th colspan="2">9</th></tr>
<tr><td rowspan="3">框架结构</td><td>高度/m</td><td>≤24</td><td>>24</td><td colspan="2">≤24</td><td colspan="2">>24</td><td colspan="2">≤24</td><td colspan="2">>24</td><td colspan="2">≤24</td></tr>
<tr><td>框架</td><td>四</td><td>三</td><td colspan="2">三</td><td colspan="2">二</td><td colspan="2">二</td><td colspan="2">一</td><td colspan="2">一</td></tr>
<tr><td>大跨度框架</td><td colspan="2">三</td><td colspan="4">二</td><td colspan="4">一</td><td colspan="2">一</td></tr>
<tr><td rowspan="3">框架-剪力墙结构</td><td>高度/m</td><td>≤60</td><td>>60</td><td>≤24</td><td colspan="2">25~60</td><td>>60</td><td>≤24</td><td colspan="2">25~60</td><td>>60</td><td>≤24</td><td>25~50</td></tr>
<tr><td>框架</td><td>四</td><td>三</td><td>四</td><td colspan="2">三</td><td>二</td><td>三</td><td colspan="2">二</td><td>一</td><td>二</td><td>一</td></tr>
<tr><td>剪力墙</td><td colspan="2">三</td><td>三</td><td colspan="3">二</td><td>二</td><td colspan="3">一</td><td colspan="2">一</td></tr>
<tr><td rowspan="2">剪力墙结构</td><td>高度/m</td><td>≤80</td><td>>80</td><td>≤24</td><td colspan="2">25~80</td><td>>80</td><td>≤24</td><td colspan="2">25~80</td><td>>80</td><td>≤24</td><td>25~60</td></tr>
<tr><td>剪力墙</td><td>四</td><td>三</td><td>四</td><td colspan="2">三</td><td>二</td><td>三</td><td colspan="2">二</td><td>一</td><td>二</td><td>一</td></tr>
</table>

注：高度指室外地面到主要屋面板板顶的高度（不包括局部突出屋顶部分）；表中框架不包括异形柱框架；大跨度框架指跨度不小于 18m 的框架。

任务 2　认识主要规范、标准及主要结构材料

一、国家建筑规范和标准图集介绍

1. 主要国家规范和规程

《工程结构通用规范》（GB 55001—2021）

《建筑与市政工程抗震通用规范》（GB 55002—2021）

《混凝土结构通用规范》（GB 55008—2021）

《混凝土结构设计规范（2015 年版）》（GB 50010—2010）

《建筑抗震设计规范（2016 年版）》（GB 50011—2010）

《高层建筑混凝土结构技术规程》（JGJ 3—2010）

《建筑结构制图标准》（GB/T 50105—2010）

2. 22G101 系列图集

建筑结构施工图平面整体设计方法（简称平法），概括来讲，是把结构构件的尺寸和配筋等按照平面整体表示方法制图规则，整体直接表达在各类构件的结构平面布置图上，再与标准构造详图相配合，即构成一套完整的结构设计施工图纸。22G101 系列图集共三本，分

别是《混凝土结构施工图平面整体表示方法制图规则和构造详图（现浇混凝土框架、剪力墙、梁、板）》（22G101—1）、《混凝土结构施工图平面整体表示方法制图规则和构造详图（现浇混凝土板式楼梯）》（22G101—2）、《混凝土结构施工图平面整体表示方法制图规则和构造详图（独立基础、条形基础、筏形基础、桩基础）》（22G101—3）。

22G101 系列图集适用于抗震设防烈度为 6~9 度地区的现浇钢筋混凝土框架、剪力墙、框架-剪力墙和部分框支剪力墙等主体结构施工图的设计，以及各类结构中的现浇混凝土板，地下室结构部分现浇混凝土墙体、柱、梁、板结构施工图的设计。

3. 18G901 系列图集

18G901 系列图集包括《混凝土结构施工钢筋排布规则与构造详图（现浇混凝土框架、剪力墙、梁、板）》（18G901—1）、《混凝土结构施工钢筋排布规则与构造详图（现浇混凝土板式楼梯）》（18G901—2）、《凝土结构施工钢筋排布规则与构造详图（独立基础、条形基础、筏形基础、桩基础）》（18G901—3）三本。

本图集可指导施工人员进行钢筋施工排布设计、钢筋翻样计算和现场安装，确保施工时钢筋排布规范有序，使实际施工建造满足规范规定和设计要求，此外可辅助设计人员进行合理的构造方案选择，实现设计构造与施工建造的有机衔接，全面保证工程设计与施工质量。

本图集在钢筋排布与构造详图中编入了目前国内常用且较为成熟的构造做法。施工时，除遵照本图集的有关钢筋排布构造要求外，还应注意具体工程的设计要求，当钢筋排布影响到构件截面有效高度时，应经设计确认后使用。

二、混凝土结构常用材料

1. 混凝土

混凝土按立方体抗压强度标准值（以边长为 150mm 的立方体为标准试件，在标准养护条件下养护 28d，按照标准试验方法测得的具有 95%保证率的立方体抗压强度）划分强度等级，分为 C15、C20、C25、C30、C35、C40、C45、C50、C55、C60、C65、C70、C75、C80 共 14 个等级，C60 及其以上为高强度混凝土。素混凝土结构构件的混凝土强度等级不应低于 C20；钢筋混凝土结构构件的混凝土强度等级不应低于 C25；采用 500MPa 及以上等级钢筋的钢筋混凝土结构构件，混凝土强度等级不应低于 C30。

2. 钢筋

1）钢筋主要品种见表 1-2。

表 1-2　钢筋主要品种

牌号	钢筋品种	符号	强度 等级/MPa	公称 直径/mm	下屈服 强度/MPa	抗拉 强度/MPa
HPB300	普通热轧光圆钢筋	Φ	300	6~22	300	420
HRB400 HRBF400	普通热轧带肋钢筋 细晶粒热轧带肋钢筋	⌀ $⌀^F$	400	6~50	400	540
HRB500 HRBF500	普通热轧带肋钢筋 细晶粒热轧带肋钢筋	Φ̄ $\bar{Φ}^F$	500	6~50	500	630
HRB600	普通热轧带肋钢筋		600	6~50	600	730

注：H—热轧钢筋，P—光圆钢筋，B—钢筋，R—带肋钢筋，F—细晶粒钢筋。

2）在有抗震设防要求的结构中，对材料的要求分为强制性要求和非强制性要求两种。

3）在《钢筋混凝土用钢　第2部分：热轧带肋钢筋》（GB/T 1499.2—2018）中还提供了牌号带“E”的钢筋：HRB400E、HRBF400E、HRB500E、HRBF500E。对于这些牌号带“E”的钢筋，抗震结构的关键部位及重要构件宜优先选用。

4）不同公称直径钢筋的理论质量见表1-3。

表1-3　不同公称直径钢筋的理论质量

公称直径/mm	理论质量/(kg/m)	公称直径/mm	理论质量/(kg/m)	公称直径/mm	理论质量/(kg/m)
6	0.222	16	1.58	28	4.83
8	0.395	18	2.00	32	6.31
10	0.617	20	2.47	36	7.99
12	0.888	22	2.98	40	9.87
14	1.21	25	3.85	50	15.42

任务3　确定混凝土保护层最小厚度

混凝土保护层是指最外层钢筋（箍筋、构造钢筋、分布钢筋等）外边缘至混凝土表面的距离。《混凝土结构设计规范（2015年版）》（GB 50010—2010）规定耐久性（使用年限和环境类别）基本要求，不仅对混凝土的保护层厚度提出了要求，特别还对混凝土的水灰比、混凝土强度等级、氯离子含量和碱含量等耐久性的主要影响因素做出了明确规定。最小保护层厚度关系到结构的安全和耐久性，它的主要影响因素是建筑物工程所处环境的环境类别。

一、建筑物工程所处环境类别的确定

混凝土结构的环境类别按表1-4的要求划分。

表1-4　混凝土结构的环境类别

环境类别	条件
一	室内干燥环境 无侵蚀性静水浸没环境
二 a	室内潮湿环境 非严寒和非寒冷地区的露天环境 非严寒和非寒冷地区与无侵蚀性的水或土壤直接接触的环境 严寒和寒冷地区的冰冻线以下与无侵蚀性的水或土壤直接接触的环境
二 b	干湿交替环境 水位频繁变动环境 严寒和寒冷地区的露天环境 严寒和寒冷地区的冰冻线以上与无侵蚀性的水或土壤直接接触的环境
三 a	严寒和寒冷地区冬季水位变动区环境 受除冰盐影响环境 海风环境

（续）

环境类别	条件
三 b	盐渍土环境 受除冰盐作用环境 海岸环境
四	海水环境
五	受人为或自然的侵蚀性物质影响的环境

注：1. 混凝土结构环境类别是指混凝土结构暴露表面所处的环境条件。

2. 室内干燥环境是指构件处于常年干燥、低湿度的环境；室内潮湿环境是指构件表面经常处于结露或湿润状态的环境。

3. 严寒地区是指最冷月平均温度≤-10℃、日平均气温≤-5℃的天数不少于145d的地区；寒冷地区是指最冷月平均温度为-10~0℃、日平均气温≤-5℃的天数为90~145d的地区。

4. 海岸环境和海风环境宜根据当地情况，考虑主导风向和结构所处迎风、背风部位等因素的影响，由调查研究和工程经验确定。

5. 受除冰盐影响环境是指受到除冰盐、盐雾影响的环境；受除冰盐作用环境是指被除冰盐溶液溅射的环境以及使用除冰盐的洗车房、停车楼等建筑。

6. 干湿交替环境是指混凝土表面经常交替接触到大气和水的环境类别。

二、不同因素下的混凝土保护层最小厚度

按照平面和杆状构件两类确定混凝土保护层最小厚度见表1-5，并由设计人员在图纸中明确。

表1-5 混凝土保护层最小厚度 （单位：mm）

环境类别	墙、板	梁、柱、基础梁（顶面和侧面）	独立基础、条形基础、筏形基础（顶面和侧面）
一	15	20	—
二 a	20	25	20
二 b	25	35	25
三 a	30	40	30
三 b	40	50	40

注：1. 表中混凝土保护层厚度适用于设计使用年限为50年的混凝土结构。

2. 构件中受力钢筋的保护层厚度不应小于钢筋的公称直径。例如，一类环境中，梁、柱的混凝土保护层最小厚度为20mm，如果梁、柱的受力钢筋公称直径为32mm，则受力钢筋的保护层厚度不应小于32mm，该梁、柱的混凝土保护层厚度去除箍筋的直径（假如箍筋直径为10mm），不应小于22mm。

3. 一类环境中，设计使用年限为100年的结构最外层钢筋的保护层厚度不应小于表中数值的1.4倍；二、三类环境中，设计使用年限为100年的结构应采取专门的有效措施。

4. 混凝土强度等级≤C25时，表中数值应增加5mm。

5. 钢筋混凝土基础宜设置混凝土垫层，基础底部钢筋保护层的厚度应从垫层顶面算起，且不应小于40mm；无垫层时，不应小于70mm。

6. 桩基承台及承台梁的承台底面钢筋保护层的厚度：当有混凝土垫层时，不应小于50mm；无垫层时，不应小于70mm；此外还不应小于桩头嵌入承台内的长度。

思考1： 地上地下所处环境不同对混凝土保护层厚度要求也不同，可对地下竖向构件采取什么措施？

答：采取外扩附加保护层的方法，使柱主筋在同一位置不变，如图 1-5 所示。当对地下室外墙采取可靠的建筑防水做法或防护措施时，与土壤接触的混凝土保护层厚度可适当减小，但不应小于 25mm。

思考 2：当梁、柱、墙中局部钢筋的保护层厚度大于 50mm 时，宜对保护层混凝土采取什么措施？

答：采取有效的构造措施进行拉结，防止混凝土开裂、剥落、下坠，可采取在保护层内设置防裂、防剥落的钢筋网片的措施，网片钢筋的保护层厚度不应小于 25mm，钢筋直径不宜大于 8mm，间距不应大于 150mm。保护层厚度不大于 75mm 时可设Φ4@150 的网片钢筋，如图 1-6 所示。

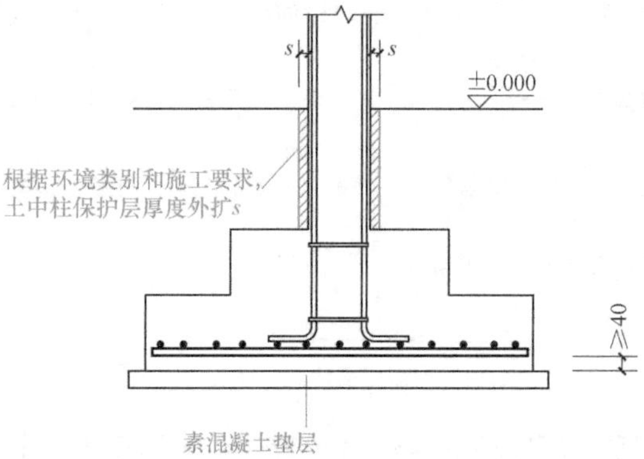

图 1-5　独立基础混凝土保护层厚度

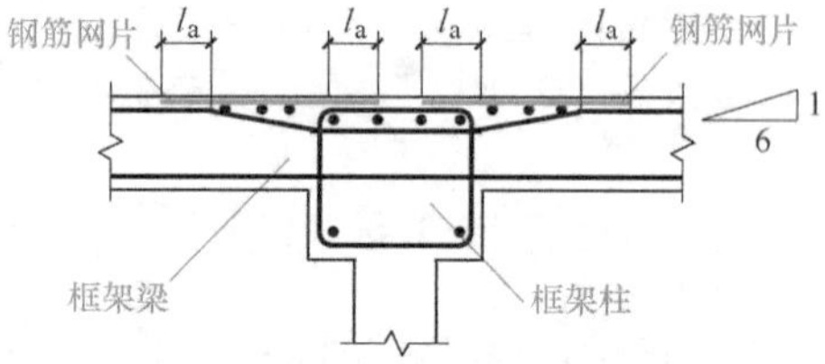

图 1-6　框架梁一侧与框架柱一侧平齐

任务 4　确定受拉钢筋锚固长度

一、受拉钢筋锚固长度的确定

受拉钢筋锚固长度是指受拉钢筋依靠其表面与混凝土的黏结作用而达到设计承受应力所需的长度。钢筋混凝土结构中钢筋能够受力，主要是依靠钢筋和混凝土之间的黏结锚固作用。任何一根受拉钢筋都包括两部分：一是受力净长，二是锚固长度。因此钢筋的锚固是混凝土结构受力的基础。纵向受拉钢筋的锚固长度与钢筋的强度、结构抗震等级和混凝土抗拉强度有关。钢筋的强度越大，纵向受拉钢筋的锚固长度越长；混凝土抗拉强度越大，纵向受拉钢筋的锚固长度越短；结构抗震等级越高，纵向受拉钢筋的锚固长度越长。受拉钢筋锚固符号说明见表 1-6。

表 1-6　受拉钢筋锚固符号说明

符号	构件类型	含义	用处
l_{ab}	非抗震构件	受拉钢筋基本锚固长度	钢筋弯锚时，核算平直段长度
l_a		受拉钢筋锚固长度	确定非抗震构件钢筋是否直锚
l_{abE}	抗震构件	受拉钢筋抗震基本锚固长度	钢筋弯锚时，核算平直段长度
l_{aE}		受拉钢筋抗震锚固长度	确定抗震构件钢筋是否直锚

目前国家规范中，将框架柱、框架梁、剪力墙设为抗震构件，基础、板、非框架梁、悬挑梁、楼梯等设为非抗震构件。设计部门有时根据工程实际情况将部分基础、板、非框架梁、悬挑梁、楼梯设为抗震构件。

规范根据拔出试验，考虑钢筋种类、抗震等级和混凝土强度等级，确定受拉钢筋基本锚固长度 l_{ab}、l_{abE}，见表 1-7 和表 1-8。22G101 系列图集已经给出了各种情况下的锚固长度。

表 1-7　非抗震构件受拉钢筋基本锚固长度 l_{ab}

钢筋种类	混凝土强度等级							
	C25	C30	C35	C40	C45	C50	C55	≥C60
HPB300	34d	30d	28d	25d	24d	23d	22d	21d
HRB400、HRBF400、RRB400	40d	35d	32d	29d	28d	27d	26d	25d
HRB500、HRBF500	—	43d	39d	36d	34d	32d	31d	30d

注：四级抗震 l_{abE}、受拉钢筋锚固长度 l_a、四级抗震 l_{aE} 且钢筋 $d \leqslant 25$mm 时，均取表中数据。

表 1-8　抗震构件受拉钢筋基本锚固长度 l_{abE}

钢筋种类	抗震等级	混凝土强度等级							
		C25	C30	C35	C40	C45	C50	C55	≥C60
HPB300	一、二级	—	35d	32d	29d	28d	26d	25d	24d
	三级	36d	32d	29d	26d	25d	24d	23d	22d
HRB400、HRBF400	一、二级	—	40d	37d	33d	32d	31d	30d	29d
	三级	42d	37d	34d	30d	29d	28d	27d	26d
HRB500、HRBF500	一、二级	—	49d	45d	41d	39d	37d	36d	35d
	三级	—	45d	41d	38d	36d	34d	33d	32d

注：1. 受拉钢筋抗震锚固长度 l_{aE} 且钢筋 $d \leqslant 25$mm 时，取表中数据。
2. HPB300 钢筋末端应做 180°弯钩。
3. 当锚固钢筋保护层厚度≤5d 时，锚固钢筋长度范围内应设置横向构造钢筋，其直径不应小于 $d/4$（d 为锚固钢筋最大直径）；对梁、柱等构件间距不应大于 5d，对墙、板等构件间距不应大于 10d，且均不应大于 100mm（d 为锚固钢筋最小直径）。
4. 一般情况下，受拉钢筋锚固长度 l_a 等于受拉钢筋基本锚固长度 l_{ab}，受拉钢筋抗震锚固长度 l_{aE} 等于受拉抗震钢筋基本锚固长度 l_{abE}。当有下列情况时，l_a 和 l_{aE} 在表 1-7、表 1-8 基础上应乘以表 1-9 中的修正系数。

表 1-9　受拉钢筋锚固长度 l_a、受拉钢筋抗震锚固长度 l_{aE} 的修正系数 ξ_a

锚固条件		ξ_a	原因	说明
带肋钢筋公称直径大于 25mm		1. 10	考虑粗直径带肋钢筋相对肋高减小，锚固作用降低	多于一项时，连乘
环氧树脂涂层带肋钢筋		1. 25	钢筋表面光滑，对钢筋不利	
施工过程中易受扰动的钢筋		1. 10	降低与混凝土的黏结锚固	
锚固钢筋的保护层厚度	3d	0. 8	注：中间按内插值取值。d 为锚固钢筋直径	
	5d	0. 7		

注：1. l_a 和 l_{aE} 计算值不应小于 200mm。
2. 混凝土强度等级应取锚固区的混凝土强度等级。

二、纵筋弯钩和机械锚固形式

纵筋弯钩和机械锚固形式如图 1-7 所示。

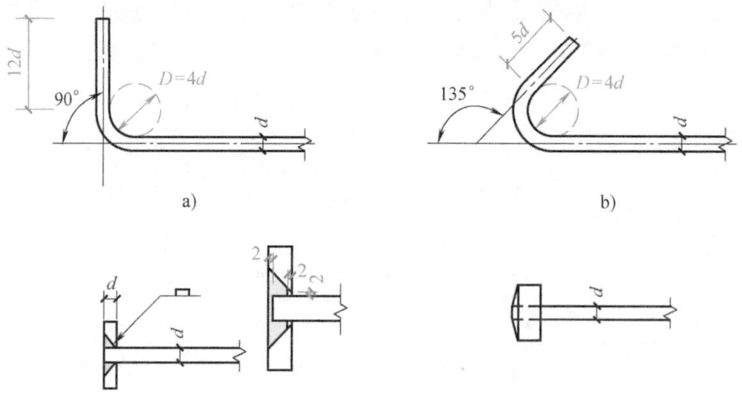

图 1-7 纵筋弯钩和机械锚固形式

a）末端带 90°弯钩 b）末端带 135°弯钩 c）末端与锚板穿孔塞焊 d）末端带螺栓锚头

1）当纵向受拉普通钢筋末端采用弯钩或机械锚固措施时，包括弯钩或锚固端头在内的锚固长度（投影长度）可取为基本锚固长度的 60%。

2）焊缝和螺纹长度应满足承载力的要求；螺栓锚头的规格应符合现行行业标准的要求。

3）螺栓锚头或焊接锚板的承压净面积不应小于锚固钢筋截面积的 4 倍。

4）螺栓锚头或焊接锚板的钢筋净间距不宜小于 4d 时，否则应考虑群锚效应的不利影响。

5）受压钢筋不应采用末端弯钩的锚固形式。

6）钢筋末端采用弯钩锚固措施时，对于 500MPa 级带肋钢筋，当直径 $d\leqslant 25$mm 时，钢筋弯折的弯弧内直径不应小于钢筋直径的 6 倍，当直径 $d>25$mm 时，不应小于钢筋直径的 7 倍；对于 400MPa 级带肋钢筋，不应小于钢筋直径的 4 倍；对于光圆钢筋，不应小于钢筋直径的 2.5 倍。

7）本书构造详图中标注的钢筋端部弯折段长度 $15d$ 均为 400MPa 级钢筋的弯折段长度。500MPa 级带肋钢筋，当 $d\leqslant 25$mm 时，端部弯折段长度为 $16d$；当 $d>25$mm 时，端部弯折段长度 $16.5d$。

任务 5 确定钢筋连接方式

钢筋连接主要有机械连接、绑扎搭接和焊接连接三种方式。设置连接接头时应遵循以下原则：

1）接头应尽量设置在受力较小处，应避开结构受力较大的关键部位。抗震设计时避开梁端、柱端箍筋加密区范围，如必须在该区域连接，则应采用机械连接。

2）在同一跨度或同一层高内的同一受力钢筋上宜少设连接接头，不宜设置 2 个或 2 个以上接头。

3）接头位置宜互相错开，在连接范围内，d 为相互连接两根钢筋中较小直径；当同一构件内不同连接钢筋计算连接区段长度不同时取大值。凡接头中点位于连接区段长度内的连接接头均属同一连接区段。同一连接区段内纵筋连接接头面积百分率，为该区段内有连接接头的纵筋截面面积与全部纵筋截面面积的比值（框架梁上部和下部受力钢筋分别计算）。

4）在钢筋连接区域应采取必要的构造措施，在纵筋搭接长度范围内应配置横向构造钢筋或箍筋。

5）轴心受拉及小偏心受拉杆件（如桁架和拱的拉杆）的纵筋不得采用绑扎搭接。

6）当受拉钢筋的直径大于 25mm 及受压钢筋的直径大于 28mm 时，不宜采用绑扎搭接。实际工程中为节省钢筋，直径为 16mm 以上钢筋多数采用机械连接，柱钢筋直径为 12~14mm 的钢筋多数采用电渣压力焊方式连接。

一、机械连接

机械连接利用钢筋与连接件的机械咬合作用或钢筋端面的承压作用实现钢筋连接，受力可靠，但机械连接接头连接件的混凝土保护层厚度以及连接件间的横向净距将减小，如图 1-8 和图 1-9 所示。

图 1-8　机械连接（直螺纹连接）

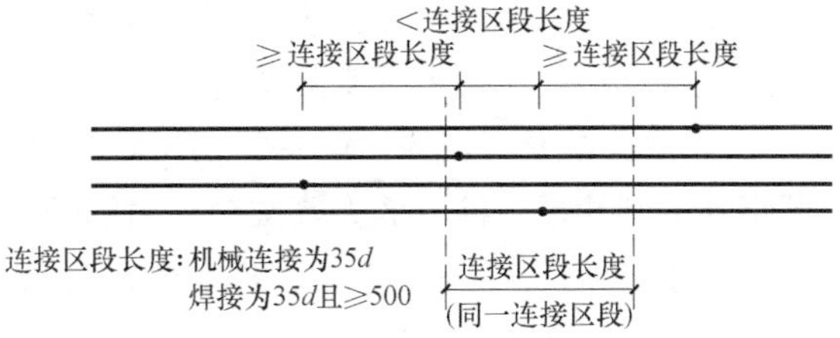

图 1-9　同一连接区段纵向受拉钢筋机械连接、焊接接头

1）机械连接和焊接接头的类型及质量应符合国家现行有关标准的规定。

2）纵筋机械连接接头保护层：条件允许时，钢筋连接件的混凝土保护层厚度应符合钢筋的最小保护层厚度要求，连接件之间的横向净距不宜小于 25mm。

二、绑扎搭接

绑扎搭接利用钢筋与混凝土之间的黏结锚固作用实现传力，如图 1-10 所示，连接方便。对于直径较粗的受力钢筋，绑扎搭接长度较长，且连接区域容易产生过宽的裂缝。

1）同一连接区段内纵向受拉钢筋绑扎搭接接头如图 1-11 所示。

图 1-10　纵筋绑扎搭接接头

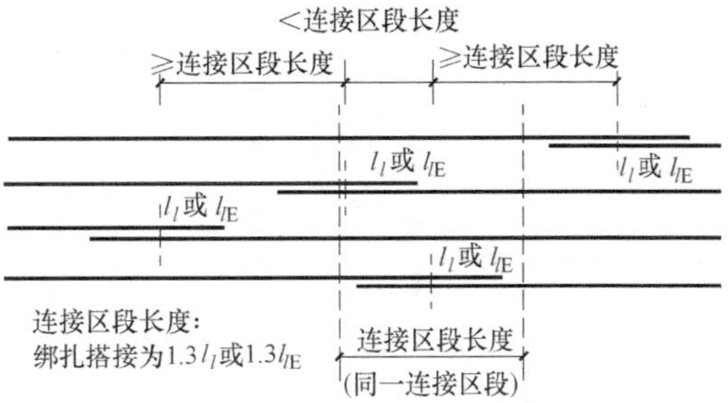

图 1-11　同一连接区段内纵向受拉钢筋绑扎搭接接头

对于抗震构件，纵向受拉钢筋绑扎搭接长度 l_{lE}公式为

$$l_{lE}=\xi_l l_{aE}$$

对于非抗震构件，纵向受拉钢筋绑扎搭接长度 l_l公式为

$$l_l=\xi_l l_a$$

式中，ξ_l 为纵向受拉钢筋搭接长度修正系数，见表 1-10。

表 1-10　纵向受拉钢筋搭接长度修正系数

纵向受拉钢筋搭接接头面积百分率（%）	≤25	50	100
纵向受拉钢筋搭接长度修正系数 ξ_l	1.2	1.4	1.6

注：1. 当不同直径的钢筋搭接时，l_l、l_{lE}按直径较小的钢筋计算。

2. 在任何情况下 $l_l \geqslant 300$mm。

3. 当纵向受拉钢筋搭接接头面积百分率为表 1-10 中的中间值时，ξ_l 可按内插取值。

2）纵筋采用绑扎搭接时，位于同一连接区段内的受拉钢筋搭接接头面积百分率要求：

① 梁类、板类及墙类构件，不宜大于 25%。

② 柱类构件，不宜大于 50%。

③ 当工程中需要增大受拉钢筋搭接接头面积百分率时，梁类构件不宜大于 50%；板类、墙类及柱类构件，可根据实际情况放宽。

④ 梁、板受弯构件，按一侧纵向受拉钢筋面积计算搭接接头面积百分率，即上部、下部钢筋分别计算；柱、剪力墙按全截面钢筋面积计算搭接接头面积百分率。

⑤ 搭接钢筋接头除应满足搭接接头面积百分率的要求外，宜间隔式布置，不应相邻连续布置。当钢筋直径相同，接头面积百分率为 50%时，隔一搭一；接头面积百分率为 25%时，隔三搭一。

3）梁柱绑扎搭接区箍筋应加密，直径不小于 $d/4$（d 为搭接钢筋最大直径），间距不应大于 100mm 及 $5d$（d 为搭接钢筋最小直径）；当受压钢筋直径大于 25mm 时，尚应在搭接接头两个端面外 100mm 的范围内各设置两道箍筋。

4）HRB400 钢筋的搭接长度见表 1-11。

表 1-11　HRB400 钢筋的搭接长度 l_{lE}（$d \leqslant 25$mm）

抗震等级	同一区段内搭接钢筋接头面积百分率	C25	C30	C35	C40
一、二级抗震等级	≤25%	$55d$	$48d$	$44d$	$40d$
	50%	$64d$	$56d$	$52d$	$46d$
三级抗震等级	≤25%	$50d$	$44d$	$41d$	$36d$
	50%	$59d$	$52d$	$48d$	$42d$
四级（非）抗震等级	≤25%	$48d$	$42d$	$38d$	$35d$
	50%	$56d$	$49d$	$45d$	$41d$
	100%	$64d$	$56d$	$51d$	$46d$

注：最小钢筋搭接长度不小于 300mm。

三、焊接连接

焊接连接是利用热熔融金属实现钢筋连接，如图 1-12 所示。该方法优点是节省钢筋，接头成本低；缺点是焊接接头往往需人工操作，因而连接质量的稳定性较差。具体要求如下：

1）细晶粒热轧带肋钢筋和直径大于 28mm 的热轧带肋钢筋焊接应经过试验确定。

2）电阻点焊用于钢筋焊接骨架和钢筋焊接网；采用闪光对焊焊接不同直径钢筋时径差不得超过 4mm；采用电渣压力焊和气压焊焊接不同直径钢筋时径差不得超过 7mm；焊接不同直径钢筋时，接头面积百分率计算同机械连接。

图 1-12　焊接连接（电渣压力焊）

任务 6　掌握箍筋、拉筋、梁钢筋、柱钢筋构造

一、箍筋、拉筋的弯钩构造

箍筋、拉筋的弯钩构造如图 1-13 所示。

非焊接封闭箍筋末端应设弯钩，弯钩做法及长度要求如下：

1）非框架梁以及不考虑地震作用的悬挑梁，箍筋及拉筋弯钩的平直段长度可为 $5d$；当其受扭时，应为 $10d$。

2）对有抗震设防要求的结构构件，箍筋弯钩的弯折角度为 135°，弯折后平直段长度不应小于箍筋直径的 10 倍和 75mm 两者中的较大值。

3）圆形箍筋（非螺旋箍筋）搭接长度不应小于其受拉锚固长度 $l_{aE}(l_a)$，末端均应做 135°弯钩，弯折后平直段长度不应小于箍筋直径的 10 倍和 75mm 两者中的较大值。

4）拉筋用于梁、柱复合箍筋中单肢箍筋时，两端弯折角度均为 135°，弯折后平直段长度同箍筋。

5）拉筋用于剪力墙分布钢筋的拉结时，可采用一端弯折 135°，另一端弯折 90°弯钩，宜同时勾住外侧水平及竖向分布钢筋。

二、梁和柱纵筋间距构造

梁上部、下部及柱纵筋间距构造要求如图 1-14 所示。

1）梁上部纵筋间距≥30mm 且≥$1.5d$，上下两排间距≥25mm 且≥d，d 为钢筋最大直径。

2）梁下部两层纵筋之间间距≥25mm 且≥d，最上一层纵筋之间间距是下层纵筋中距的 2 倍，上下两排间距≥25mm 且≥d，d 为钢筋最大直径。

3）柱纵筋之间间距≥50mm。

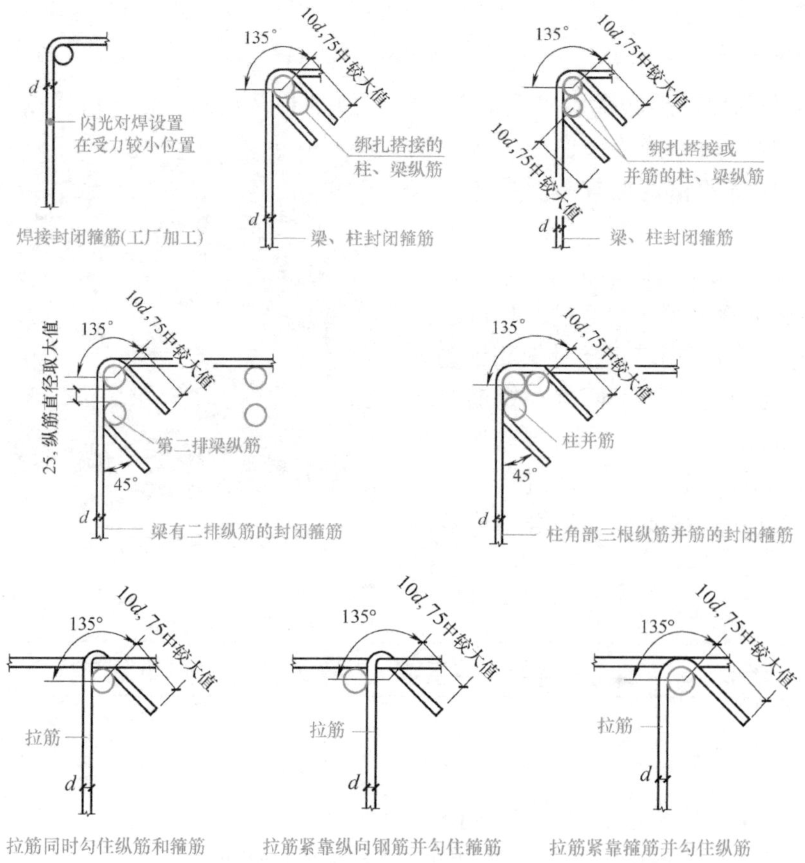

图 1-13 箍筋、拉筋弯钩构造

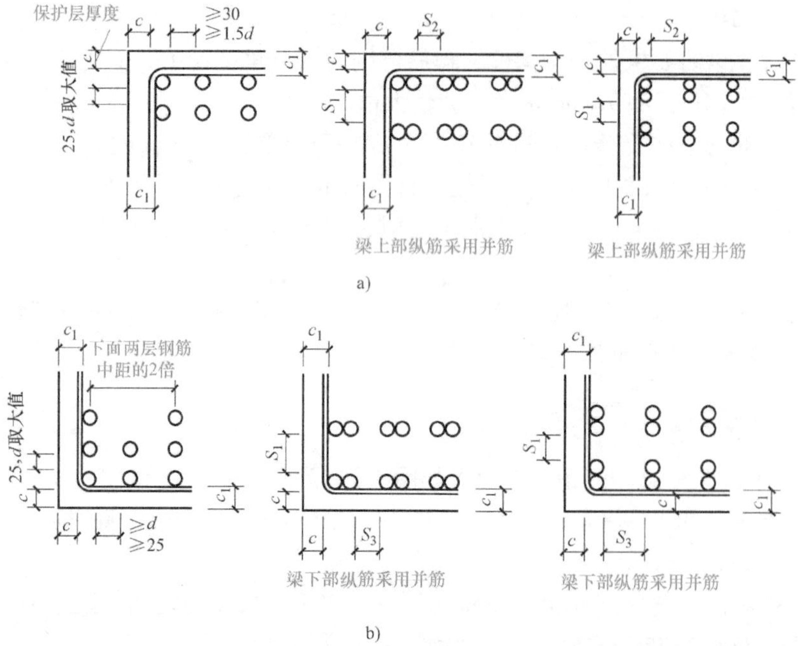

图 1-14 梁上部、下部及柱纵筋间距构造要求

a）梁上部纵筋间距要求 b）梁下部纵筋间距要求

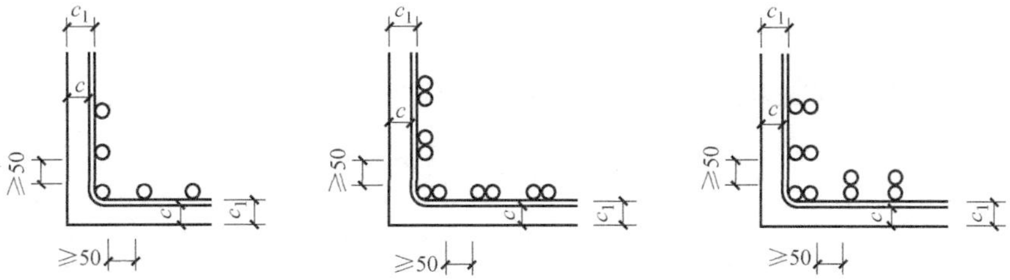

c)

图 1-14　梁上部、下部及柱纵筋间距构造要求（续）

c）柱纵筋间距要求

三、螺旋箍筋构造

螺旋箍筋构造如图 1-15 所示。

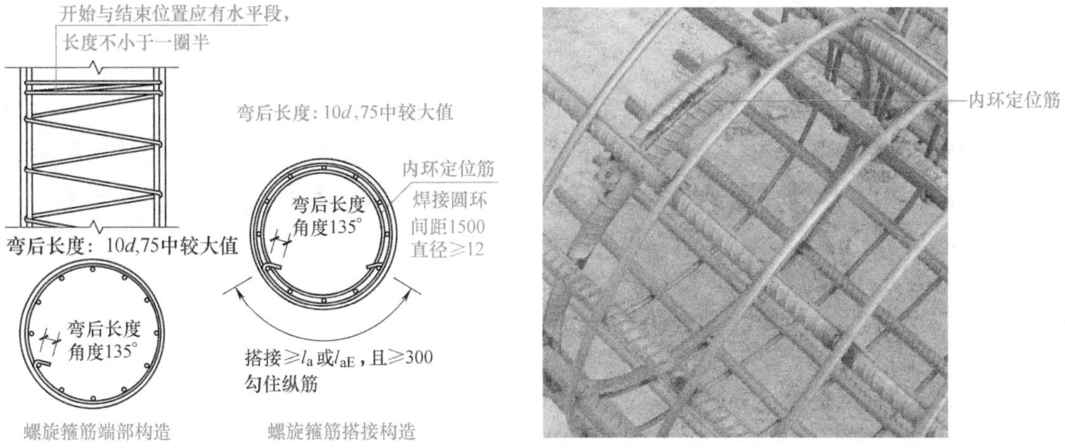

图 1-15　螺旋箍筋构造图

任务 7　计算钢筋弯曲调整值及弯钩增加长度

一、弯曲调整值的计算

1. 下料长度计算公式

构件配筋图中注明的尺寸一般是指钢筋外轮廓尺寸，即从钢筋外皮到外皮量得的尺寸。钢筋在弯曲后，外皮尺寸变长，内皮尺寸变短，中轴线长度保持不变。按钢筋外皮尺寸总和下料是不准确的，按钢筋轴线长度尺寸下料加工，加工后的钢筋形状、尺寸符合设计要求。

钢筋的外皮尺寸和轴线长度之间存在一个差值，称弯曲调整值。

钢筋下料长度应为钢筋轴线长度。

直钢筋下料长度=构件长度−保护层厚度+弯钩增加长度

弯折钢筋下料长度=直段长度+斜段长度−弯曲调整值+弯钩增加长度

搭接连接的钢筋在计算下料长度的基础上，每个连接点增加一个搭接长度。

2. 钢筋中部弯曲处的弯曲调整值

不同的钢筋级别、弯弧内直径和弯曲角度得到的钢筋弯曲调整值见表 1-12。

表 1-12 钢筋弯曲调整值

弯曲角度	HPB300（$D=2.5d$）	400 级（$D=4d$）	500 级（$D=6d$）
30°	$0.29d$	$0.3d$	$0.31d$
45°	$0.49d$	$0.52d$	$0.56d$
60°	$0.77d$	$0.85d$	$0.96d$
90°	$1.75d$	$2d$	$2.5d$

注：d 为钢筋直径，D 为弯弧内直径。箍筋弯折处弯弧内直径不应小于纵筋直径；箍筋弯折处纵筋为搭接钢筋或并筋时，应按钢筋实际排布情况确定箍筋弯弧内直径。

二、弯钩增加长度

1. 光圆钢筋（HPB300）末端弯钩

由于钢筋表面光滑，锚固能力很差，一旦发生滑移即被拔出，因此光圆受拉钢筋末端应做 180°弯钩，每个弯钩增加长度为 $6.25d$（含平直段长度 $3d$）；但做受压钢筋时可不做弯钩。

2. 箍筋调整值

矩形箍筋下料长度=构件截面周长−8×保护层厚度+箍筋调整值（弯钩增加长度−弯曲调整值）

矩形箍筋调整值见表 1-13。

表 1-13 矩形箍筋调整值

箍筋直径	Φ6	≥Φ8	Φ̵6	≥Φ̵8	Φ̿6	≥Φ̿8
弯弧内直径	$\geq 2.5d$		$\geq 4d$		$\geq 6d$	
箍筋调整值（抗震）	$23.5d$	$18.5d$	$25d$	$20d$	$26d$	$21d$
箍筋调整值（非抗震）	$8.5d$		$10d$		$11d$	

注：本表弯钩角度为 135°。

3. 拉筋弯钩

用作梁、柱复合箍筋中单肢箍筋或梁腰筋间的拉筋，两端弯钩的弯折角度均不应小于 135°，弯折后平直段长度应符合箍筋的有关规定；用作剪力墙、楼板等构件中的拉筋，两端弯钩可采用一端 135°，另一端 90°，弯折后平直段长度不应小于拉筋直径的 5 倍。

拉筋中一个 135°弯弧增加值：HPB300 钢筋为 $1.9d$，HRB400 钢筋为 $2.9d$，HRB500 钢筋为 $4.24d$。

任务8 掌握钢筋翻样的工作要领

一、钢筋翻样的基本要求

1. 完整全面

正确识读结构施工图，精通图纸，熟悉图纸中使用的标准构造详图，熟练运用相关规范、图集解决钢筋结构构造问题，做到计算全面、不漏项。

2. 精确合规

不同构件的钢筋受力性能不同，构造要求、长度和根数也不相同，因此要正确计算各种构件的钢筋长度，若尺寸不正确，不仅无法安装，还有可能造成返工和钢筋的浪费。同时钢筋翻样时要遵从设计，安装要符合规范要求。

3. 实用精细

钢筋翻样的结果不仅是预算、结算、材料计划、成本控制的依据，更是钢筋加工和绑扎的基础。钢筋下料前必须有清晰的排布图，以指导工人操作。同时考虑施工场地、施工进度、垂直运输机械等因素，根据钢筋原材料和接头工艺提供合理的钢筋断料和接头方案，进行钢筋下料优化，在指导施工的同时，实现精细化施工。

二、如何做好翻样工作

1. 熟悉和掌握相关的结构规范、图集、图纸和施工工艺

翻样人员应具有扎实的建筑结构基础知识，要认真学习与钢筋翻样相关的《混凝土结构设计规范（2015年版）》（GB 50010—2010）、《建筑抗震设计规范（2016年版）》（GB 50011—2010）、《高层建筑混凝土结构技术规程》（JGJ 3—2010）、22G101平法图集、18G901排布图集和施工工艺等知识，做好知识储备，熟悉工程设计图纸，尽可能把图纸中存在的问题在图纸会审之前或会审过程中解决掉，避免在施工时返工、修改；多与设计师沟通，使设计师了解现场实际，减少后续施工中的设计问题和设计变更；图纸会审时发现的问题越多，施工中遇到的问题可能就越少。

2. 做好翻样前的准备工作

要详细地看结构设计说明，了解工程的具体情况和设计要求，根据抗震等级、混凝土的强度等级等确定钢筋的锚固长度、搭接长度、保护层厚度、连接方式；把常用钢筋的搭接长度和锚固长度记在纸上，这样翻样过程中可直接查看，比较便捷；根据施工方案确定施工范围，包括流水段的处理、措施钢筋的使用。对图纸不合理或有疑问的地方进行记录，通过设计人员对图纸问题进行变更，根据变更的图纸进行翻样。

3. 做到腿勤心细

要多跑施工现场，检查下料单的正确性和合理性，核对施工现场钢筋摆放、绑扎等情况；发现图纸问题，及时与设计单位或监理公司联系，避免返工，保证施工顺畅；耐心细心做好每项数据的计算，绘制好排布图，让钢筋工看明白，任何粗心大意都可能导致质量事故或返工，既浪费了材料、人工，又延误了工期。

4. 熟悉翻样的各个流程

可以按施工次序、楼层、构件计算，也可以先计算标准层，后计算基础和其他非标准层等，最好能按施工步骤进行计算与翻样，不要太超前，因为设计总是在不断地修改变更中。可以同时根据施工进度、施工流水段、钢筋定尺长度和模数进行优化下料。

5. 做好优化下料工作

钢筋优化下料主要是为了节约钢筋，有时也能节约人工和机械。钢筋优化下料的关键是做到钢筋废料最小化。

（1）全局规划

施工下料不拘泥于规范所规定的长度，可以在满足规范的基础上进行全局性规划，进行长度调整。例如，柱下料不仅仅要考虑一个楼层，还要考虑三个楼层甚至更多的楼层，如3m层高，最好是进9m长度的定尺钢筋，一分为三，没有废料。

（2）满足定尺要求

下料尽量与钢筋的定尺长度的模数相吻合，如钢筋定尺长度为9m，那么下料时可下长度为3m、4.5m、6m、9m、12m、13.5m、15m、18m等的钢筋。不论是柱、梁，还是板都有连接区域，如梁在跨中的1/3范围是上部贯通纵筋的连接区域，只要在这区域范围内，钢筋长度就可根据定尺长度进行调整。同时尽可能方便批量加工（相近规格的合并一个尺寸）。

（3）考虑关联性

钢筋翻样师傅要考虑构件之间的关联性，进行相互之间的扣减，如剪力墙洞、板洞、柱墙上下层的变截面。

技能训练

任务9　结构施工图结构设计总说明阅读和图纸实例

一、识读结构施工图结构设计总说明的注意事项

结构施工图结构设计总说明中含有与钢筋翻样相关的信息，必须仔细阅读。

1. 抗震等级

不同的结构，抗震等级也有所不同。有些结构施工图结构设计总说明中没有具体的抗震等级，应按设计提供的抗震设防烈度、结构类型和建筑物高度计算抗震等级。

2. 规范和标准图集

设计理论上应遵循规范和标准图集。但有的特殊设计不一定执行规范和标准图集，因此翻样时不必生搬硬套。

3. 混凝土强度等级

有的工程不同的构件、不同的楼层用不同强度等级的混凝土。钢筋锚固长度应按钢筋锚固区所在构件的混凝土强度等级来确定，如梁钢筋在柱内的锚固长度，应按柱的混凝土强度等级来确定。

4. 构造做法

设计图中的构造做法如与标准图集不一致，应按设计，设计优先。

5. 零星构件的做法

结构施工图结构设计总说明中如有后浇带、洞口加筋、边角部加筋、构造柱、圈梁、墙拉筋等做法，应仔细阅读。

6. 楼层信息

通过建筑立面图了解建筑总高度和楼层高度信息，通过结构目录了解结构标准层与非标准层的划分，形成建筑的整体概念。

7. 钢筋的锚固长度、搭接长度

通过抗震等级、混凝土强度等级和钢筋级别分别查出该工程各类钢筋的锚固长度、搭接长度。

8. 混凝土保护层厚度

正确确定基础、柱、梁、板、楼梯等构件混凝土保护层厚度。

9. 钢筋连接方式及接头错开要求

绑扎搭接、机械连接、焊接连接三种连接方式各有特点，要根据图纸说明正确执行。

10. 常见符号

结构施工图中的常见符号见表 1-14。

表 1-14　常见符号说明

代号		含义	用处
非抗震构件	l_{ab}	非抗震构件受拉钢筋基本锚固长度	钢筋弯锚时，核算平直段长度
	l_a	非抗震构件受拉钢筋锚固长度	确定非抗震构件钢筋是否直锚
	l_l	非抗震构件受拉钢筋绑扎搭接长度	非抗震构件受拉钢筋绑扎搭接
抗震构件	l_{abE}	受拉钢筋抗震基本锚固长度	钢筋弯锚时，核算平直段长度
	l_{aE}	受拉钢筋抗震锚固长度	确定抗震构件钢筋是否直锚
	l_{lE}	受拉钢筋抗震绑扎搭接长度	抗震构件受拉钢筋绑扎搭接
h_c		计算柱钢筋时，为柱截面长边尺寸（圆柱为截面直径）；在计算梁钢筋判断变截面时，为柱截面沿框架方向的长度	
C		混凝土保护层厚度	
h_b		框架柱梁节点中梁的高度	
H_n		所在楼层的柱净高	
d		钢筋直径	
l_w		钢筋弯折长度	
l_n		梁跨净长	
l_c		约束边缘构件沿墙肢的长度	剪力墙
λ_v		配箍特征值	

二、图纸实例

识读本书附录图纸的结构设计总说明，其中部分内容如下：

1. 某混凝土框架结构工程结构设计总说明部分信息

1）±0.000 以上的混凝土结构处于二 a 类环境（梁混凝土保护层厚度为 25mm，板混凝土保护层厚度为 20mm），厕所、卫生间混凝土结构处于二 a 类环境（混凝土保护层厚度为 25mm），±0.000 以下及露天环境的混凝土结构处于二 b 类环境（混凝土保护层厚度为 35mm）。

2）主要材料：钢筋为 HRB400 钢筋，基础、柱、梁、板均为 C30 混凝土。

3）结构抗震等级为三级。

4）框架梁、框架柱的主筋采用直螺纹机械连接接头。其余构件当受力钢筋直径≥22mm 时，应采用直螺纹机械连接接头；当受力钢筋直径<22mm 时，可采用绑扎连接接头。

2. 部分结构施工图（图 1-16）

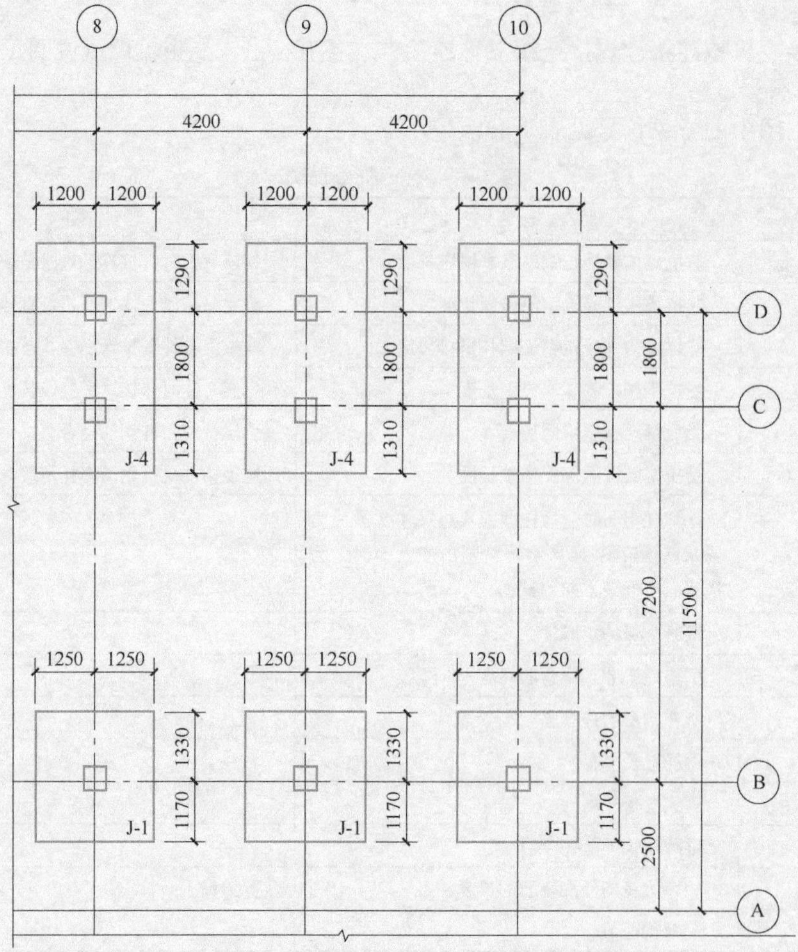

基础平面布置图 1:100

a)

图 1-16　部分结构施工图

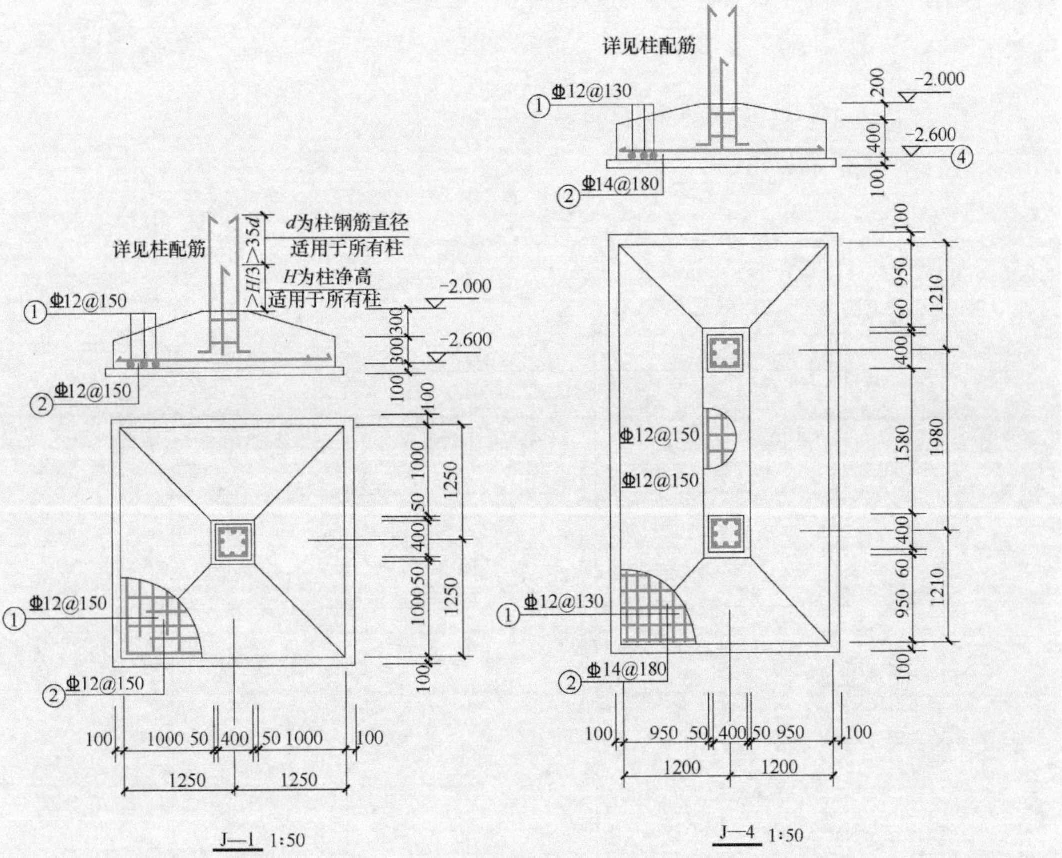

基础详图

柱表

柱号	标高/m	$b\times h$/(mm×mm)	b_1	b_2	h_1	h_2	全部纵筋	角筋	b边一侧中部筋	h边一侧中部筋	箍筋类型号	箍筋
KZ-10	基础顶~−0.050	400×400	200	200	120	280	8Φ20				1.(3×3)	Φ8@100
	−0.050~4.150	400×400	200	200	120	280	8Φ20				1.(3×3)	Φ8@100/200
	4.150~11.350	400×400	200	200	120	280		4Φ18	1Φ16	1Φ16	1.(3×3)	Φ8@100/200
KZ-11	基础顶~−0.050	400×400	200	200	300	100	8Φ18				1.(3×3)	Φ8@100
	−0.050~4.150	400×400	200	200	300	100	8Φ18				1.(3×3)	Φ8@100/200
	4.150~11.350	400×400	200	120	300	100	8Φ16				1.(3×3)	Φ8@100/200
KZ-16	基础顶~−0.050	400×400	280	120	120	280		4Φ18	1Φ18	1Φ16	1.(3×3)	Φ8@100
	−0.050~11.350	400×400	280	120	120	280		4Φ18	1Φ18	1Φ16	1.(3×3)	Φ8@100/200
KZ-17	基础顶~−0.050	400×400	280	120	300	100	8Φ18				1.(3×3)	Φ8@100
	−0.050~4.150	400×400	280	120	300	100	8Φ18				1.(3×3)	Φ8@100/200
	4.150~11.350	400×400	280	120	300	100	8Φ16				1.(3×3)	Φ8@100/200
KZ-18	基础顶~−0.050	400×400	280	120	120	280	8Φ16				1.(3×3)	Φ8@100
	−0.050~11.350	400×400	280	120	120	280	8Φ16				1.(3×3)	Φ8@100/200

b)

图 1-16　部分结构施工图（续）

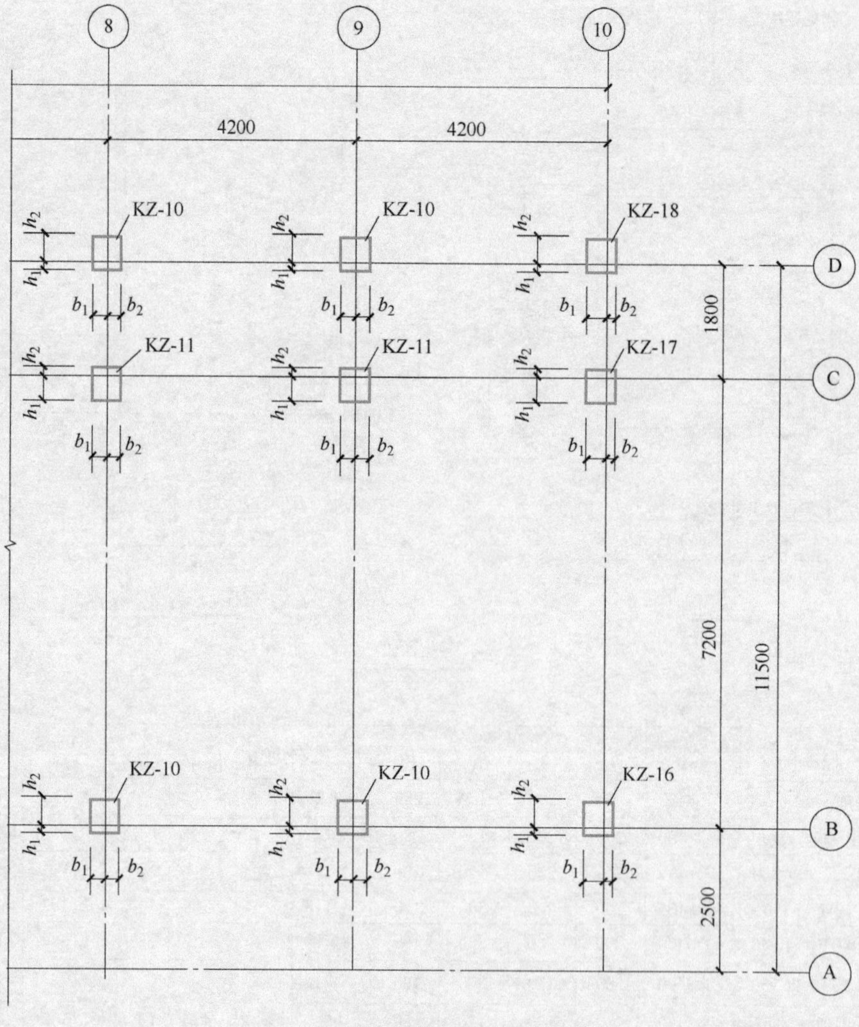

柱配筋平面图 1:100

c)

图 1-16 部分结构施工图（续）

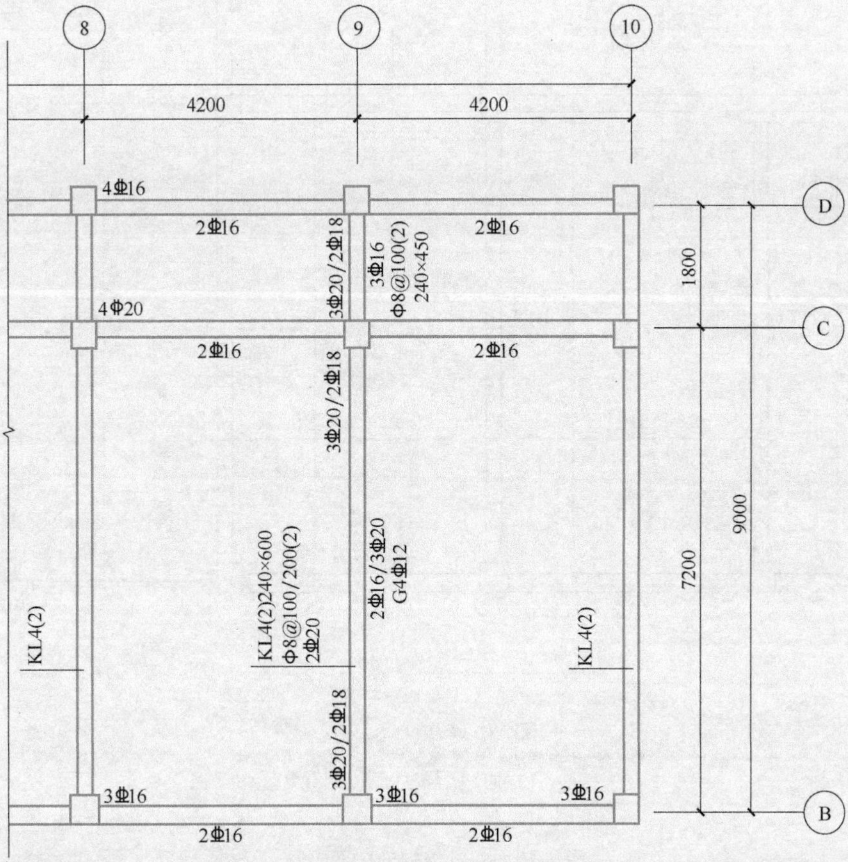

7.750m层梁配筋图　1:100

设计要求:

1. 除注明者外，梁与梁相交附加箍筋均为6根，直径及肢数同所在梁。
2. 除注明者外，梁沿轴线居中或与柱边齐。
3. 梁边跨只在跨中标注钢筋，表示该钢筋在本跨通长。
4. Ⓑ、Ⓒ、Ⓓ 轴线上的框架梁截面尺寸均为宽240mm、 高450mm。
5. -0.050m、 4.150m、 11.350m标高层， 梁尺寸同7.750m层。

d)

图 1-16　部分结构施工图（续）

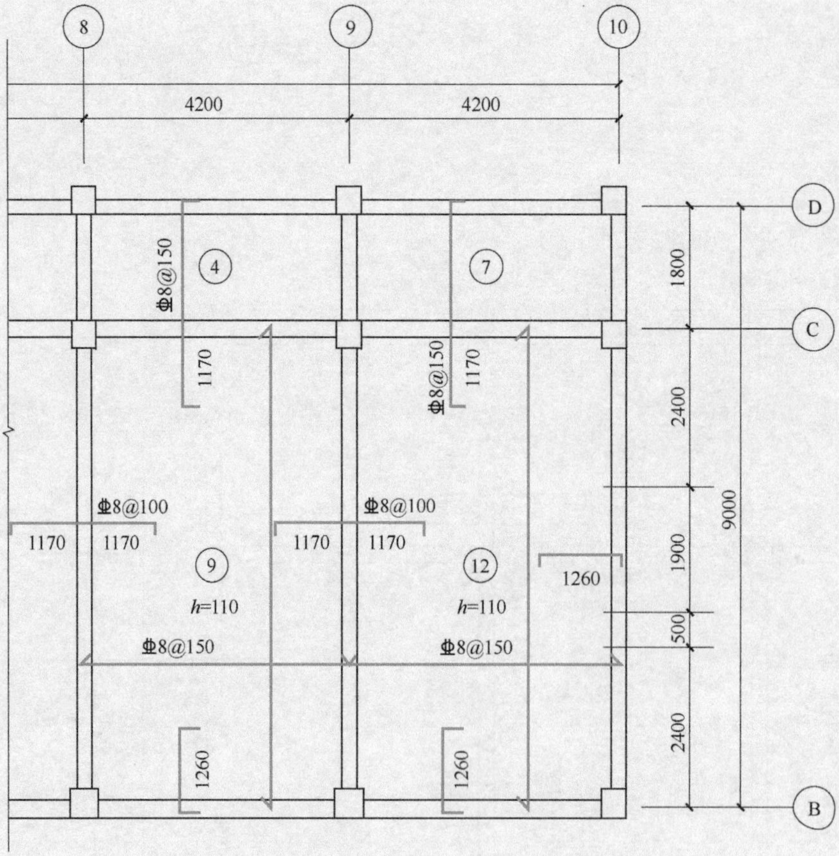

7.750m层结构平面图　1:100

设计要求：

1. 未标注的板厚为：h=100mm。
2. 未标注的钢筋为：⏀ 8@200。
3. 4.150m、7.750m、11.350m标高层均有板。

e)

图 1-16　部分结构施工图（续）

自我检验

一、填空题

1. 根据承重体系不同，混凝土结构分为________、________、________、________、________。

2. 混凝土保护层厚度指钢筋外边缘至表面的距离。室内正常环境下混凝土强度等级为C30的板、梁的混凝土保护层最小厚度分别为________mm、________mm。

3. 基础底部钢筋的混凝土保护层厚度，当有混凝土垫层时，应从________算起，且不应小于________mm。

4. 当混凝土强度等级为C25，受拉钢筋为HPB300、直径$d\leqslant25$mm时，该受拉钢筋锚固长度为l_a为________，三级抗震锚固长度l_{aE}为________，且该钢筋末端应做________弯钩。

5. 直径$d\geqslant28$mm的受力钢筋连接应采用________方式，机械连接接头相互错开__________，其连接区段的长度为__________。焊接连接接头相互错开，其连接区段长度为__________，且不小于__________mm。

6. 纵向受拉钢筋的锚固长度与__________、__________和__________有关。

二、选择题

1. 钢筋混凝土框架结构教学楼卫生间的环境类别属于（　　）。

A. 一　　B. 二a　　C. 二b　　D. 三a

2. （　　）抗震时，$l_a=l_{aE}$。

A. 四级　　B. 三级　　C. 二级　　D. 一级

3. 钢筋混凝土框架柱，室内正常环境下强度等级为C25的混凝土保护层最小厚度为（　　）。

A. 20mm　　B. 25mm　　C. 30mm　　D. 40mm

4. 某三级框架梁，其下部都配置纵向受拉钢筋4Φ20，混凝土强度等级为C25，则该纵向受拉钢筋抗震锚固长度为（　　）。

A. 700mm　　B. 800mm　　C. 840mm　　D. 940mm

5. 某混凝土板，混凝土强度等级为C25，纵筋为Φ10@150，当同一区段搭接接头面积百分率小于25%时，其绑扎搭接长度为（　　）。

A. 360mm　　B. 400mm　　C. 410mm　　D. 460mm

6. 受拉钢筋抗震锚固长度不应小于（　　）。

A. 200mm　　B. 300mm　　C. 400mm　　D. 600mm

7. 纵向受拉钢筋锚固长度在任何情况下不得小于（　　）。

A. 250mm　　B. 350mm　　C. 400mm　　D. 200mm

8. 当纵向受拉钢筋在施工中受扰动时，锚固长度查表数据应乘以（　　）的系数。

A. 1.1　　B. 1.2　　C. 1.3　　D. 1.4

9. 当受拉钢筋直径大于（　　）时不宜绑扎搭接。

A. 25mm　　B. 18mm　　C. 22mm　　D. 28mm

10. 22G101系列图集适用于抗震设防烈度为（　　）度的地区。

A. 6~9　　B. 6~8　　C. 1~10　　D. 8

11. 当纵向受拉钢筋直径大于25mm时，锚固长度需要考虑的系数是（　　）。

A. 0.7　　B. 0.8　　C. 1.1　　D. 1.25

三、简答题

1. 什么是框架结构、剪力墙结构、框架-剪力墙结构？

2. 什么是抗震设防烈度？

3. 我国抗震规范和高层规程根据哪些因素划分不同的抗震等级？

4. 当梁、柱、墙中钢筋的混凝土保护层厚度大于50mm时，宜对保护层混凝土采取什么构造措施？

5. 什么是受拉钢筋锚固长度？各类受拉钢筋锚固长度都有哪些用途？

6. 钢筋连接接头设置时应遵循哪些原则？

7. 纵筋采用绑扎搭接时，对位于同一连接区段内的受拉钢筋搭接接头面积百分率有哪些要求？

8. 梁和柱纵筋间距构造有哪些要求？

9. 非焊接封闭箍筋末端应设弯钩，弯钩做法及长度要求有哪些？

10. 识读结构施工图结构设计总说明的注意事项有哪些？

11. 框架梁中，HRB400 级钢筋、直径 12mm 的抗震构件单根矩形箍筋调整值为多少？

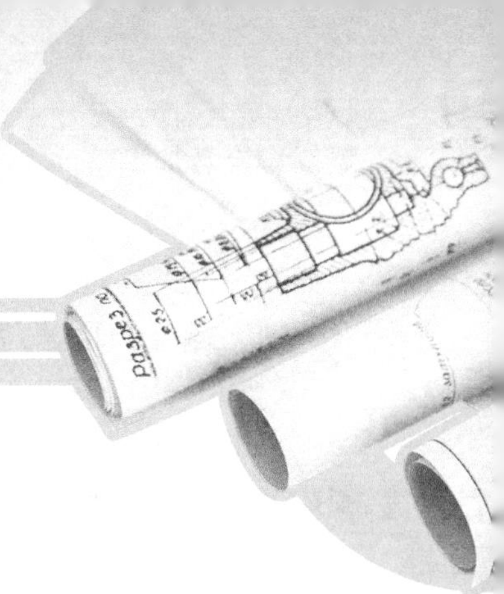

项目二

独立基础的钢筋翻样

项目分析

万丈高楼平地起，最重要的是基础。基础是建筑的地下承重结构部分，它把建筑的各种荷载传递到地基，起到了承上传下的作用。

钢筋混凝土基础具有良好的抗弯和抗剪能力，按构造形式的不同，可以分为独立基础、条形基础、筏板基础、桩基础等形式。本项目主要学习与框架结构相关的独立基础内容。

知识目标

1. 了解独立基础的分类，理解独立基础的平法标注方法。
2. 掌握独立基础的构造和配筋要求。

技能目标

能够正确识读独立基础平法施工图并进行独立基础的钢筋下料。

素养目标

树立认真细致的学习态度，精细化钢筋翻样计算从基础开始。

知识准备

任务1　识读独立基础平法施工图

一、独立基础分类

当建筑物上部结构采用框架结构或单层排架结构承重时，基础常采用方形独立式基础，这类基础称为独立基础。独立基础按类型可分为普通独立基础和杯口独立基础，按基础底板截面形状可分为阶形基础和锥形基础。

二、独立基础的注写方式

独立基础平法施工图有平面注写、截面注写和列表注写三种表达方式。本项目主要介绍平面注写方式。

独立基础平面注写方式分为集中标注和原位标注。

（一）集中标注

集中标注包括：基础编号、截面竖向尺寸、配筋三项必注内容，以及基础底面标高和必要的文字注解两项选注内容。

1. 基础编号及截面竖向尺寸

基础编号及截面竖向尺寸标注方式见表 2-1。

表 2-1　基础编号及截面竖向尺寸标注方式

类型	基础截面形状	基础编号	序号	截面竖向尺寸标注	截面竖向尺寸注写方式
普通独立基础	阶形	DJj	××	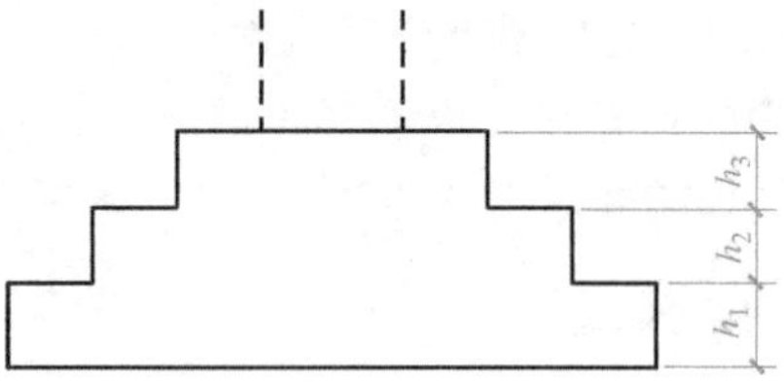	$h_1/h_2/h_3$
	锥形	DJz	××	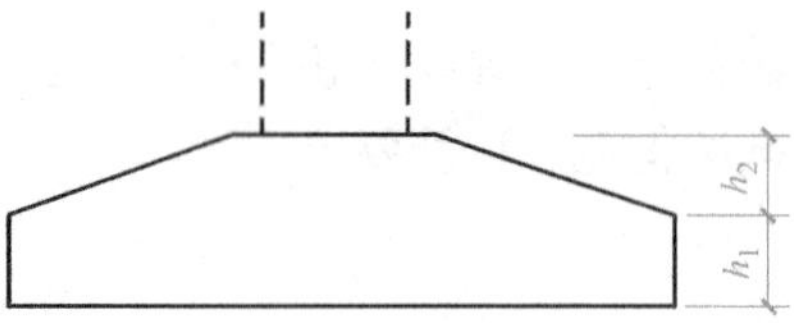	h_1/h_2
杯口独立基础	阶形	BJj	××	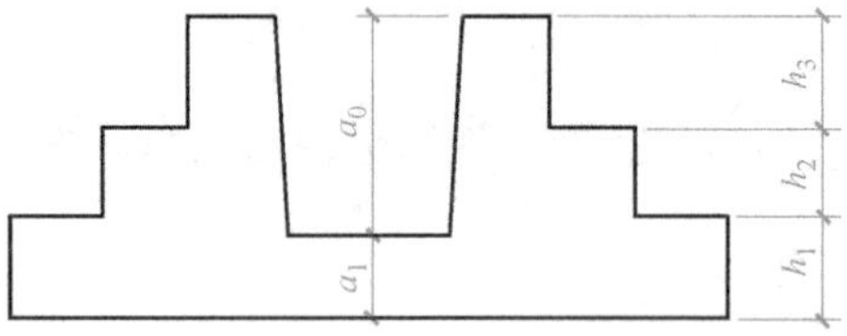	$h_1/h_2/h_3$ a_1/a_0
	锥形	BJz	××	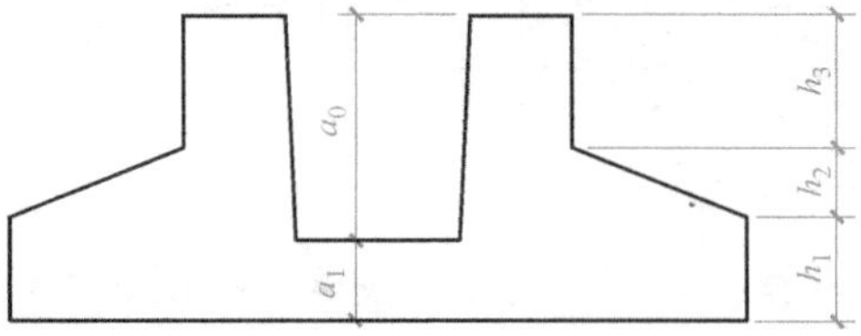	$h_1/h_2/h_3$ a_1/a_0

【例 2-1】　阶形截面普通独立基础 DJj2 的截面竖向尺寸注写为 400/300/300 时，表示 $h_1=400$mm、$h_2=300$mm、$h_3=300$mm，基础底板总高度为 1000mm。

【例 2-2】　阶形截面杯口独立基础 BJj2 的杯口深为 600 时，表示 $a_0=600$mm。

2. 独立基础配筋（表 2-2）

表 2-2　独立基础配筋

配筋情况	示意图	标注说明
独立基础底板底部双向配筋	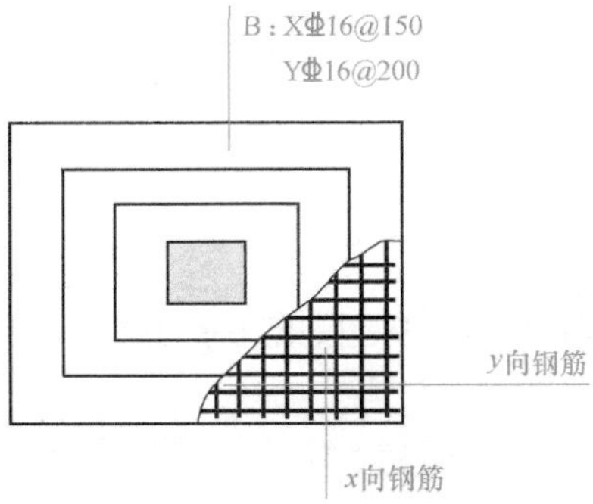	B 代表各种独立基础底板的底部配筋 x 向配筋以 X 打头、y 向配筋以 Y 打头注写；当两向配筋相同时，则以 X&Y 打头注写
独立基础短柱配筋	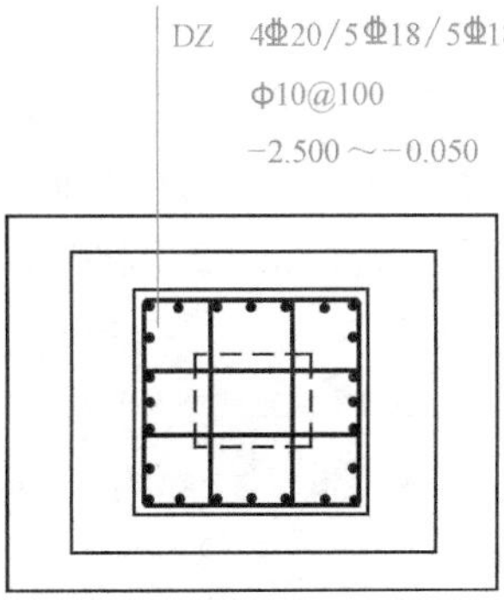	DZ 代表普通独立基础短柱 注写为：角筋/x 边中部筋/y 边中部筋，箍筋，短柱标高范围
双柱独立基础顶部配筋	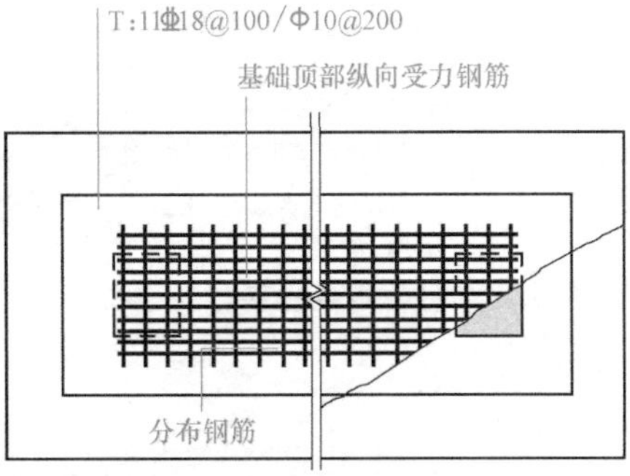	在基础顶部先注写受力筋，再注写分布钢筋。与基础梁相结合时，基础梁比柱截面宽出不少于 100mm（每侧≥50mm）
四柱独立基础底板顶部基础梁间配筋	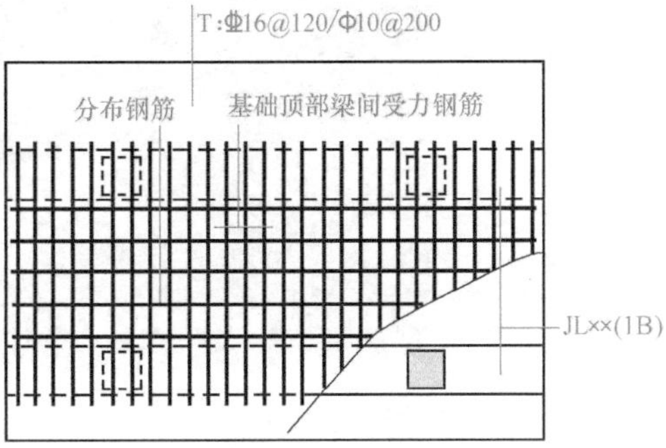	在基础顶部，基础梁之间设置梁间受力钢筋，表示为梁间受力钢筋/分布钢筋。底部配筋按照双梁条形基础底板配筋规定

【例 2-3】 当短柱配筋标注为：DZ 4Φ20/5Φ18/5Φ18，ϕ10@100，−2.500～−0.050，表示独立基础的短柱设置在−2.500～−0.050m 高度范围内，配置 HRB400 竖向纵筋和 HPB300 箍筋。其竖向纵筋为：角筋 4Φ20、x 边中部筋 5Φ18、y 边中部筋 5Φ18；其箍筋直径为 10mm，间距 100mm。

3. 基础底面标高（选注内容）

当独立基础的底面标高与基础底面基准标高不同时，应将独立基础底面标高直接注写在“( )”内。

4. 必要的文字注解（选注内容）

当独立基础的设计有特殊要求时，宜增加必要的文字注解。例如，基础底板配筋长度是否采用减短方式等，可在该项内注明。

（二）原位标注

原位标注指在基础平面布置图上标注独立基础的平面尺寸。

1. 单柱独立基础的原位标注（平面尺寸）

1）原位标注 x、y，x_i、y_i，$i=1, 2, 3\cdots$。其中，x、y 为普通独立基础两向边长，x_i、y_i 为阶宽或锥形平面尺寸（当设置短柱时，尚应标注短柱对轴线的定位情况，用 x_{DZi} 表示）。单柱锥形独立基础与单柱阶形独立基础原位标注如图 2-1 和图 2-2 所示。

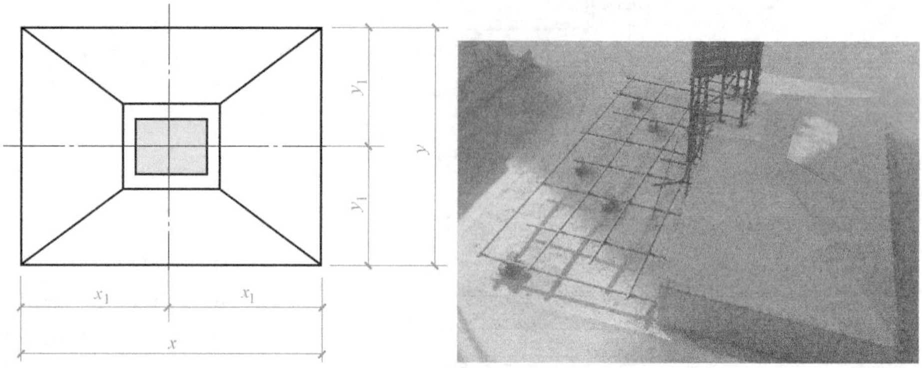

图 2-1 单柱锥形独立基础

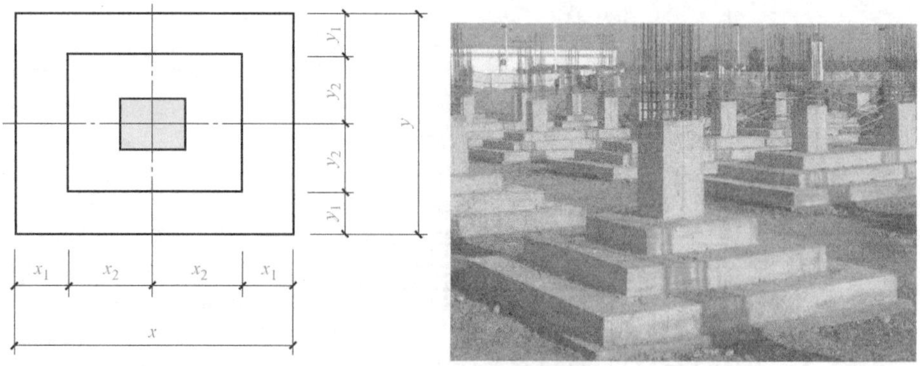

图 2-2 单柱阶形独立基础

2）单柱独立基础采用平面注写方式的集中标注和原位标注综合设计表达示意如图 2-3 所示。

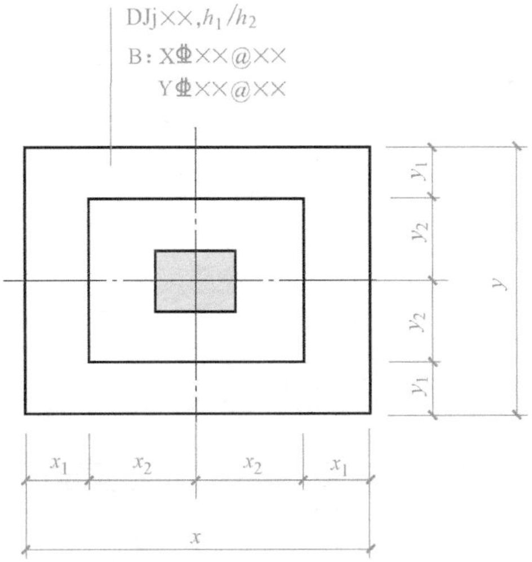

图 2-3　集中标注与原位标注综合设计表达

2. 双柱、四柱独立基础的原位标注

双柱、四柱独立基础的基础编号、截面竖向尺寸和配筋的标注方法与单柱独立基础相同。

当双柱独立基础柱距较小时，通常仅配置基础底部钢筋；当柱距较大时，除基础底部配筋外，还需在两柱间配置基础顶部钢筋或设置基础梁。四柱独立基础通常可设置两道平行的基础梁，需要时可在两道基础梁之间配置基础顶部钢筋。

双柱独立基础的顶部配筋通常对称分布在双柱中心线两侧，以大写字母“T”打头，注写为：双柱间纵筋/分布钢筋。当纵筋在基础底板顶面非满布时，应注明其总根数。

【例 2-4】　T：11⌀18@100/ϕ10@200 表示独立基础顶部配置 HRB400 纵筋，直径为 18mm 设置 11 根，间距 100mm；配置 HPB300 分布钢筋，直径为 10mm，间距 200mm，如图 2-4 所示。

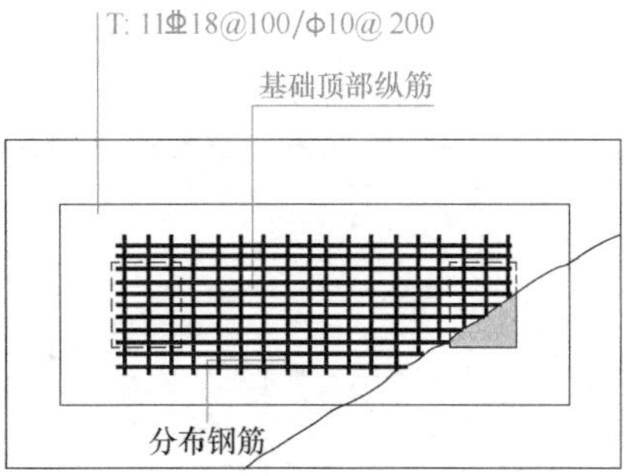

图 2-4　双柱独立基础顶部钢筋标注示意

任务 2　识读独立基础标准构造详图

一、独立基础底板配筋构造

1）单柱底板双向交叉钢筋长向设置在下，短向设置在上，如图 2-5~图 2-7 所示，s 为 y 向配筋间距，s'为 x 向配筋间距，h_1、h_2 为独立基础竖向尺寸。

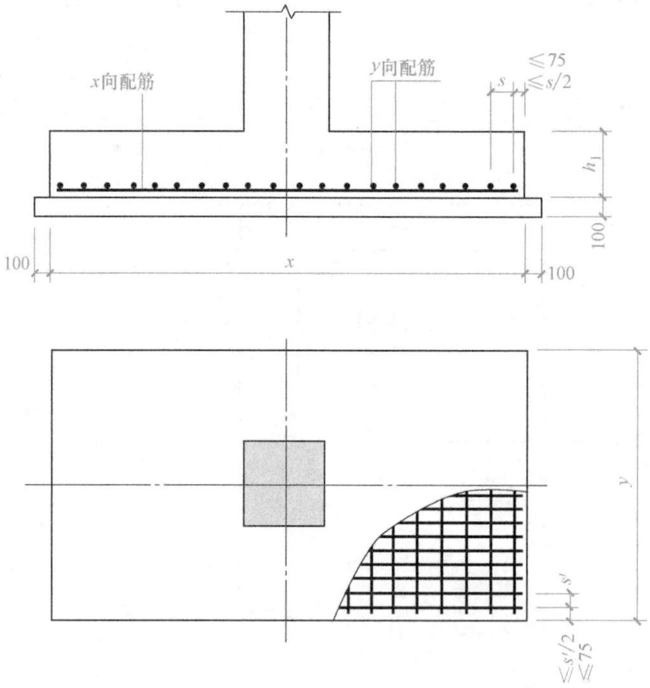

图 2-5　阶形独立基础钢筋布置图

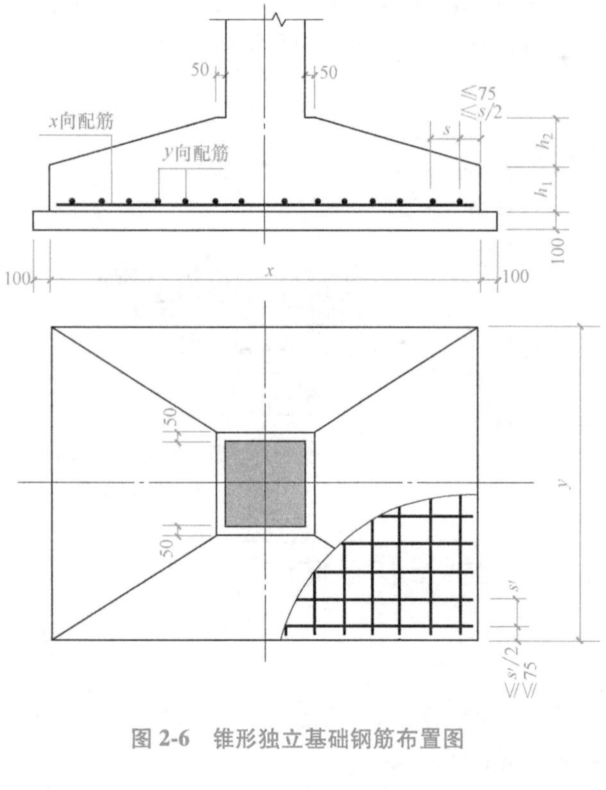

图 2-6　锥形独立基础钢筋布置图

图 2-7　独立基础钢筋布置实物图

2）双柱底板双向交叉钢筋根据基础两个方向从柱外缘至基础外缘的伸出长度 ex 和 ey 的大小放置钢筋，伸出长度较大方向的钢筋放在下面，如图 2-8 所示。

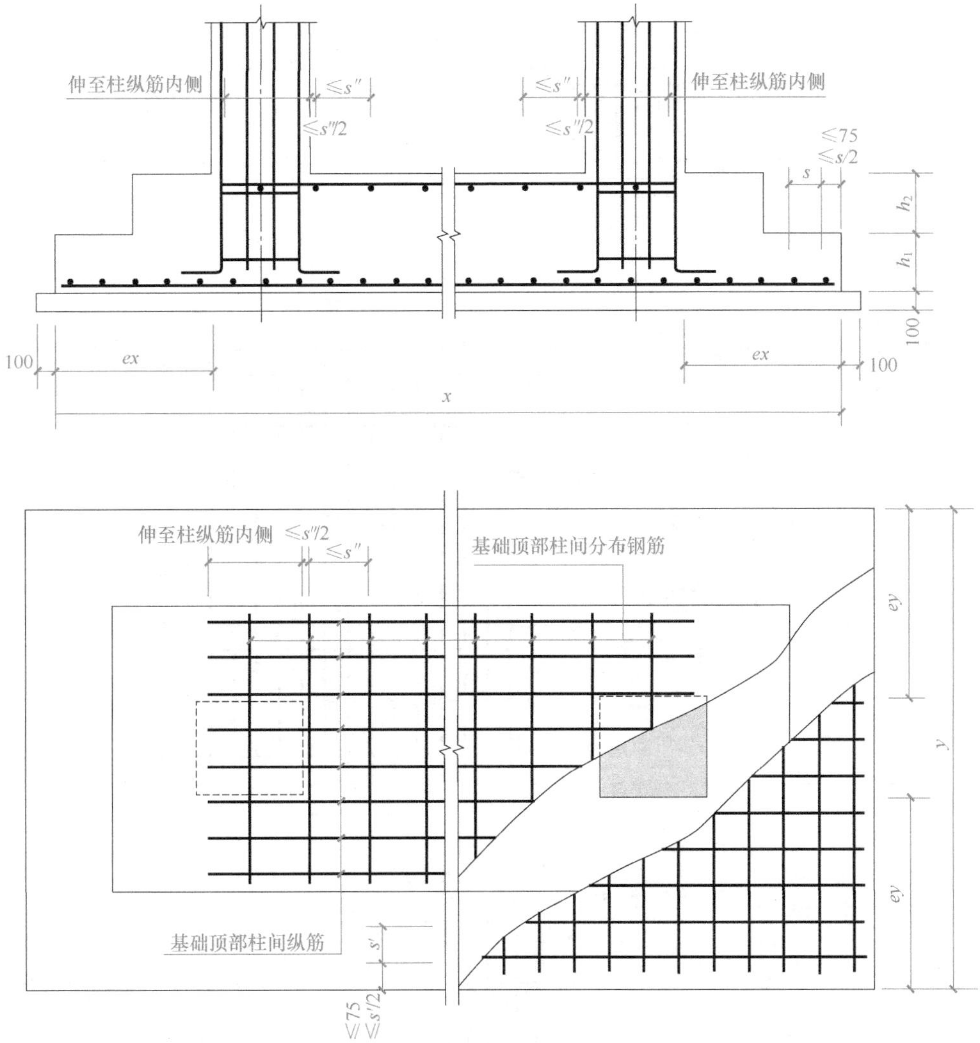

图 2-8　双柱普通独立基础配筋构造

3）对于双柱底板设有基础梁的，底板短向钢筋设置在基础梁纵筋之下，与基础梁箍筋的下水平段位于同一层面。基础梁宽度宜比柱截面宽 100mm，否则应采用梁包柱侧腋的形式，如图 2-9 所示。

二、独立基础底板配筋长度减短 10%构造

1）当对称独立基础底板长度≥2500mm 时，除外侧钢筋外，底板配筋长度可取相应方向底板长度的 9/10，交错放置，四周最外侧钢筋不缩短，如图 2-10 所示。

2）当非对称独立基础底板长度≥2500mm，且该基础某侧从柱中心至基础底板边缘的距离<1250mm 时，钢筋在该侧不应减短，如图 2-11 所示。

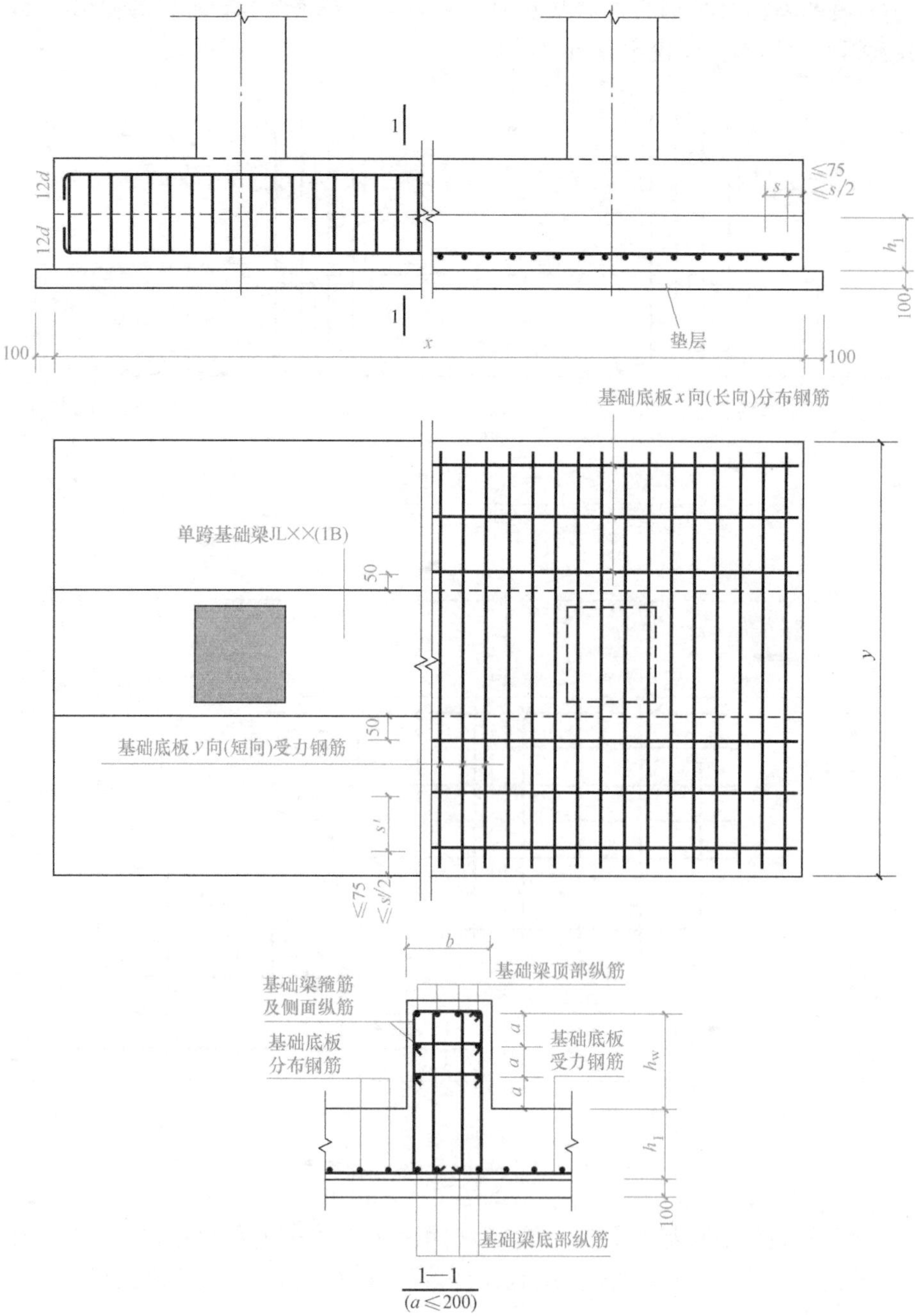

图 2-9 双柱底板设有基础梁时的钢筋构造

三、普通独立深基础短柱配筋构造

采用独立基础的建筑，如果基础持力层比较深，或者某区域内某根柱子基底比较深，为减小底层柱计算高度可采用独立深基础短柱。

短柱部分作为上部柱的嵌固端，短柱部分箍筋间距相同，纵筋伸入基础中，长度按柱插筋处理，四角及每隔 1000mm 伸至基底钢筋网片上，弯折 6d 且≥150mm，其他伸入基础长度≥l_{aE}(≥l_a)，如图 2-12 所示。

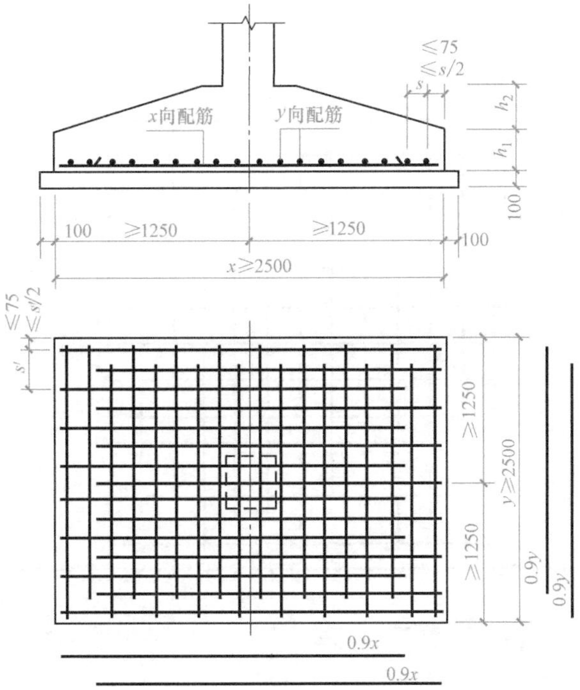

图 2-10　对称独立基础底板配筋长度减短 10%的钢筋构造

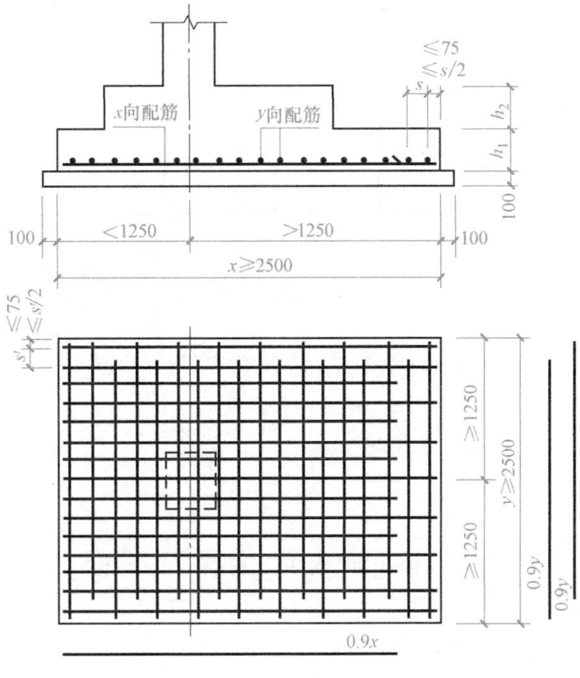

图 2-11　非对称独立基础底板配筋长度减短 10%的钢筋构造

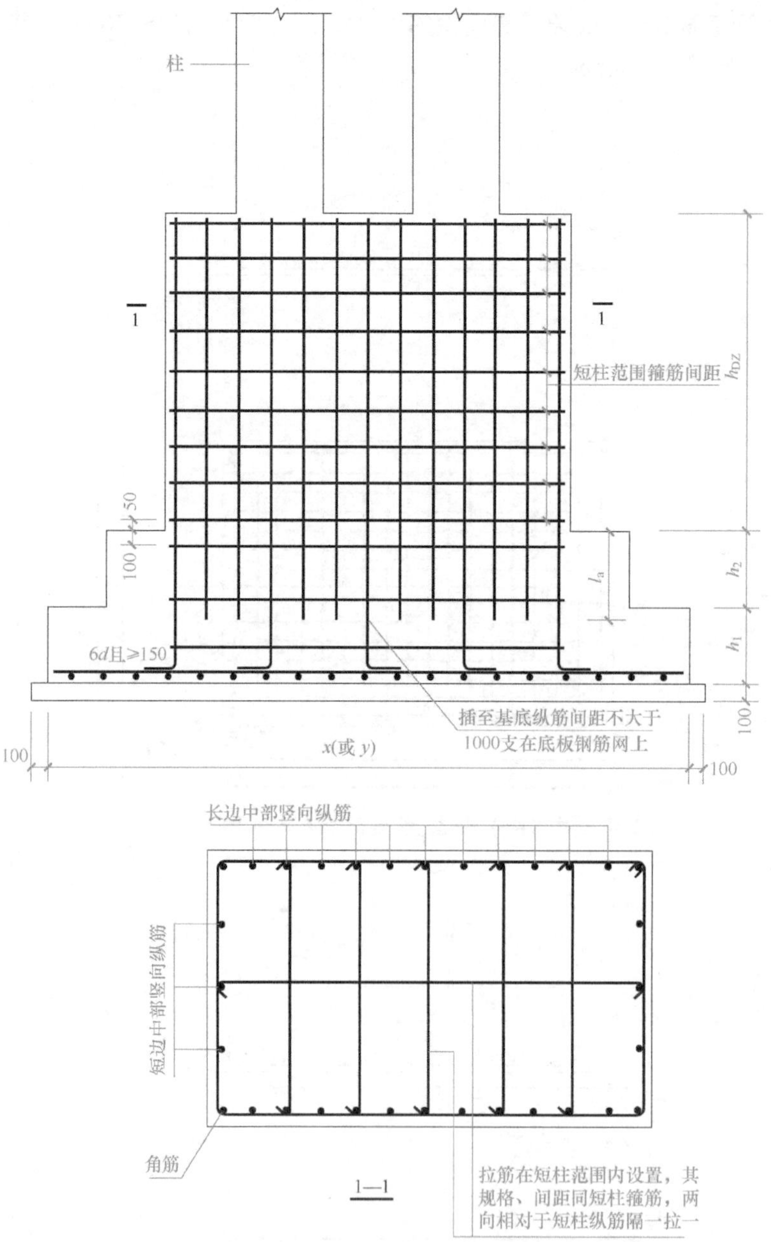

图 2-12 普通独立深基础短柱配筋构造

技能训练

任务 3 独立基础钢筋的排布及下料计算实例

一、单柱独立基础钢筋排布图

单柱独立基础钢筋排布图如图 2-13 所示。

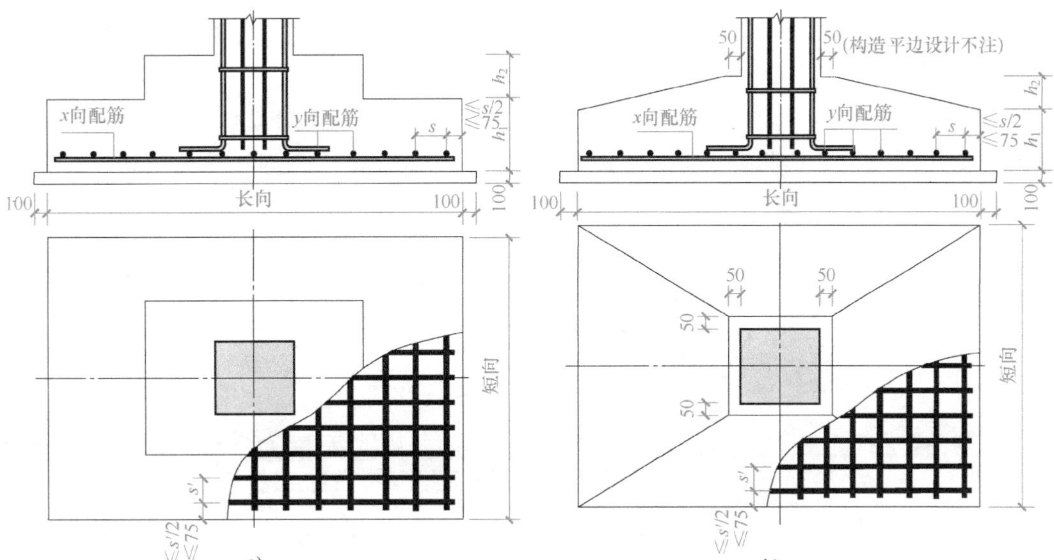

a)　　　　b)

图 2-13　单柱独立基础底板钢筋排布构造

a）阶形基础　b）坡形基础

二、双柱及四柱独立基础钢筋排布图

双柱独立基础底部与顶部钢筋排布图如图 2-14 所示。四柱独立基础钢筋排布与此类似。

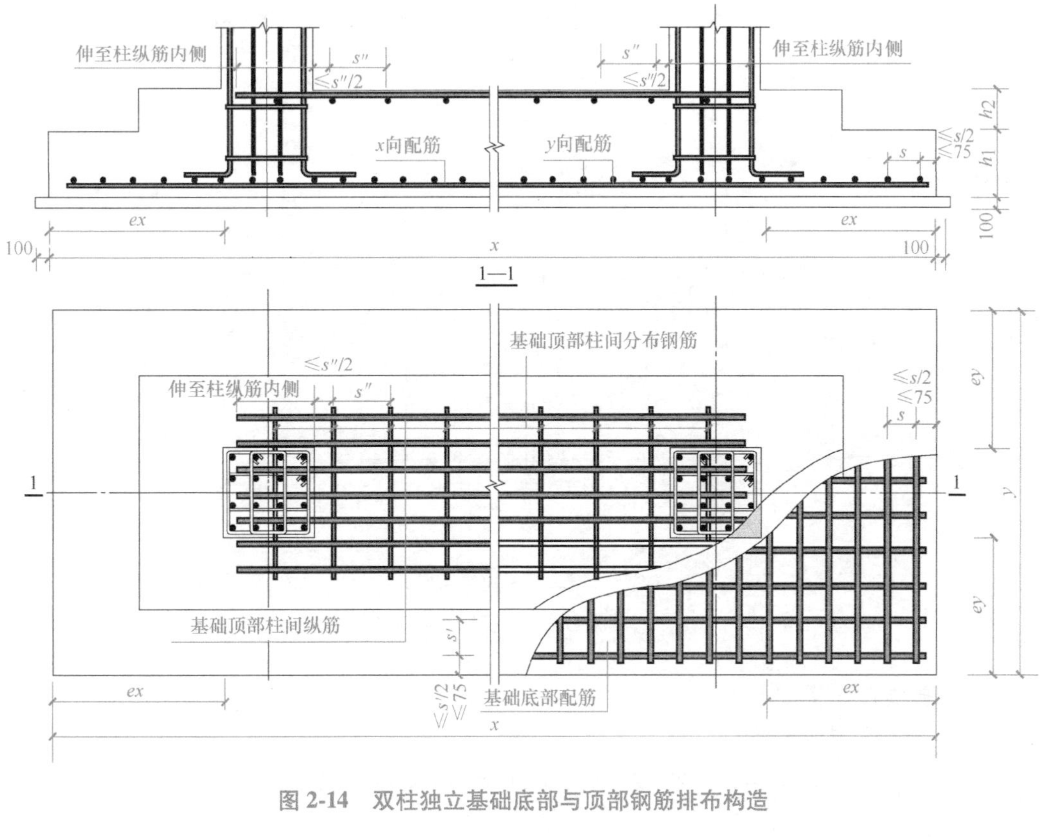

图 2-14　双柱独立基础底部与顶部钢筋排布构造

三、计算实例

计算附录图纸J-4的钢筋。柱基础混凝土强度C30，采用HRB400钢筋，查表1-7知锚固长度$l_a=35d$，基础混凝土保护层厚度为40mm，如图2-15所示。试据此进行钢筋下料计算。

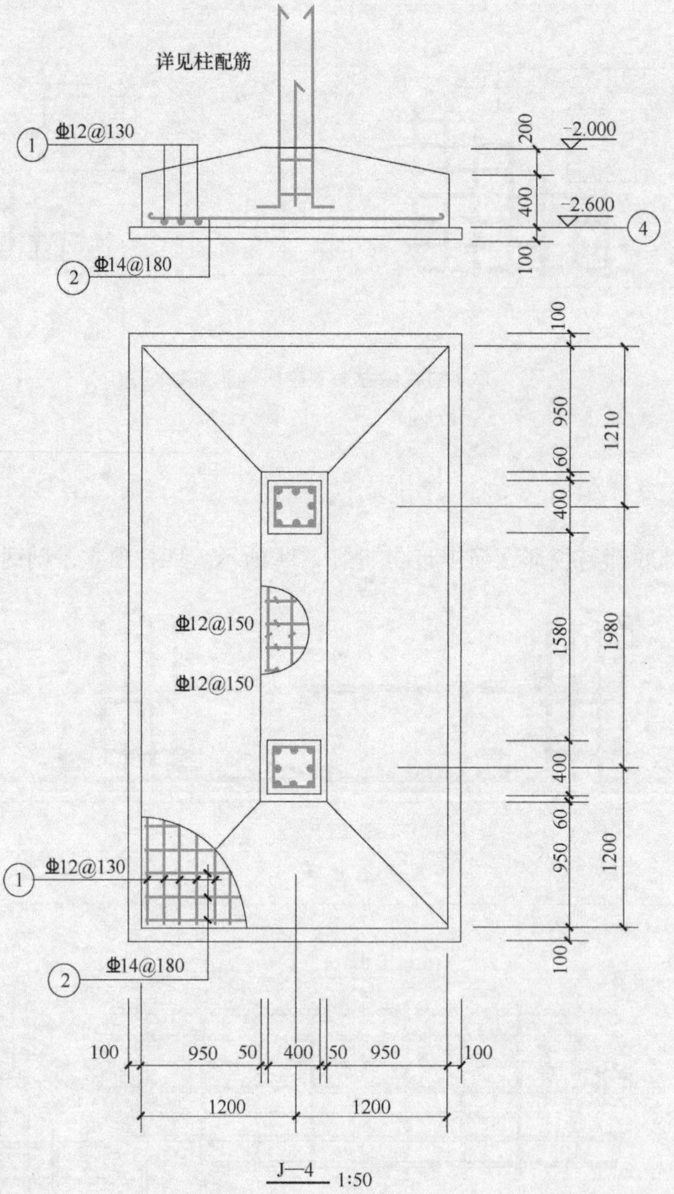

图2-15 双柱基础图

1. 顶部钢筋计算

1）受力钢筋Φ12@150：

$$长度=柱净距+2l_a=(1580+2\times35\times12)mm=2420mm$$

根数=[(500−75×2)÷150+1]根=3.3根，取4根

2）分布钢筋Φ12@150：

长度=受力钢筋分布宽度+2×考虑保护层厚度后的超出受力钢筋长度

=[500−75×2+2×(75−40)]mm=420mm

根据锚固长度计算的上部受力钢筋没有布置到基础顶边。

根数=[(2420−35×2)÷150+1]根=16.7根，取17根（注：75−40=35）

2. 底部钢筋计算

1）x向Φ14@180：

外侧钢筋长度=$x-2c$=(2400−2×40)mm=2320mm

根数={[y−min(75，s/2)×2]÷s+1}根=[1210×2+1980−min(75，180/2)×2]÷180根+1根=24.6根，取25根

2）y向Φ12@130（双柱独立基础长边一侧不执行缩短10%的规定）：

外侧钢筋长度=$y-2c$=(1210×2+1980−2×40)mm=4320mm

根数={[x−min(75，s/2)×2]÷s+1}根=[1200×2−min(75，130/2)×2]÷130根+1根=18.5根，取19根

钢筋下料单见表2-3。

表2-3　钢筋下料单

构件名称	编号	钢筋简图	钢筋级别	钢筋直径/mm	下料长度/mm	单基根数/根	合计根数/根	质量/kg
J4 1个	1	2420	HRB400	12	2420	4	4	8.6
	2	420		12	420	17	17	6.34
	3	2320		14	2320	25	25	70.18
	4	4320		12	4320	19	19	72.89
	合计							158.01

自我检验

一、简答题

1. 基础类型有哪几种？
2. 独立基础的集中标注和原位标注的内容有哪些？
3. 双柱独立基础地板顶部钢筋的上、下位置关系应如何确定？

二、计算题

计算项目一任务9图1-16中J-1的钢筋配筋。

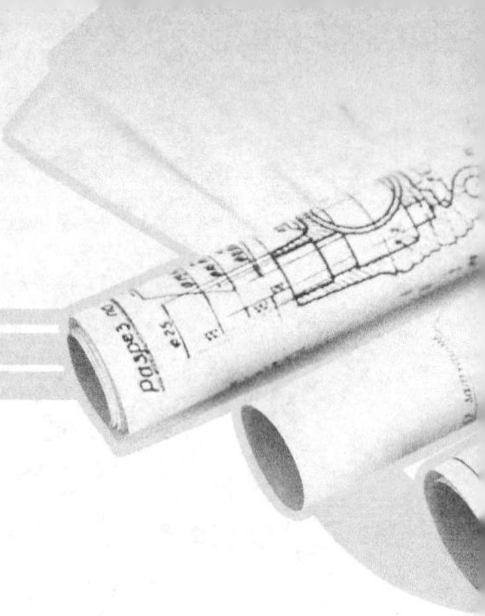

项目三
柱的钢筋翻样

项目分析

中流砥柱，比喻能担当重任，在艰难环境中起支柱作用的集体或个人。在建筑中，柱同样非常重要，柱要倒了，建筑也就垮了，所以在建筑行业中也总是强调“强柱弱梁”。

在框架结构中，要按规范和图集要求掌握好各个构造节点的连接和处理方法。柱与梁交接处是核心区，是梁向柱传力的关键部位，也是容易疏忽的部位，此处较难绑箍筋，因此施工中要高度重视特别是要避免偷工减料的发生。各个节点计算和钢筋排布是翻样的重点和难点，因此学好柱的翻样，掌握好柱的各个节点构造最为关键。

知识目标

1. 了解柱的分类，理解各类柱的平法标注方法。
2. 掌握框架柱的构造和配筋要求。

技能目标

能够正确识读柱的平法施工图，进行框架柱的钢筋下料。

素养目标

树立认真细致的学习态度，节约钢筋，增加企业效益，学好翻样最关键。

知识准备

任务1　掌握柱平法施工图的表示方法

柱平法施工图是在柱平面布置图上采用列表注写方式或截面注写方式表达。在柱平法施工图中，应按规定注明各结构层的楼面标高、结构层高及相应的结构层号，还应注明上部结构嵌固部位位置，以便于正确配置钢筋。

一、嵌固部位的规定

嵌固部位一般位于底层柱根部，是上部结构与基础的分界部位，是结构计算时底层柱计算长度的起始位置。根据震害分析表明，嵌固部位处建筑物承受较大的剪力，极易发生剪切破坏，造成建筑物倒塌，因此要加强这个部位的抗剪构造措施，增强柱嵌固端抗剪能力。在竖向构件（柱、墙）平法施工图中，上部结构嵌固部位按以下要求注明：

1）框架柱嵌固部位在基础顶面时，无须注明。

2）框架柱嵌固部位不在基础顶面时，在层高表嵌固部位标高下使用双细线注明，并在层高表下注明上部嵌固部位标高。

3）框架柱嵌固部位不在地下室顶板，但仍需考虑地下室顶板对上部结构实际存在的嵌固作用时，可在层高表地下室顶板标高下使用双虚线注明，此时首层柱端箍筋加密区长度范围及纵筋连接位置均按嵌固部位要求设置，如图 3-1 所示。

二、列表注写方式

列表注写方式指在柱平面布置图上（一般只需采用适当比例绘制一张柱平面布置图，包括框架柱、转换柱、芯柱等），分别在同一编号的柱中选择一个（有时需要选择几个）截面标注几何参数代号；在柱表中注写柱编号、柱段起止标高、截面尺寸（含柱截面对轴线的定位情况）与配筋的具体数值，并配以柱截面形状及其箍筋类型的方式来表达柱平法施工图，如图 3-1 所示。

1. 柱编号

柱编号由类型代号和序号组成，如 KZ1，表示 1 号框架柱，见表 3-1。编号时，当柱的总高、分段截面尺寸和配筋均对应相同，仅截面与轴线的关系不同时，仍可将其编为同一柱号，但应在图中注明截面与轴线的关系。

表 3-1　柱编号规定

柱类型	代号	序号
框架柱	KZ	××
转换柱	ZHZ	××
芯柱	XZ	××

2. 各段柱起止标高

各段柱的起止标高自柱根部往上以变截面位置，或截面未变但配筋改变处为界分段注写。不同类型柱的根部标高如下：

1）梁上起框架柱的根部标高指梁顶面标高。

2）剪力墙上起框架柱的根部标高为墙顶面标高。

3）从基础起的柱的根部标高指基础顶面标高。

4）当屋面框架梁上翻时，框架柱顶标高应为梁顶面标高。

5）芯柱的根部标高指根据结构实际需要而定的起始位置标高。

3. 截面尺寸与轴线的关系

1）矩形柱截面尺寸 $b×h$ 及与轴线关系的几何参数代号 b_1、b_2 和 h_1、h_2 的具体数值，须对应于各段柱分别注写。其中 $b=b_1+b_2$，$h=h_1+h_2$。当截面的某一边收缩变化至与轴线重合或偏到轴线的另一侧时，b_1、b_2、h_1、h_2 中的某项为零或为负值。

层号	标高/m	层高/m
屋面2	65.670	
塔层2	62.370	3.30
屋面1（塔层1）	59.070	3.30
16	55.470	3.60
15	51.870	3.60
14	48.270	3.60
13	44.670	3.60
12	41.070	3.60
11	37.470	3.60
10	33.870	3.60
9	30.270	3.60
8	26.670	3.60
7	23.070	3.60
6	19.470	3.60
5	15.870	3.60
4	12.270	3.60
3	8.670	3.60
2	4.470	4.20
1	−0.030	4.50
−1	−4.530	4.50
−2	−9.030	4.50

结构层楼面标高
结构层高

注：上部结构嵌固部位：−4.530m。

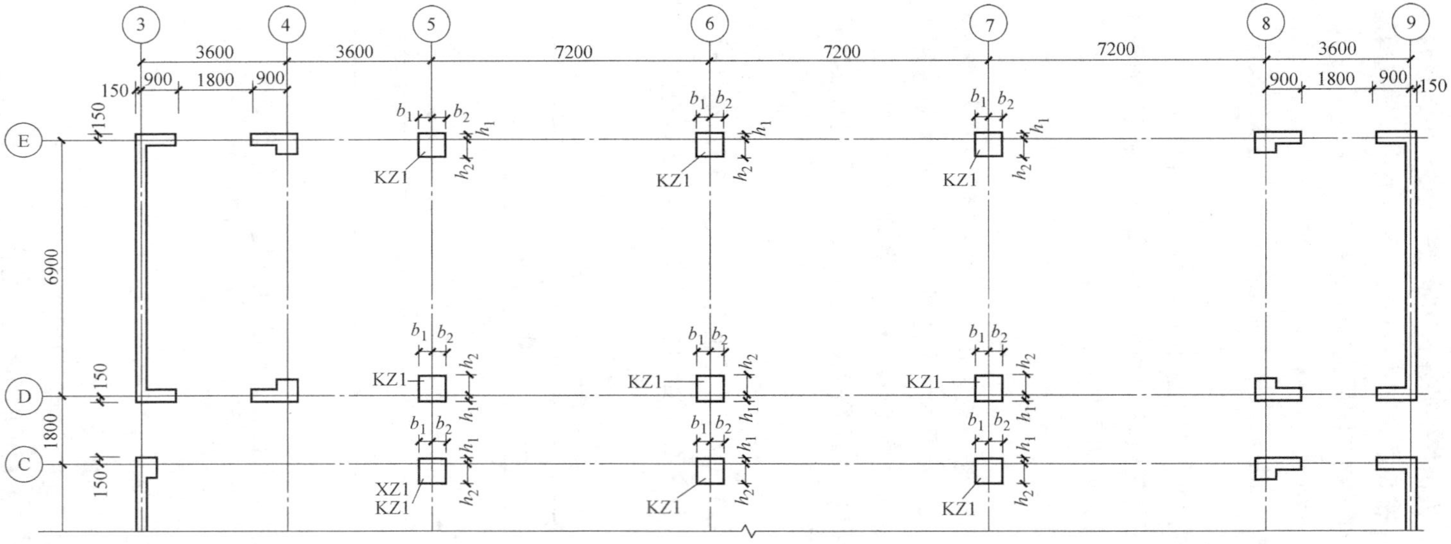

柱 表

柱编号	标高/m	(b×h)(mm×mm)（圆柱直径D）	b_1/mm	b_2/mm	h_1/mm	h_2/mm	全部纵筋	角筋	b边一侧中部筋	h边一侧中部筋	箍筋类型号	箍筋	备注
KZ1	−4.530～−0.030	750×700	375	375	150	550	28Φ25				1(6×6)	Φ10@100/200	—
	−0.030～19.470	750×700	375	375	150	550	24Φ25				1(5×4)	Φ10@100/200	
	19.470～37.470	650×600	325	325	150	450		4Φ22	5Φ22	4Φ20	1(4×4)	Φ10@100/200	
	37.470～59.070	550×500	275	275	150	350		4Φ22	5Φ22	4Φ20	1(4×4)	Φ8@100/200	
XZ1	−4.530～8.670						8Φ25				按标准构造详图	Φ10@100	⑤×Ⓒ轴KZ1中设置

图 3-1　框架柱施工图

2）对于圆柱，柱表中 $b\times h$ 一栏改用在圆柱直径数字前加 d 表示。为表达简单，圆柱截面与轴线的关系也用 b_1、b_2 和 h_1、h_2 表示，并使 $d=b_1+b_2=h_1+h_2$，也可在柱平面布置图中注明。

3）芯柱截面尺寸按构造确定，随框架柱定位。

4. 柱纵筋

当柱纵筋直径相同，各边根数也相同时，将纵筋注写在“全部纵筋”一栏中。除上述情况外，柱纵筋应分角筋、b 边中部筋和 h 边中部筋三项分别注写（对于采用对称配筋的矩形截面柱，可仅注写一侧中部筋）。

5. 箍筋类型编号及箍筋肢数

在“箍筋类型号”栏内注写箍筋类型编号和箍筋肢数。箍筋可有多种复合方式，如图 3-2 所示。应在箍筋类型表中注明具体的数值：m、n 及 Y 等（表 3-2）。确定箍筋肢数时应满足：

1）箍筋对柱纵筋隔一拉一以及箍筋肢距的要求。

2）沿复合箍筋周边，箍筋局部重叠不宜多于两层。以复合箍筋最外围的封闭箍筋为基准，柱内的 x 向箍筋紧贴其设置在下（或在上），柱内 y 向箍筋紧贴其设置在上（或在下）。

3）当在同一组内复合箍筋各肢位置不能满足对称性要求时，沿柱竖向相邻两组箍筋应交错放置，如图 3-2d、e 所示。

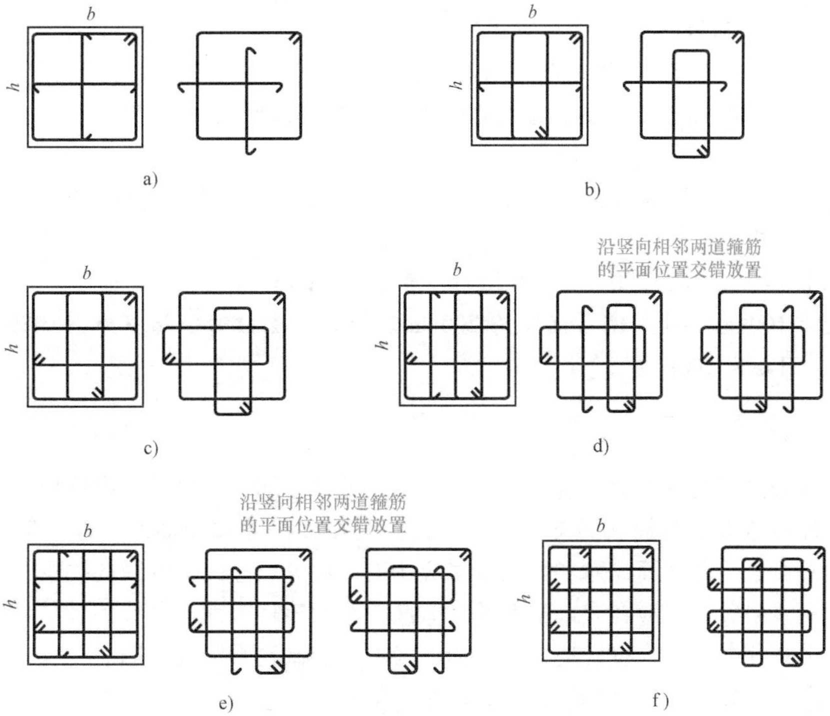

图 3-2　非焊接矩形箍筋复合方式

a）3×3　b）4×3　c）4×4　d）5×4　e）5×5　f）6×6

表 3-2　箍筋类型表

箍筋类型编号	箍筋肢数	复合方式
1	$m×n$	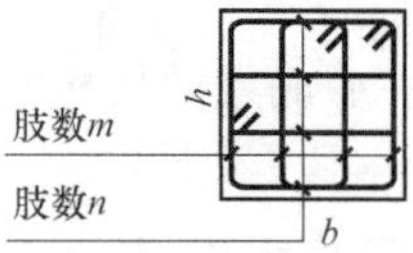
2	—	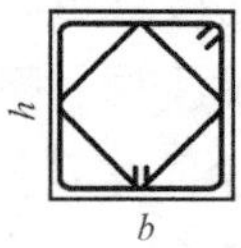
3	—	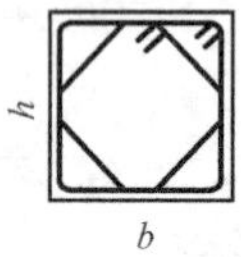
4	Y+$m×n$ 圆形箍	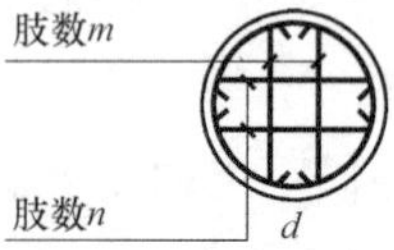

6. 箍筋种类、直径与间距

用“/”区分柱端箍筋加密区与柱身非加密区长度范围内箍筋的不同间距。施工人员需根据标准构造详图的规定，在规定的几种长度值中取最大者作为加密区长度。当框架节点核心区内箍筋与柱端箍筋设置不同时，应在括号中注明核心区箍筋直径及间距。

当箍筋沿柱全高为一种间距时，则不使用“/”。当圆柱采用螺旋箍筋时，需在箍筋前加“L”。

【例 3-1】 Φ10@100/200（Φ12@100）：表示柱中箍筋为 HPB300 钢筋，直径为 10mm，加密区间距为 100mm，非加密区间距为 200mm。框架节点核心区箍筋为 HPB300 钢筋，直径为 12mm，间距为 100mm。

三、截面注写方式

截面注写方式指在柱平面布置图的柱截面上，分别在同一编号的柱中选择一个截面，按另一种比例原位放大绘制柱截面配筋图，直接注写截面尺寸和配筋的具体数值。注写编号时，当柱的总高、分段截面尺寸和配筋均对应相同，仅分段截面与轴线的关系不同时，仍可将其编为同一柱号，此时应在未画配筋的柱截面上注写该柱截面与轴线关系的具体尺寸。

当柱纵筋采用并筋时，设计应采用截面注写方式绘制柱平法施工图。

【例 3-2】 如图 3-3 所示，解释 KZ1 的图示含义。

【解】 KZ1：表示编号为 1 的框架柱；柱的截面尺寸为 650mm×600mm；b 边中心与轴线相同，h 边中心偏离轴线，h_1 = 450mm，h_2 = 150mm。

4Φ22：表示角部纵筋为 4 根直径 22mm 的 HRB400 钢筋，b 边中部纵筋配 5 根直径

22mm 的 HRB400 钢筋，h 边中部纵筋配 4 根直径 22mm 的 HRB400 钢筋。

ɸ10@100/200：表示箍筋为直径 10mm 的 HPB300 钢筋，加密区间距为 100mm，非加密区间距为 200mm。

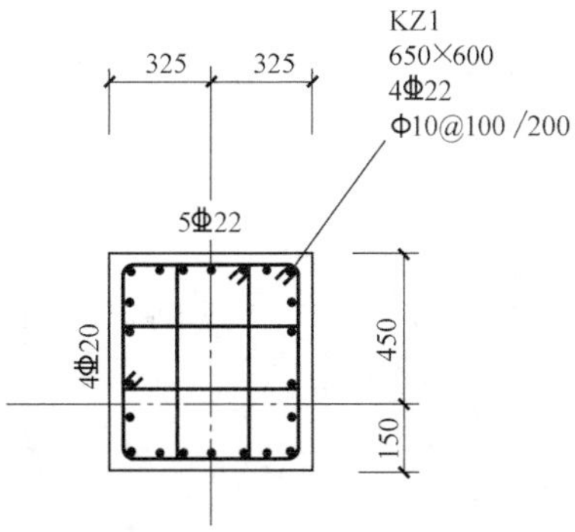

图 3-3　截面注写方式

任务 2　识读柱构件标准构造详图

一、柱构件标准构造详图说明

1. 常见的柱钢筋连接方式

常见的柱钢筋连接方式有机械连接、焊接连接和绑扎搭接，常用电渣压力焊进行连接，如图 3-4 所示。在抗震等级高、振动荷载要求较高等的情况下，采用直螺纹连接。

图 3-4　电渣压力焊焊接连接

2. 框架柱构造节点及钢筋计算顺序

有三大类构造节点，柱根是柱与基础节点，柱中间是柱与梁节点，柱顶是柱与屋面梁节点。钢筋计算顺序：底部基础插筋→中部柱纵筋（含变截面钢筋）→顶部边柱、角柱、中柱纵筋→箍筋。

二、柱钢筋构造

（一）柱纵筋构造

1. 柱基础纵筋构造图

柱基础纵筋构造图如图 3-5 所示。

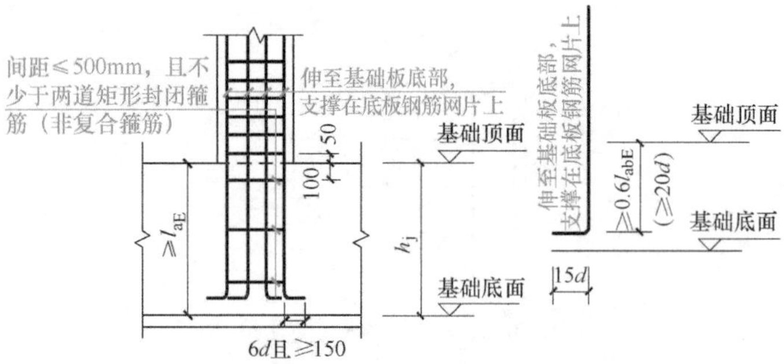

基础高度满足直锚　　　　基础高度不满足直锚

图 3-5　柱基础纵筋构造图

1）图 3-5 中 h_j 为基础底面至基础顶面的高度，对于有基础梁的基础为基础梁顶面至梁底面的高度，当柱两侧基础梁标高不同时取较低标高。

2）柱在基础中的插筋弯折长度根据柱基础厚度 h_j 与 l_{aE} 的大小确定，当 $h_j \geqslant l_{aE}$ 时，则弯折长度=max(6d,150mm)；当 $h_j < l_{aE}$ 时，则弯折长度=15d。

3）当基础高度 $h_j \geqslant$ 1400mm（或柱为轴心受压或小偏心受压构件，$h_j \geqslant$ 1200mm）时，可仅将柱四角的插筋伸至基础底部，其余插筋锚固在基础顶面下即可，锚固长度 $\geqslant l_{aE}$。

2. 地下室框柱嵌固部位纵筋构造

钢筋在嵌固部位上 $\geqslant H_n/3$ 处连接，H_n 为所在楼层的柱净高，如图 3-6 所示。在嵌固部位，当地下一层增加的钢筋伸至基础梁顶，且 $h_b \geqslant l_{aE}$ 时，将该纵筋伸至柱顶截断（图 3-7a）；当伸至基础梁顶，且 $h_b \geqslant 0.5l_{aE}$ 时，柱纵筋伸至柱顶弯折 12d（图 3-7b）。

3. 首层及标准层柱纵筋构造

首层及标准层柱纵筋连接构造如图 3-8 所示。

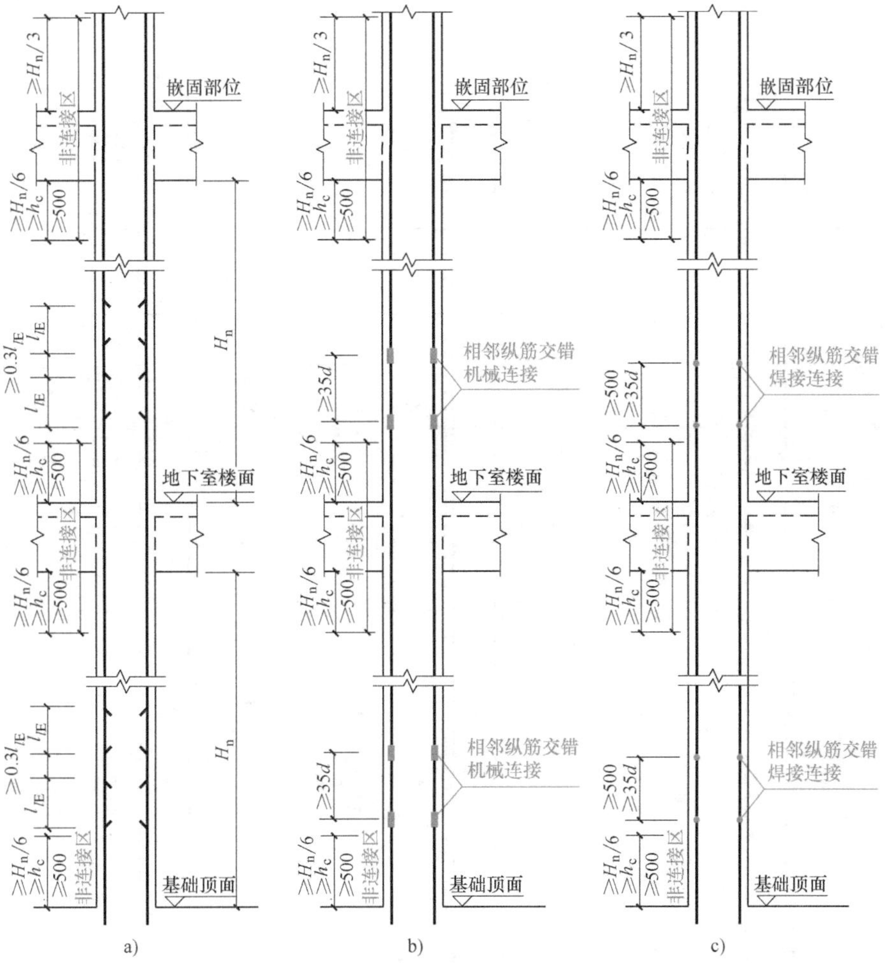

图 3-6　地下室框柱嵌固部位纵筋连接构造

a）绑扎搭接　b）机械连接　c）焊接连接

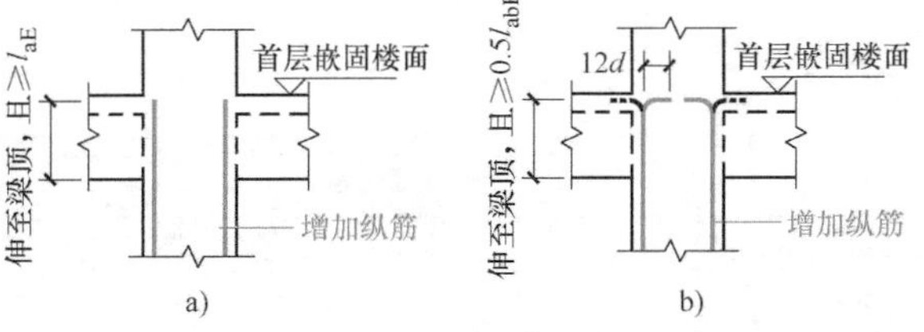

图 3-7　地下一层增加钢筋在嵌固部位的锚固构造

a）直锚　b）弯锚

每层钢筋连接位置（除嵌固部位外）距楼面及梁底≥max($H_n/6, h_c$, 500mm)，其中 h_c 为柱长边尺寸（圆柱为截面直径）。柱相邻纵筋连接接头相互错开，隔一错一，在同一截面内钢筋接头面积百分率不宜大于50%，错开的距离为机械连接≥35d（图 3-9），焊接连接≥max(35d,500mm)，搭接连接为中心≥1.3l_{lE}。轴心受拉和小偏心受拉柱内的纵筋不得采用绑扎搭接接头。

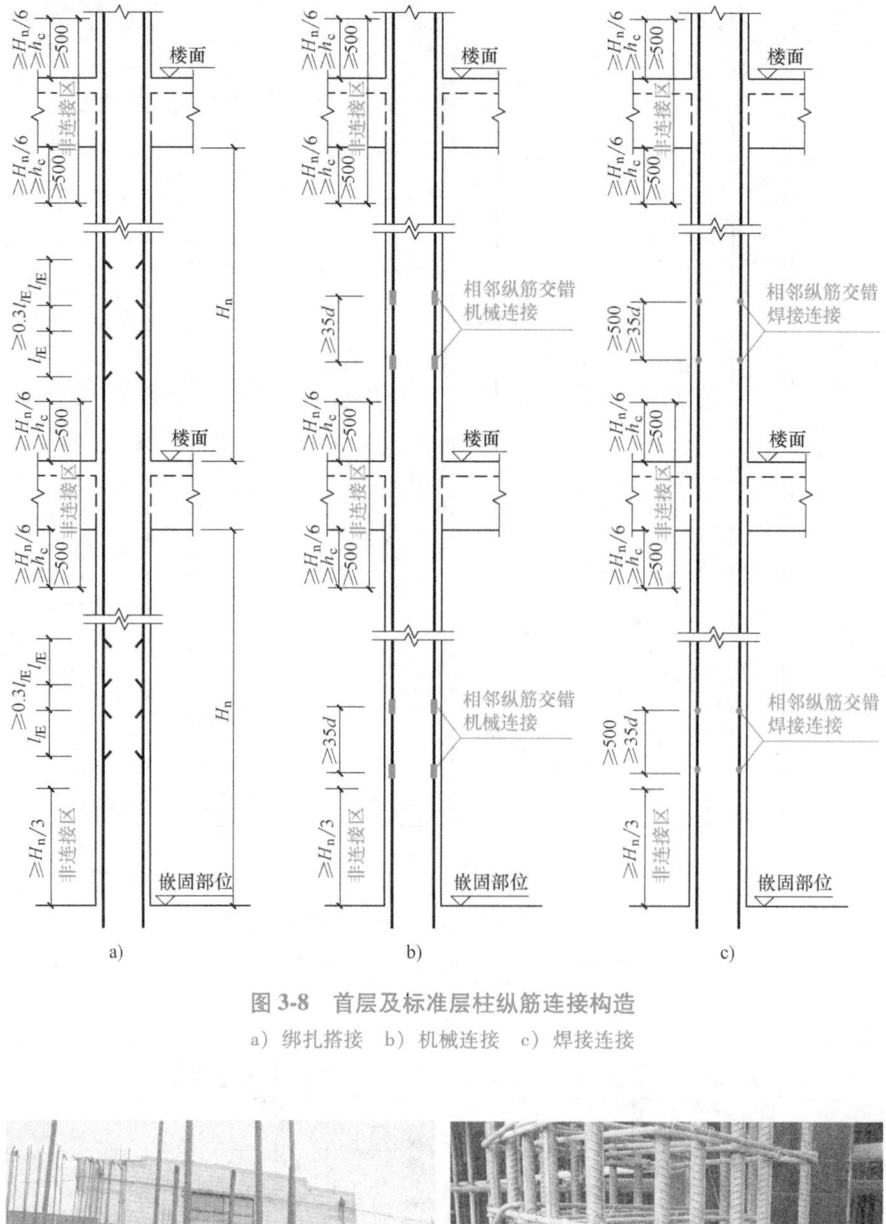

图 3-8　首层及标准层柱纵筋连接构造

a）绑扎搭接　b）机械连接　c）焊接连接

图 3-9　柱钢筋错开机械连接

框架柱端箍筋加密区、节点核心区是关键部位，为符合强节点的要求，纵筋接头要尽量避开这两个部位。实际工程中，当接头位置无法避开时，应采用满足等强度要求的机械连接接头，且接头面积百分率不宜超过 50%。

4. 柱纵筋变化构造

柱纵筋变化构造如图 3-10 所示。

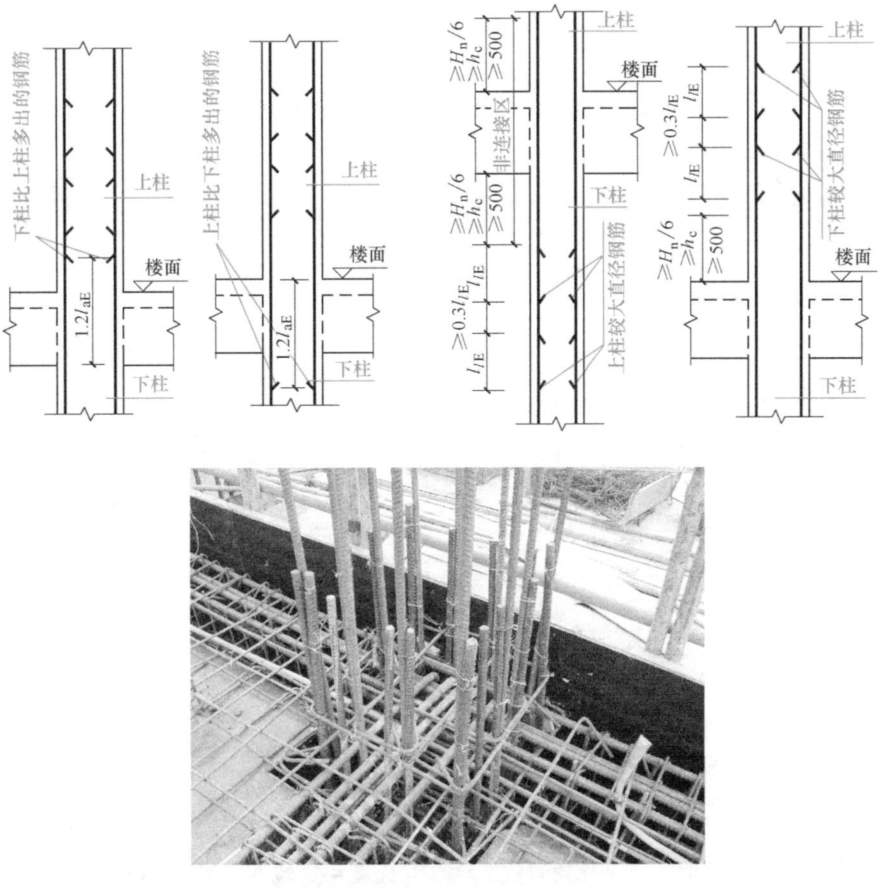

图 3-10　柱纵筋变化构造

1）钢筋下柱比上柱多出的钢筋，自梁底面向上直锚 $1.2l_{aE}$。

2）钢筋上柱比下柱多出的钢筋，自梁顶面向下直锚 $1.2l_{aE}$。

3）上柱较大直径钢筋与下柱较小直径钢筋连接，在下柱连接区进行连接。

4）下柱较大直径钢筋与上柱较小直径钢筋连接，在上柱连接区进行连接。

5. 柱变截面节点纵筋构造

当柱的截面发生变化时，钢筋也要随着变化。钢筋的变化主要看变截面一侧有无梁。

1）变截面侧边有梁且 $\Delta/h_b>1/6$ 时，下柱纵筋伸到梁顶部弯折，弯折长度为 $12d$；上柱纵筋下插长度为 $1.2l_{aE}$，如图 3-11 所示。

2）变截面侧边有梁且 $\Delta/h_b\leq 1/6$ 时，下柱纵筋从梁底斜向梁顶面下 50mm 直上，斜的长度按照勾股定理进行计算，如图 3-12 所示。

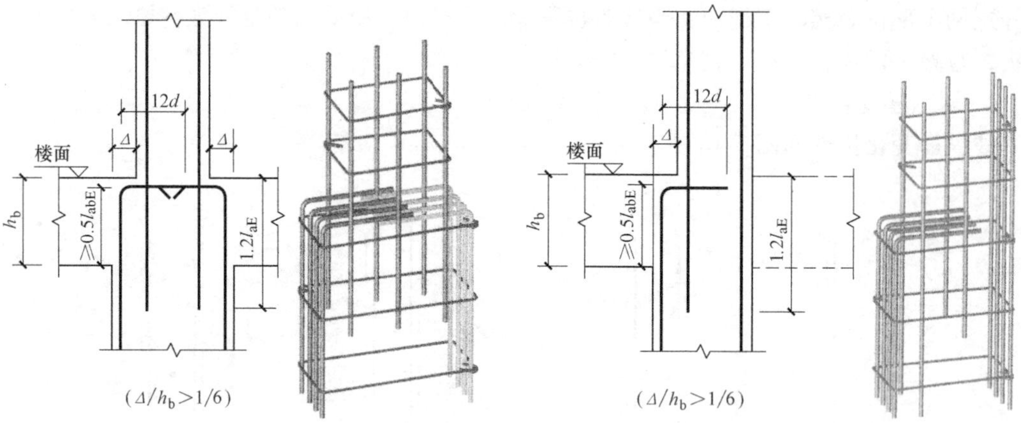

图 3-11　变截面侧边有梁且 $\Delta/h_b>1/6$ 时的构造

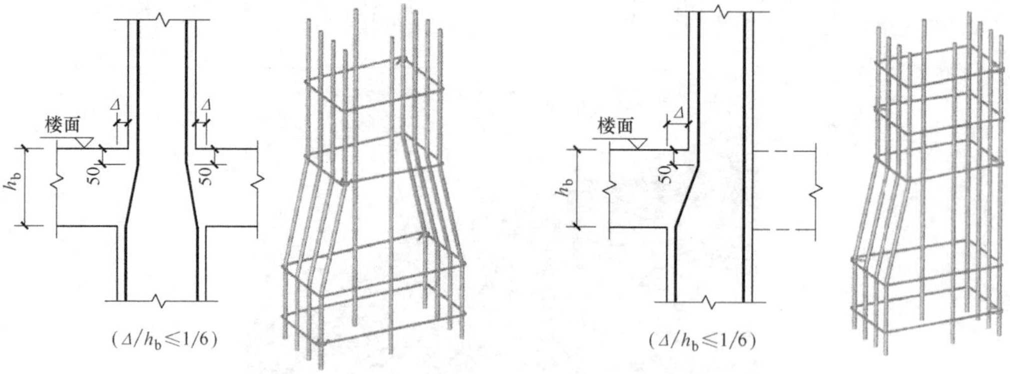

图 3-12　变截面侧边有梁且 $\Delta/h_b\leqslant1/6$ 时的构造

3）变截面侧边无梁时，下柱钢筋弯折，弯折长度=变截面高差值 $\Delta+l_{aE}-c$，上柱钢筋向下锚固 $1.2l_{aE}$，如图 3-13 所示。

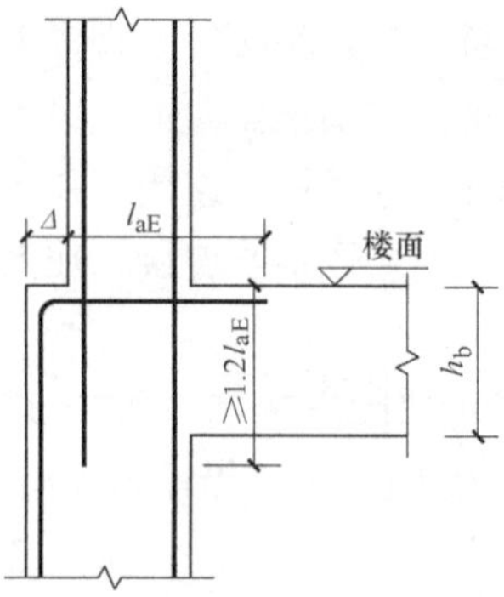

图 3-13　变截面侧边无梁时的构造

6. 边柱及角柱顶部纵筋构造

框架柱根据在建筑中的位置，可分为中柱、边柱、角柱三种类型，中柱、边柱、角柱与屋面梁交接处称为框架顶层端部节点，见表 3-3，该节点处的梁、柱端均承受负弯矩作用，相当于 90°折梁，节点外侧钢筋不是锚固受力，而属于搭接传力，所以屋面框架梁上部纵筋不能简单地伸至框架梁内锚固，而是与柱外侧纵筋搭接连接，搭接方法主要有两种形式：

表 3-3　框架顶层端部节点

<table>
<tr><th>顶层框架角柱节点</th><th>顶层框架边柱节点</th><th>顶层框架中柱节点</th></tr>
<tr><td>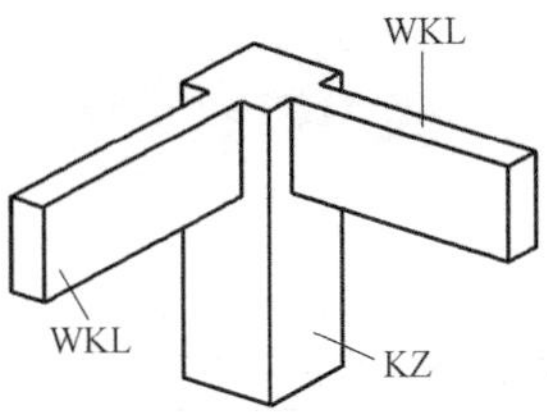</td><td>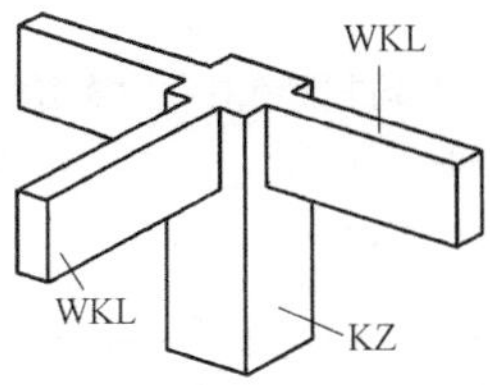</td><td>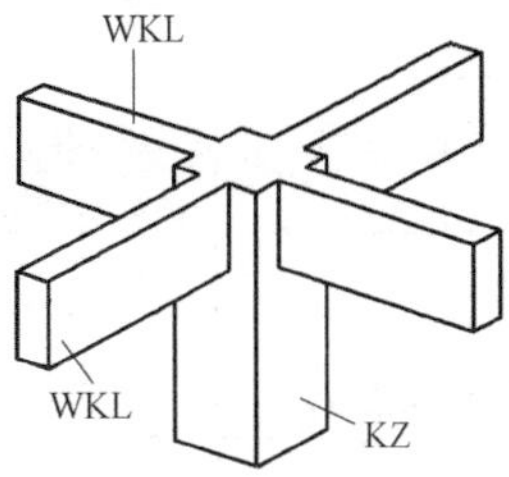</td></tr>
</table>

1）柱外侧纵筋和梁上部纵筋在梁顶部连接构造，简称柱包梁。

角柱有两个不与屋面框架梁连接的边，边柱有一个不与屋面框架梁连接的边，上述边所在位置的柱统称边柱。角柱有两个与屋面框架梁连接的边，边柱有三个与屋面框架梁连接的边，由于在此位置柱的钢筋按中柱构造执行，因此此位置的柱统称中柱。这样角柱和边柱钢筋在顶部构造就可以分为四类，分别是边柱梁宽范围内、边柱梁宽范围外、中柱梁宽范围内、中柱梁宽范围外，如图 3-14 所示。

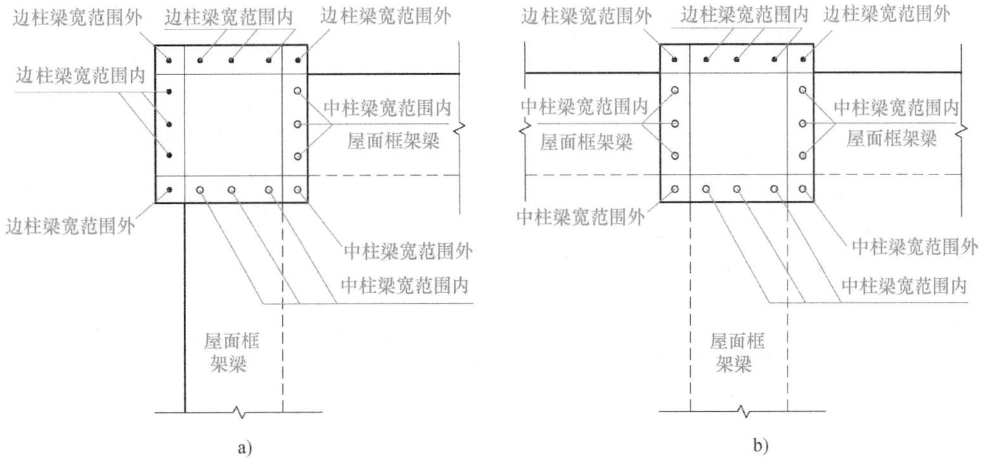

图 3-14　边角柱钢筋构造

a）角柱钢筋构造　b）边柱钢筋构造

梁上部纵筋伸至柱外侧纵筋内侧弯折，弯折段伸至梁底。柱钢筋伸入屋面框架梁的要求见表 3-4。

表 3-4 柱钢筋伸入屋面框架梁的要求

伸入类型	具体要求（屋面框架梁高为 h，保护层厚度为 c）
边柱梁宽范围内	伸入梁内与梁上部钢筋搭接，从梁底算起 $1.5l_{abE}$ 超过柱内侧边缘，当柱外侧纵筋配筋率大于 1.2%时，分两批截断，截断之间距离不宜小于 $20d$，如图 3-15a 所示 从梁底算起 $1.5l_{abE}$ 未超过柱内侧边缘时，在梁上弯折需 $\geqslant 15d$，如图 3-15b 所示 该部分钢筋截面积应不小于柱外侧纵筋全部截面积的 65%
边柱梁宽范围外	现浇板板厚≥100mm 时，可伸入现浇板内锚固，如图 3-15c 所示 位于柱顶第一层钢筋，伸至柱内边后向下弯折 $8d$，位于柱顶第二层钢筋伸至柱内边截断，如图 3-15d 所示
中柱梁宽范围内	$h-c<l_{aE}$，且 $\geqslant 0.5l_{abE}$，同时柱筋在柱顶向柱内弯折 $12d$，当有现浇板且板厚大于 100mm 时可向柱外弯折 $12d$，锚固于板内 $h-c \geqslant l_{aE}$，柱筋直锚并伸至柱顶
中柱梁宽范围外	伸到柱顶向柱内弯折 $12d$，当有现浇板且板厚大于 100mm 时可向柱外弯折 $12d$

当柱外侧钢筋直径不小于梁上部钢筋时，梁宽范围内柱外侧纵筋直接弯入梁上部，做梁的上部钢筋，如图 3-15e 所示。

柱包梁优点是梁上部钢筋不伸入柱内，有利于在梁底标高处设置柱内混凝土的施工缝，适用于梁上部钢筋和柱外侧钢筋数量不是过多的情况。

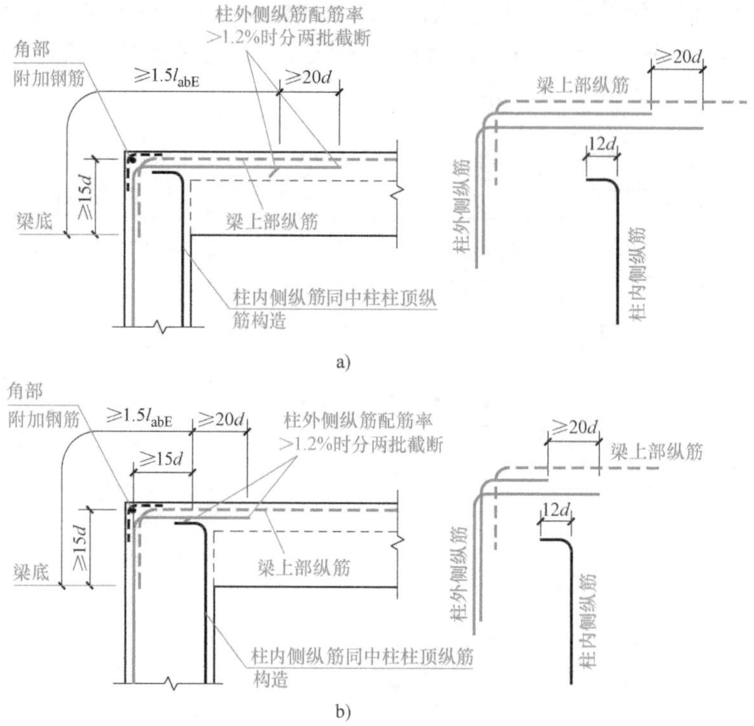

图 3-15 柱外侧纵筋和梁上部纵筋在梁顶顶部连接构造

a）梁宽范围内钢筋要求 1 b）梁宽范围内钢筋要求 2

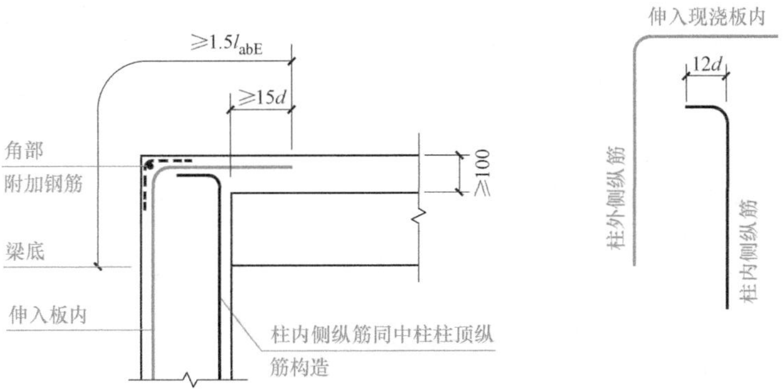

c)

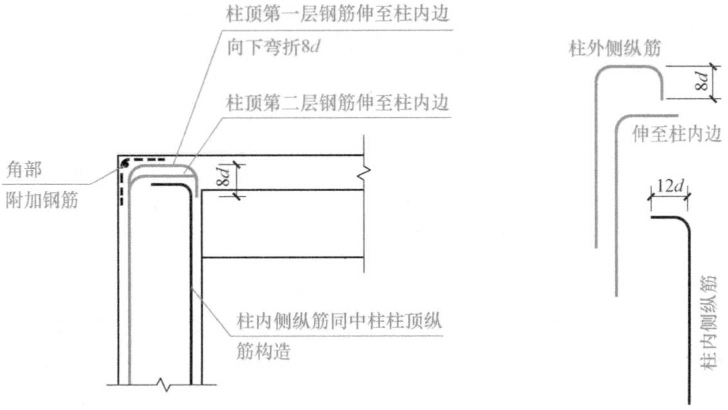

d)

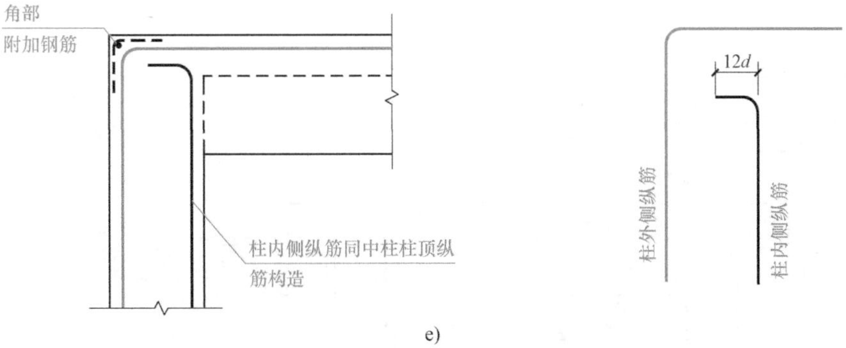

e)

图 3-15 柱外侧纵筋和梁上部纵筋在梁顶顶部连接构造（续）

c）梁宽范围外钢筋伸入现浇板内锚固 d）梁宽范围外钢筋在节点内锚固

e）梁宽范围内柱外侧纵筋弯入梁内做梁筋构造

2）柱外侧纵筋和梁上部纵筋在柱顶外侧搭接构造，简称梁包柱。

柱外侧纵筋伸至柱顶截断。梁上部纵筋伸至柱外侧纵筋内侧弯折，与柱外侧纵筋搭接长度不应小于 $1.7l_{abE}$，当梁上部纵筋配筋率大于 1.2%时，宜分两批截断，截断点之间距离不宜小于 20d。当梁上部纵筋为两排时，先截断第二排钢筋，如图 3-16 所示。

梁包柱优点是柱外侧钢筋不伸入梁内，避免了梁与柱节点部位钢筋拥挤的情况，有利于混凝土的浇筑。

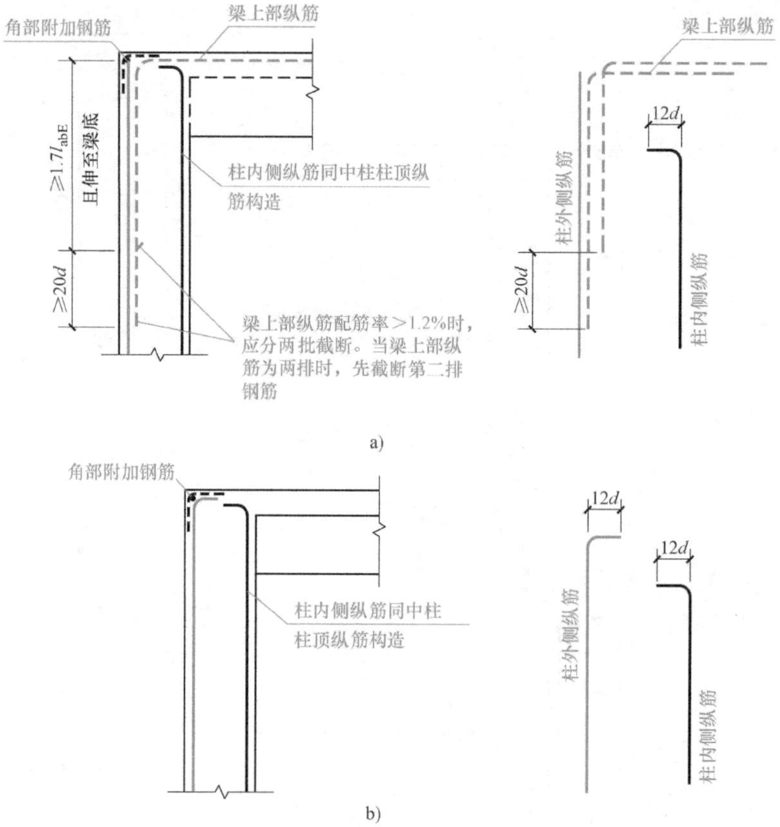

图 3-16　柱外侧纵筋和梁上部纵筋在柱顶外侧搭接构造

a）梁宽范围内钢筋　b）梁宽范围外钢筋

7. 中柱顶部纵筋构造

中柱顶部纵筋构造如图 3-17 所示。

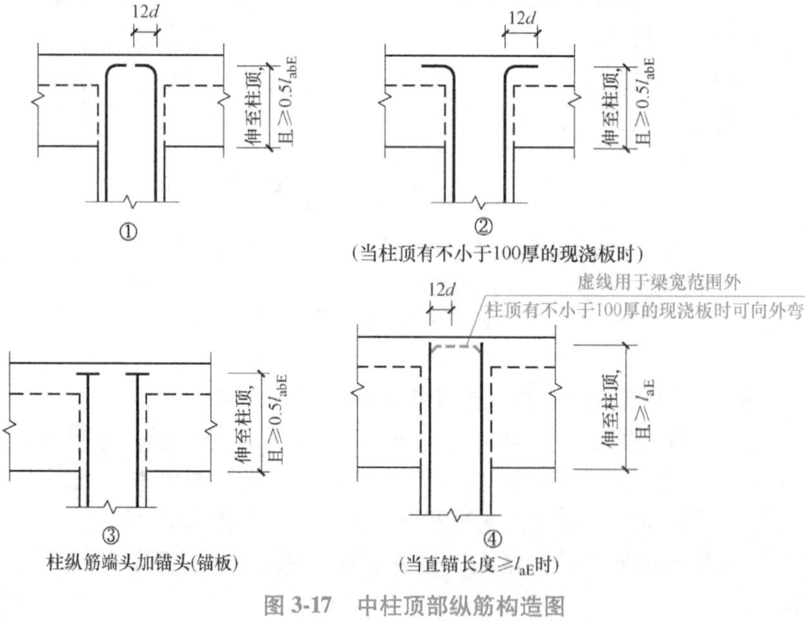

图 3-17　中柱顶部纵筋构造图

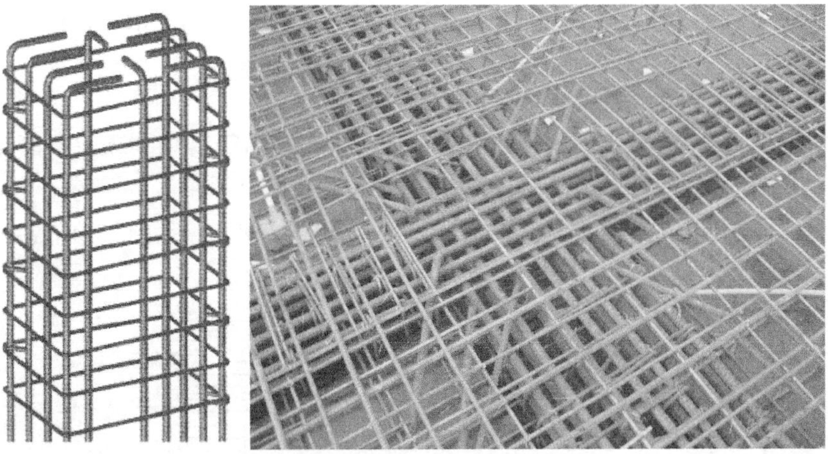

图 3-17　中柱顶部纵筋构造图（续）

8. 剪力墙和梁上框架柱构造（图 3-18、图 3-19）

1）墙上起框架柱，在墙顶面标高以下锚固范围内的柱箍筋按上柱非加密区箍筋要求配置；梁上起框架柱时，在梁内设置间距不大于 500mm，且至少两道柱箍筋。

柱顶钢筋构造

2）墙上起框架柱（柱纵筋锚固在墙顶部时）和梁上起框架柱时，墙体和梁的平面外方向应设梁，以平衡柱脚在该方向的弯矩；当柱宽大于梁宽时，梁应设水平加腋。

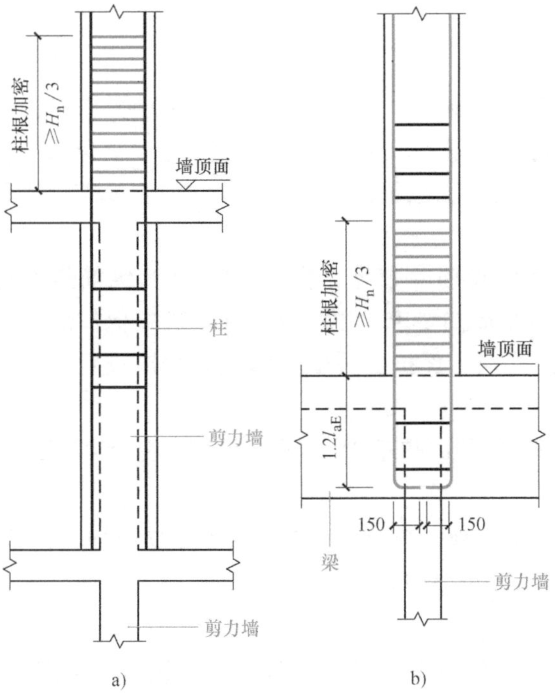

图 3-18　剪力墙上起框架柱构造图

a）柱与墙重叠一层　b）柱纵筋锚固在墙顶部时柱根构造

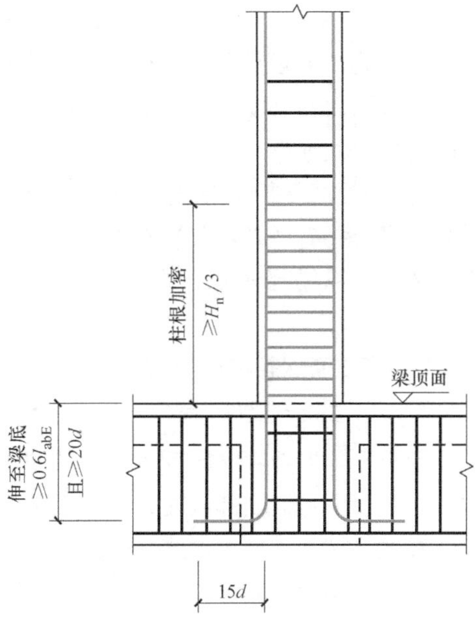

图 3-19　梁上起框架柱构造图

3）当梁为拉弯构件时，梁上起柱应根据实际受力情况采取加强措施，柱纵筋构造做法应由设计指定。

9. 边柱和角柱柱顶等截面伸出时纵筋构造

边柱和角柱柱顶等截面伸出长度满足锚固长度时，柱纵筋直锚到顶，不满足锚固长度时，柱纵筋伸到柱顶，需$\geqslant 0.6l_{abE}$向柱内弯折 15d，如图 3-20 所示。

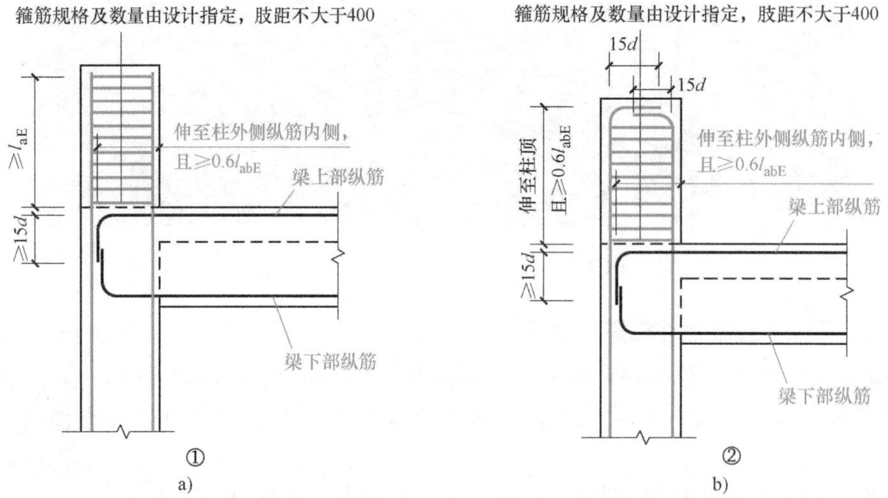

图 3-20　边柱和角柱柱顶等截面伸出时纵筋构造

a）当伸出长度自梁顶算起满足直锚长度 l_{aE} 时　b）当伸出长度自梁顶算起不能满足直锚长度 l_{aE} 时

（二）柱箍筋构造

1. 柱基础箍筋构造（图 3-21）

1）柱在基础内的箍筋是非复合箍筋，只有外圈箍筋；根数根据柱基础中的插筋保护层厚度（竖直段插筋外侧距基础边缘的厚度）确定。图 3-21 中 d 为柱纵筋直径，h 为基础底面至基础顶面的高度，当柱下为基础梁时，h 为梁底面至顶面的高度。当柱两侧基础梁标高不同时取较低标高。

2）当插筋保护层厚度≤5d 时，锚固区横向箍筋应满足直径≥d/4（d 为纵筋最大直径），间距≤5d'（d'为纵筋最小直径）且≤100mm 的要求。当柱纵筋在基础中保护层厚度不一致（如纵筋部分位于梁中，部分位于板内）时，保护层厚度≤5d 的部分应设置锚固区横向箍筋。

3）当插筋保护层厚度>5d 时，箍筋在基础高度范围的间距≤500mm，且不少于 2 道。

2. 地下室柱箍筋构造

当地下室顶面为嵌固部位时，如图 3-22 所示，地下室顶面以上的 $H_n/3$ 为加密范围，当地下室顶面不是嵌固部位时，顶面上下 $\max(H_n/6, h_c, 500\text{mm})$ 为加密范围。

3. 柱在地面以上各层箍筋构造

当柱下端为嵌固部位时，加密范围为 $H_n/3$，如图 3-23 所示，柱与梁连接节点范围内、节点上下 $\max(H_n/6, h_c, 500\text{mm})$ 范围，绑扎搭接 1.3l_l范围，全部为加密范围，其余为非加密范围。

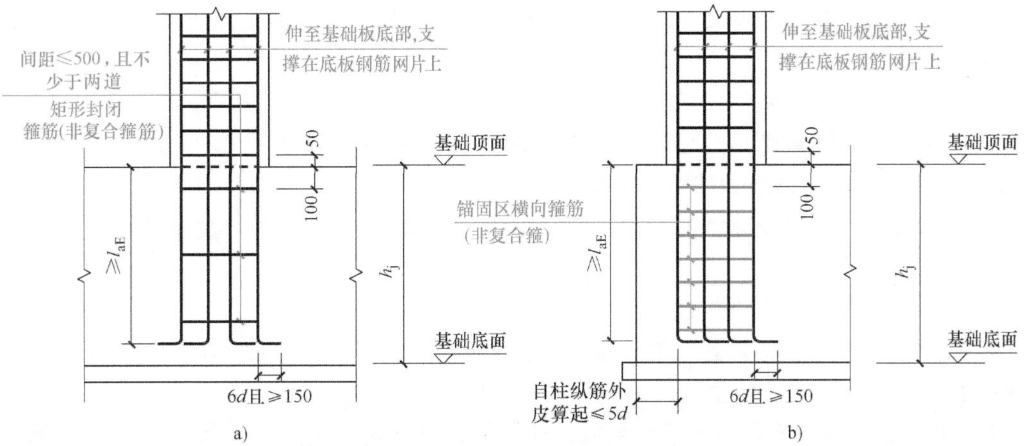

图 3-21　柱基础箍筋构造

a）保护层厚度>$5d$　b）保护层厚度≤$5d$

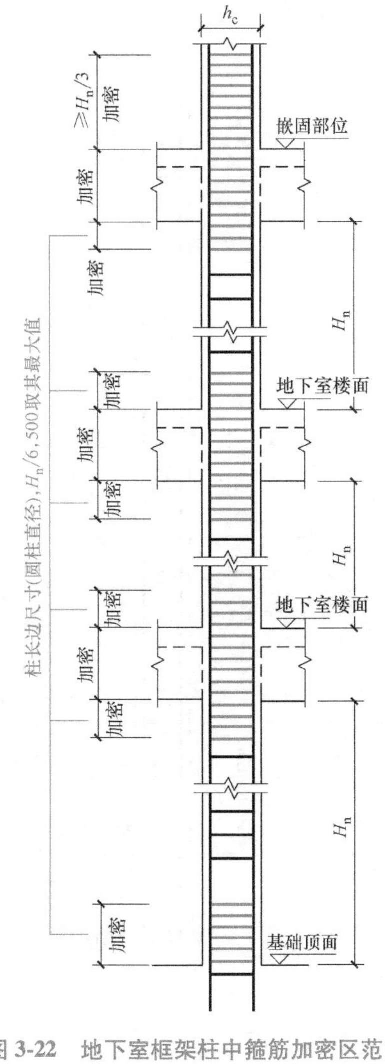

图 3-22　地下室框架柱中箍筋加密区范围

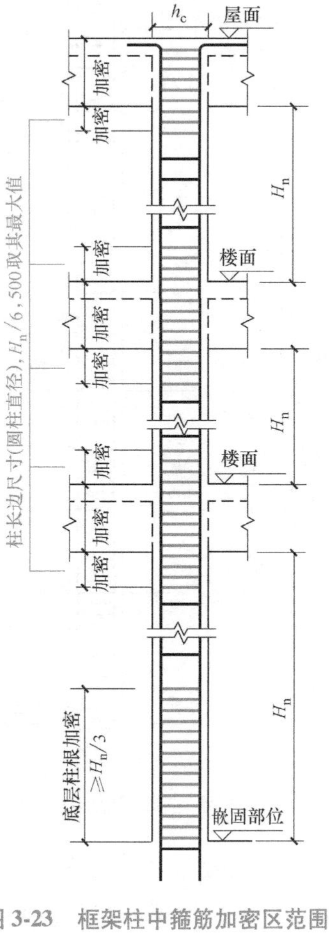

图 3-23　框架柱中箍筋加密区范围

柱与梁连接节点为抗震设计的框架节点核心区，当节点区设置复合箍筋时，除外圈必须采用封闭箍筋外，其他核心区中部箍筋可采用拉筋代替。

4. 柱净高范围内全部加密的规定

柱净高（包括因嵌砌填充墙等形成的柱净高）与柱截面长边尺寸（圆柱为截面直径）的比值 $H_n/h_c \leq 4$ 时，箍筋沿柱全高加密。

矩形小墙肢（小墙肢即墙肢长度不大于墙厚 4 倍的剪力墙）的厚度不大于 300mm 时，箍筋全高加密。

5. 穿层箍筋加密区范围的规定

框架柱穿层分为单向穿层（单方向无梁且无板）和双向穿层（双方向无梁且无板）两种情况，H_n 为所在楼层的柱净高，H'_n 为穿层时的柱净高。

1）单向穿层时，单方向无梁且无板，柱分别计算加密区高度，无梁一侧按上下两层总净高 H'_n 计算箍筋加密，有梁一侧按本楼层净高 H_n 计算箍筋加密，如图 3-24 所示。

2）双向穿层时，双方向无梁且无板，按上下两层总净高 H'_n 计算箍筋加密，如图 3-25 所示。

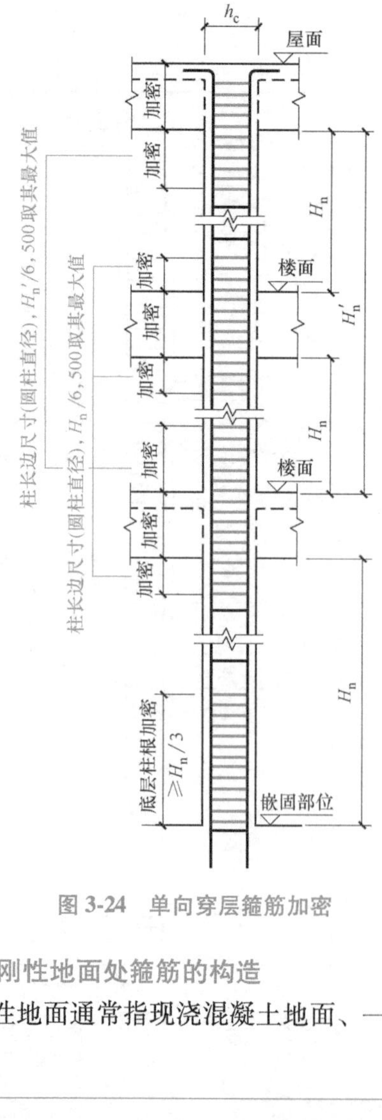

图 3-24 单向穿层箍筋加密

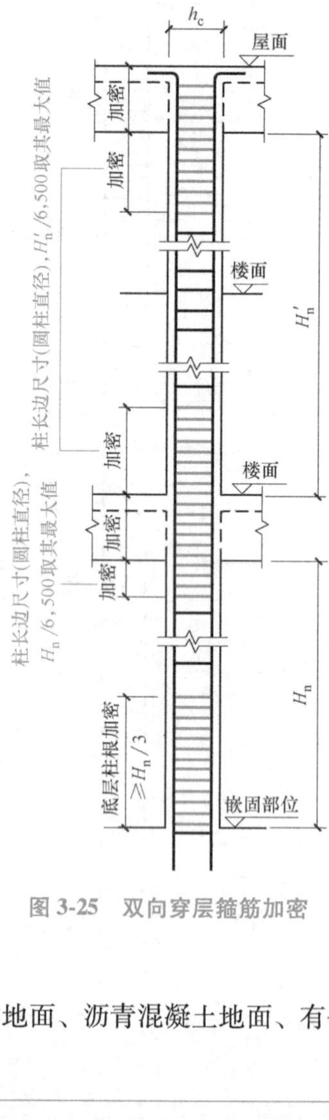

图 3-25 双向穿层箍筋加密

6. 刚性地面处箍筋的构造

刚性地面通常指现浇混凝土地面、一定厚度的石材地面、沥青混凝土地面、有一定基层厚度的地砖地面等。当柱位于刚性地面且无框架梁时，由于其平面内的刚度比较大，在水平力作用下，平面内变形很小，发生震害时，在刚性地面附近范围，若未对柱做箍筋加密处理，会使框架柱根部产生剪切破坏。规范规定，在刚性地面上下各500mm范围内设置加密箍筋，其箍筋直径和间距按柱端箍筋加密区的要求；当边柱遇室内、外均为刚性地面时，加密范围取各自上下的500mm；当边柱仅一侧有刚性地面时，也应按此要求设置加密区，如图3-26所示。

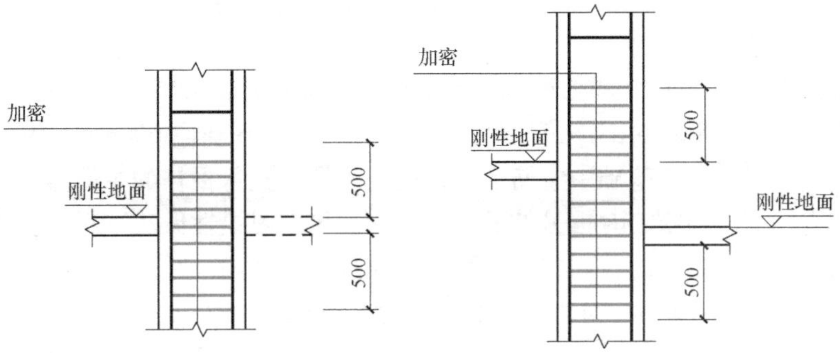

图3-26　刚性地面处箍筋加密

柱纵筋不宜在加密范围内连接。当与柱端箍筋加密区范围重叠时，重叠区域的箍筋可按柱端部加密箍筋要求设置，加密区范围同时满足柱端加密区高度及刚性地面上下各500mm的要求。

技能训练

任务3　框架柱钢筋翻样计算实例

一、框架柱钢筋翻样原则

框架柱钢筋翻样需要每层进行计算，同时考虑钢筋的合理截长，以便于合理利用钢筋。

1. 尽量减少纵筋加工种类

对标准图集上一些构造在满足规范的情况下可适当调整，如柱纵筋伸出楼面的长度，不能拘泥于max(H_n/6,h_c,500mm)。有的柱截面很大，而有的很小，有的柱钢筋直径不一样，同时要满足“三控值”中最大，计算出来的柱纵筋可能有若干种，容易造成混乱。我们可以在满足“三控值”的同时取最大值（增加钢筋材料成本，但施工方便，降低人工成本），这样柱纵筋伸出楼面既不会因太长而增加焊接和其他工种施工的难度，又可以减少柱纵筋种类，看上去整齐有序，可以最大限度地方便施工，真正体现翻样为施工服务的理念。

2. 柱筋上下结合下料

对于电渣压力焊或机械连接的钢筋，常见进料钢筋（定尺）9m的断筋下料模数有2.25m、3m、4.5m、6m；常见进料钢筋（定尺）12m的断筋下料模数有3m、4m、6m等；或者整根截成两根不同尺寸。调整接头只要位于框架柱允许连接区域内，且错开距离满足要求即可。

如某框架楼层高为4.2m，但在常见的9m或12m整尺钢筋上截取4.2m柱纵筋，均有大量的废短头及焊接接头出现。如果把第二层柱与第三层柱结合起来计算，这两根柱纵筋加起来总长为4.2m+4.2m=8.4m，也有废料，如果第二层柱纵筋取用4.5m（易从9m整尺钢筋上取得），第三层柱纵筋取用4m（易从12m整尺钢筋上取得），则4.5m+4m=8.5m，如果第二层柱纵筋露出长度0.65m，则第三层柱纵筋露出4.5m+0.65m−4.2m−0.03m（电渣压力焊损耗值）=0.92m，第四层柱纵筋露出长度4m+0.92m−4.2m−3m×0.03（电渣压力焊损耗值）=0.63m。这样既没有废短头出现，又考虑了柱纵筋的焊接损耗。

3. 一步到位钢筋下料

如某楼雨篷设有2根外柱，柱顶标高为3.050m，雨篷梁高450mm，柱截面尺寸400mm×400mm，且每根柱配有8Φ16钢筋，基础底标高−1.35m，基础厚600mm，焊接连接，现需要在基础工程中下料。柱在基础中主筋下料，往往习惯于把每根柱的主筋露出基础顶面，并错开搭接，在进行下一层施工时再另外下料接长。如果按习惯性做法下料，认真查看柱就会发现，在基础顶面以上露出的较高柱筋头距柱顶端只有2.01m，所以考虑柱筋下料从基础直接到顶端，总共只有4.4m高，可以一步到位，这样不仅减少了接头，而且也省去了绑扎搭接区加密箍筋，预先绑扎柱骨架时应一次把箍筋绑完，不仅节省人工，而且工程质量有保证。

二、框架柱纵筋计算公式

框架柱纵筋计算见表3-5。

表3-5　框架柱纵筋计算

钢筋部位	计算公式
梁宽范围内顶部边柱、角柱顶部外侧纵筋长度	外侧钢筋长度=层高−下层伸出长度−梁高+搭接长度 当柱纵筋伸入梁内的直段长度=1.5l_{abE}−(梁高−c)>15d时，搭接长度=1.5l_{abE} 当柱纵筋伸入梁内的直段长度=1.5l_{abE}−(梁高−c)≤15d时，柱纵筋伸至柱顶后弯折15d，搭接长度=梁高−c+15d
梁宽范围外边柱、角柱顶部外侧纵筋	第一层：柱纵筋伸入柱内边，弯折8d，纵筋长度=顶层层高−下层伸出长度−梁保护层厚度+柱宽−2×柱保护层厚度+8d 第二层：柱纵筋伸入柱内边，纵筋长度=顶层层高−下层伸出长度−梁保护层厚度+柱宽−2×柱保护层厚度
顶层梁宽范围内中柱纵筋长度	当柱纵筋伸入梁内的直段长度<l_{abE}时，采用弯锚形式，柱纵筋伸至柱顶后弯折12d，且梁高−c≥0.5l_{abE}。中柱纵筋长度=顶层层高−下层伸出长度−柱保护层厚度+12d 当柱纵筋伸入梁内的直段长度≥l_{abE}时，直锚到柱顶。中柱纵筋长度=顶层层高−下层伸出长度−柱保护层厚度
顶层梁宽范围外中柱纵筋长度	采用弯锚形式，柱纵筋伸至柱顶后弯折12d，且梁高−c≥0.5l_{abE}。中柱纵筋长度=顶层层高−下层伸出长度−柱保护层厚度+12d

三、框架柱边柱顶部排布图

框架柱边柱顶部排布图如图3-27所示。

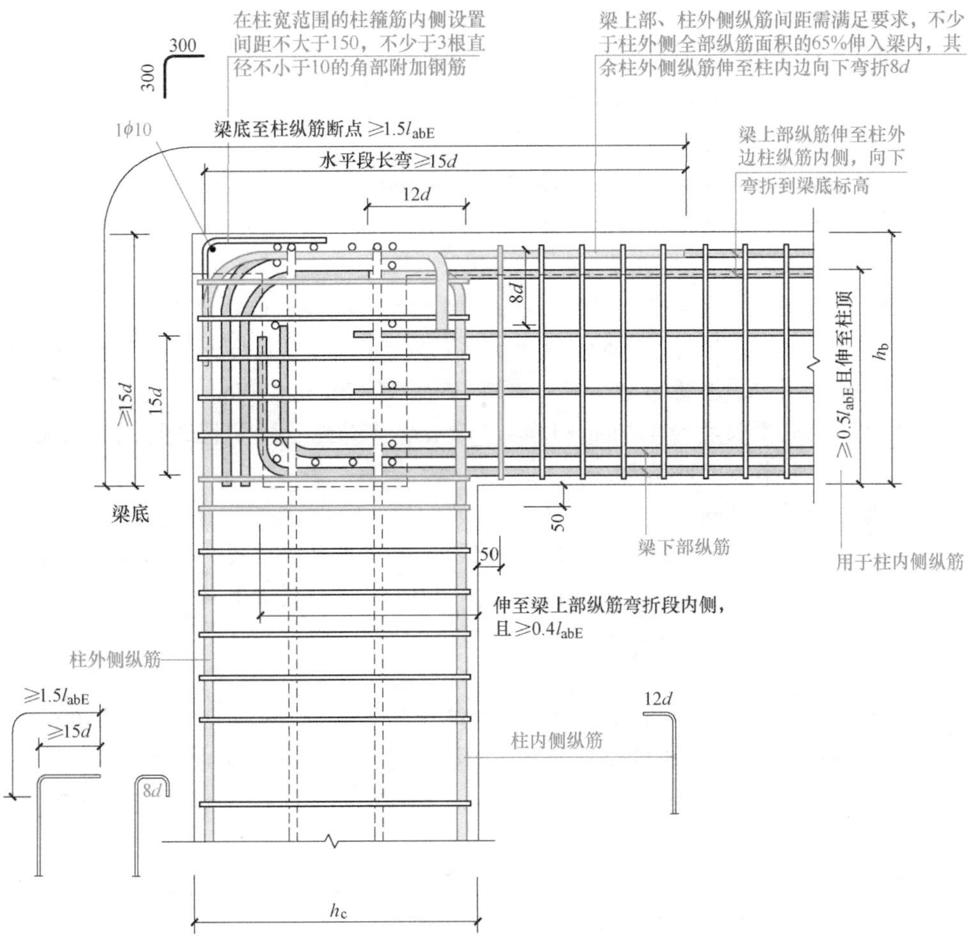

图 3-27　框架柱边柱顶部排布图

四、计算实例

根据附录图纸中的 KZ10，进行钢筋翻样计算。

根据附录图纸得知：该楼三级抗震，柱保护层厚度 $c=25\text{mm}$，C30 混凝土，主筋采用直螺纹机械连接，钢筋定尺每根 9m 和 12m。查表 1-8 得 $l_{aE}=l_{abE}=37d=37\times20\text{mm}=740\text{mm}$。

1. 基础-0.050 部分钢筋

KZ4 所在的基础为 J-1，基础底板钢筋为⌀12，基础深度 $H_j=600\text{mm}-25\text{mm}<l_{aE}$，柱筋在基础内弯折 $15d=15\times20\text{mm}=300\text{mm}$，柱筋在基础内的深度为（600-40-12-12）mm=536mm。

由于嵌固部位在基础顶面，伸出-0.050m（框架梁）部分为非嵌固部位，所有钢筋均为⌀20，所以该部分钢筋隔一错一，共分为两种：一种编号为①，共 4 根，伸出地面长度≥ $\max(H_n/6, h_c, 500\text{mm})=\max[(4150+50-450)\text{mm}/6, 400\text{mm}, 500\text{mm}]=625\text{mm}$（梁高取 450mm 最小值）；另一种编号为②，共 4 根，比①错开 $35d=35\times20\text{mm}=700\text{mm}$。具体计算如下。

① 4Φ20：竖向段长度=536mm+(2000−50)mm+625mm=3111mm

加弯折后外包尺寸=3111mm+300mm=3411mm

下料长度=3411mm−2d=（3411−2×20）mm=3371mm

② 4Φ20：错开 700mm。

竖向段长度=3111mm+700mm=3811mm

下料长度=(3811−300−2×20)mm=4071mm

2. −0.050~4.150 部分钢筋

该部分钢筋隔一错一，共分为两种：一种编号为③，共 4 根，伸出 4.150m（二层伸出长度）高度取$\max(H_n/6, h_c, 500\text{mm}) = \max[(7750-4150-450)\text{mm}/6, 400\text{mm}, 500\text{mm}] = 525\text{mm}$；另一种编号为④，共 4 根，比③错开 35$d$=35×20mm=700mm。具体计算如下。

③ 4Φ20：竖向段长度=4150mm+50mm+525mm−625mm(本层伸出长度)=4100mm

下料长度=4100mm

④ 4Φ20：错开 700mm。

竖向段长度=4150mm+50mm+525mm(上层伸出长度)+700mm(上层错开长度)−625mm(本层伸出长度)−700mm(本层错开长度)=4100mm

下料长度=4100mm

3. 4.150~7.750 部分钢筋

该部分钢筋隔一错一，共分为两种：一种编号为⑤，为 4Φ18，伸出 7.750m 高度取$\max(H_n/6, h_c, 500\text{mm}) = \max[(11350-7750-450)\text{mm}/6, 400\text{mm}, 500\text{mm}] = 525\text{mm}$；另一种编号为⑥，为 4Φ16，比⑤错开 35$d$=35×18mm=630mm（同一连接区段长度取较大直径）。具体计算如下。

⑤ 4Φ18：竖向段长度=7750mm−4150mm+525mm−525mm(本层伸出长度)=3600mm

下料长度=3600mm

⑥ 4Φ16：错开 630mm。

竖向段长度=7750mm−4150mm+525mm+630mm−525mm(本层伸出长度)−700mm(本层错开长度)=3530mm

下料长度=3530mm

4. 7.750~11.350 部分钢筋

该柱属于边柱，梁宽范围内柱外侧钢筋只有 1Φ16 从梁底伸入梁内 1.5l_{aE}，伸入梁内长度>15d；临边一侧钢筋 2Φ18 伸入板内（板厚 110mm），从梁底伸入板内 1.5l_{aE}。剩余其他钢筋按中柱钢筋计算，由于顶部梁高为 450mm（取较小梁高），Φ16 和Φ18 直锚段长度均小于 l_{aE}，所以其余钢筋伸到梁顶弯折 12d，根据下层钢筋伸出长度和本层钢筋锚固情况，该层钢筋共分为 4 种，其编号与具体计算如下。

层高=11350mm−7750mm=3600mm

⑦ 3Φ16：（本层错开 35d）中部筋，伸到柱顶弯折 12d=12×16mm=192mm。

没错开的竖直段长度=3600mm−525mm(本层伸出长度)−25mm(梁受力筋)−8mm(梁箍筋)=3042mm

错开的竖直段长度=3042mm−630mm(本层错开 35d)=2412mm

钢筋外包尺寸=2412mm+192mm=2604mm

下料长度=2604mm−2×16mm=2572mm

⑧ 2⌀18：中部角筋，伸到柱顶弯折 $12d$=12×18mm=216mm。

竖直段长度=3042mm

钢筋外包尺寸=3042mm+216mm=3258mm

下料长度=3258mm−2×18mm=3222mm

⑨ 2⌀18：边部角筋，从梁底开始伸入梁顶部 $1.5l_{aE}$=1.5×37×18mm=999mm。

竖直段长度=3042mm

水平段长度=999mm−(600−25−8)mm=432mm

钢筋外包尺寸=3042mm+432mm=3474mm

下料长度=3474mm−2×18mm=3438mm

⑩ 1⌀16：边部中筋，从梁底开始伸入梁顶部 $1.5l_{aE}$=1.5×37×16mm=888mm。

竖直段长度=2412mm

水平段长度=888mm−(600−25−8)mm=321mm>$15d$=15×16mm=240mm

钢筋外包尺寸=2412mm+321mm=2733mm

下料长度=2733mm−2×16mm=2701mm

5. 箍筋 3×3 部分钢筋

(1) 下料长度

外箍外边长和宽均为 400mm−25×2mm=350mm。

下料长度=350×4mm+18.5×8mm=1548mm

内箍单支水平段长度=400mm−25×2mm=350mm，直接勾住受力钢筋。

下料长度=350mm+8×12.9×2mm=556mm

(2) 根数

1) 基础内：(600−50×2)÷500 根+1 根=2 根(只有外箍)。

2) 基础顶~−0.050：该部位为嵌固部位，图纸为全部加密，(2000−50−50×2)÷100 根+1 根=20 根

3) −0.050~4.150：共分 4 部分。

上下加密区高度=max[(4150+50−600)mm/6,400mm,500mm]=600mm

根数=(600−50)÷100 根+1 根=7 根

非加密区根数=(4150+50−600−600×2)÷200 根−1 根=11 根

梁柱核心区根数=(600−50×2)÷100 根+1 根=6 根

合计：7×2 根+11 根+6 根=31 根

4) 4.150~7.750：共分 4 部分。

上下加密区高度=max[(7750−4150−600)mm/6,400mm,500mm]=500mm

根数=(500−50)÷100 根+1 根=6 根

非加密区根数=(7750−4150−600−500×2)÷200 根−1 根=9 根

梁柱核心区根数=(600−50×2)÷100 根+1 根=6 根

合计：6×2 根+9 根+6 根=27 根

5) 7.750~11.350 计算同上，合计 27 根。

钢筋下料分析及调整见表 3-6。

表 3-6 钢筋下料分析及调整

标高段	Φ20		Φ18		Φ16	
	原值	调整后	原值	调整后	原值	调整后
基础~-0.050	3371mm×4 4071mm×4	4150mm×4 4850mm×4	在-0.050上伸出高度可调高4200mm-625×2mm-450mm-700mm=1800mm，已用调高4150mm-3371mm=779mm			
-0.050~4.150	4100mm×8	4000mm×8	在4.150上伸出高度可调高3600mm-625×2mm-450mm-700mm=1200mm，已用调高779mm-100mm=679mm			
4.150~7.750	在7.750上伸出高度可调高1270mm，已用调高679mm-600mm=79mm		3600mm×4	3000mm×4	3530mm×4	3000mm×4
7.750~11.350	本段可按实际数截取		3222mm×3 3359mm×2	3143mm×2 3369mm×2	2572mm×3 2701mm×1	2493mm×3 2622mm×1

框架柱钢筋排布图如图 3-28 所示。

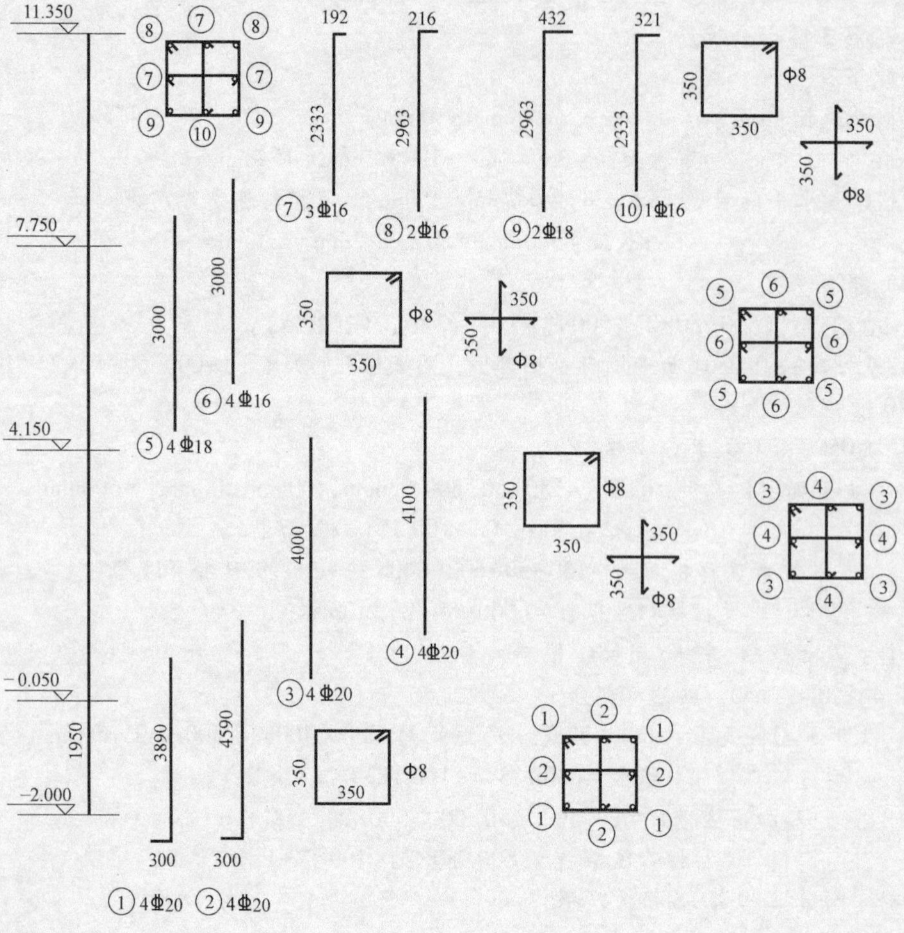

图 3-28 框架柱钢筋排布图

最后，按表 3-7 绘制钢筋配料单。

表 3-7　钢筋配料单

构件名称	编号	钢筋简图	钢筋级别	钢筋直径 /mm	下料长度 /mm	单柱根数 /根	合计根数/根	质量 /kg
KZ10 1根	1	300 3890	HRB400	20	4150	4	4	41.0
	2	300 4590		20	4850	4	4	47.9
	3	4000		20	4000	4	4	39.5
	4	4000		20	4000	4	4	39.5
	5	3000		18	3000	4	4	24.0
	6	3000		16	3000	4	4	19.0
	7	2343 192		16	2572	3	3	12.2
	8	2973 216		18	3153	2	2	12.61
	9	2973 432		18	3369	2	2	1.48
	10	2343 321		16	2701	1	1	4.27
	11	350 350	HPB300	8	1548	105	105	64.7
	12	350		8	556	206	206	45.2
	合计							351.4

自我检验

一、填空题

解释图 3-29 所示 KZ1 标注的图示含义。

该柱的类型为________，柱的截面尺寸为________。柱四角的角部配筋为________，b 方向中部纵筋为________，h 方向中部纵筋为________，柱端箍筋加密区的间距为________，箍筋直径为________。该柱共有________根受力钢筋。Φ10@100/200 表示箍筋钢筋种类为________、直径为________、加密区间距为________、非加密区间距为________。

二、单选题

1. 柱基础保护层厚度≥$5d$，基础内箍筋间距应不大于（　　），且不少于（　　）道矩形封闭箍筋。

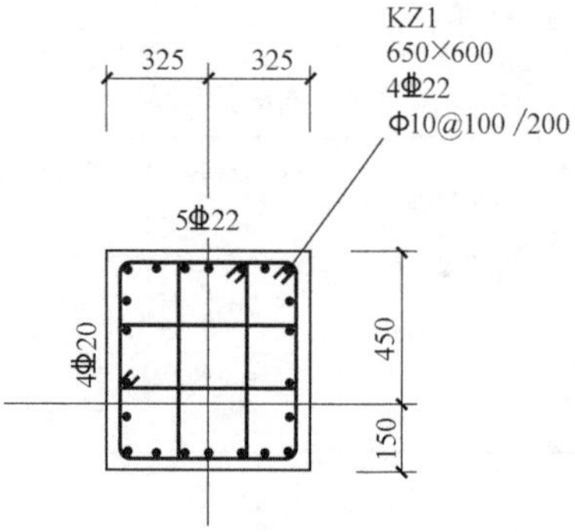

图 3-29 KZ1

A. 250 2　　B. 250 3　　C. 500 2　　D. 500 3

2. 框架柱箍筋距楼面部位的起步距离为（　　）。

A. 25mm　　B. 50mm　　C. 75mm　　D. 100mm

3. 有抗震要求时，梁柱箍筋的弯钩长度应为（　　）。

A. $5d$　　B. $10d$ 和 75mm 的较大值

C. $10d$ 和 100mm 的较大值　　D. $5d$ 和 75mm 的较大值

4. 柱编号 KZ 表示的柱类型为（　　）。

A. 框架柱　　B. 梁上柱　　C. 构造柱　　D. 框支柱

5. 顶层边柱、角柱柱内侧梁宽范围外钢筋应伸至柱顶并弯折（　　）。

A. $8d$　　B. $12d$　　C. 150mm　　D. 300mm

6. 柱在基础中的插筋弯折长度根据柱基础厚度 h_j 与 l_{aE} 大小确定，若 $h_j<l_{aE}$ 时，应弯折（　　）。

A. $6d$ 和 150mm 较大值　　B. $10d$

C. $12d$　　D. $15d$

7. 上柱钢筋比下柱钢筋多时，上柱比下柱多出的钢筋应（　　）。

A. 从楼面直接向下插 $1.5l_{aE}$

B. 从楼面直接向下插 $1.6l_{aE}$

C. 从楼面直接向下插 $1.2l_{aE}$

D. 单独设置插筋，从楼面向下插 $1.2l_a$，和上柱多出钢筋搭接

8. 抗震框架柱中间层柱根箍筋加密区范围是（　　）。

A. 500mm　　B. 柱长边尺寸（圆柱为直径）

C. $H_n/6$　　D. A、B、C 三者取大值

9. 边角柱柱顶等截面伸出时，对于柱纵筋构造，以下说法正确的是（　　）。

A. 当柱顶突出屋面的长度 $>0.4l_{aE}$ 时，柱纵筋伸至柱顶截断

B. 当柱顶突出屋面的长度 $\geq l_{aE}$ 时，柱纵筋伸至柱顶截断

C. 当柱顶突出屋面的长度 $<l_{aE}$ 时，柱内外侧钢筋均伸至柱顶弯折 $12d$

D. 当柱顶突出屋面的长度 $<l_{aE}$ 时，柱外侧钢筋伸至柱顶弯折 $12d$，内侧钢筋伸至柱顶弯折 $8d$

10. 首层 H_n 的取值，下面说法正确的是（　　）。

A. H_n 为首层柱净高

B. H_n 为首层高度

C. H_n 为嵌固部位至首层梁底

D. 无地下室时，H_n 为基础顶面至首层梁底

11. 抗震中柱顶层节点构造，梁宽范围内钢筋，当不能直锚时需要伸到梁顶后弯折，其弯折长度为（　　）。

A. 15d　　B. 12d　　C. 150mm　　D. 250mm

12. 当柱变截面需要设置插筋时，插筋应该从变截面处节点顶向下插入的长度为（　　）。

A. $1.6l_{aE}$　　B. $1.5l_{aE}$　　C. $1.2l_{aE}$　　D. $0.5l_{aE}$

13. 梁上柱 KZ 纵筋构造，柱纵筋伸入梁底弯折，弯折长度为（　　）。

A. 12d　　B. 15d　　C. 150mm　　D. 6d

14. 中柱变截面位置纵筋构造，说法正确的是（　　）。

A. 必须断开　　B. 必须通过

C. 断开时应全部弯折 l_{aE}　　D. 通过时应斜段且低于楼层 50mm

15. 框架柱嵌固部位不在基础顶面时，在层高表嵌固部位标高下使用（　　）标明，并在层高表下注明上部结构嵌固部位标高。

A. 双细线　　B. 双实线　　C. 加粗线　　D. 双虚线

16. 柱箍筋加密范围不包括（　　）。

A. 节点范围　　B. 底层刚性地面上下 500mm

C. 基础顶面嵌固部位向下 $1/6H_n$　　D. 搭接范围

17. 框架下柱钢筋比上柱钢筋多时，下柱比上柱多出的钢筋应（　　）。

A. 到节点底向上伸入一个锚固长度　　B. 伸至节点顶弯折 15d

C. 到节点底向上伸入一个 $1.2l_{aE}$　　D. 到节点底向上伸入一个 $1.5l_{aE}$ 长度

三、简答题

1. 柱平法施工图采用的表达方式有哪两种？
2. 柱列表注写时，柱表中包括哪些内容？
3. 抗震框架边柱中，角柱与中柱柱顶纵筋构造有何异同？
4. 抗震框架柱箍筋加密区的范围是什么？
5. 当柱变截面时，满足什么条件，纵筋可以通过变截面而不必弯折截断？
6. 什么是刚性地面？柱在刚性地面处箍筋有哪些要求？
7. 平法施工图中柱的编号有哪些？各代表什么？
8. 柱插筋在基础内的锚固构造有哪几种情况？

项目四

梁的钢筋翻样

项目分析

栋梁比喻担负国家重任的人。在建筑上，框架梁的重要性仅次于框架柱。框架梁受力虽然弱于框架柱，但它与框架柱、剪力墙统称为建筑的抗震构件，钢筋种类也最多，但有规律性，学习上要结合工程现场或视频逐一认识各个种类钢筋所处的位置及锚固方法，进行适当的计算验证，巩固所学知识。本项目主要学习楼层框架梁、屋面框架梁、非框架梁的平面注写方式和其构造要求，根据梁的特点选择适当的排布方式，通过实例计算楼层框架梁、非框架梁的下料长度，进行梁的钢筋翻样。

知识目标

1. 理解梁施工图的表示方法。
2. 理解楼层框架梁、屋面框架梁、非框架梁标准构造详图。
3. 掌握梁的钢筋排布方法和翻样方法。

技能目标

能够识读梁结构施工图，计算楼层框架梁、非框架梁各类钢筋的下料长度。

素养目标

掌握扎实的专业知识，按规范进行翻样，建设安全放心的建筑。

知识准备

任务1　掌握梁平法施工图的表示方法

识读梁的平法施工图，应先看该图纸各结构层的顶面标高及相应的结构层号，对于轴线未居中的梁，应注意其偏心定位尺寸。

梁平法施工图分为截面注写方式和平面注写方式，如图4-1所示。采用平面注写方式表达时，不需绘制梁截面配筋图和相应截面号。

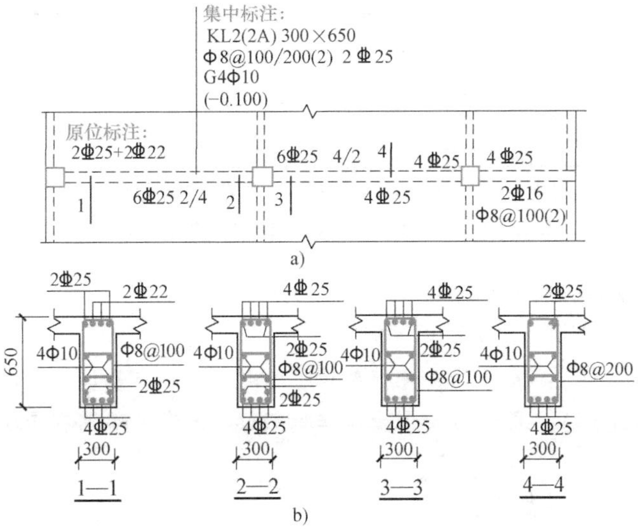

图 4-1 梁的平面注写方式与截面注写方式对比图

a）平面注写方式 b）截面注写方式

一、平面注写方式

梁的平面注写方式是指在梁平面布置图上，分别在不同编号的梁中各选一根梁，在其上注写截面尺寸和配筋具体数值的方式来表达梁平法施工图。

平面注写包括集中标注与原位标注，集中标注表达梁的通用数值，原位标注表达梁的特殊数值。当集中标注中的某项数值不适用于梁的某部位时，则将该项数值原位标注，施工时，优先取值原位标注。

（一）集中标注

梁集中标注的内容包括梁编号、梁截面尺寸、梁箍筋、梁上部贯通筋或架立筋、梁侧面纵向构造钢筋或受扭钢筋五项必注值及梁顶面标高高差一项选注值，规定如下：

1. 梁编号

梁编号标注见表 4-1。

表 4-1 梁编号标注

梁类型	代号	序号	跨数及是否带有悬挑
楼层框架梁	KL	××	(××)、(××A) 或 (××B)
楼层框架扁梁	KBL	××	(××)、(××A) 或 (××B)
屋面框架梁	WKL	××	(××)、(××A) 或 (××B)
框支梁	KZL	××	(××)、(××A) 或 (××B)
托柱转换梁	TZL	××	(××)、(××A) 或 (××B)
非框架梁	L	××	(××)、(××A) 或 (××B)

（续）

梁类型	代号	序号	跨数及是否带有悬挑
悬挑梁	XL	××	(××)、(××A) 或 (××B)
井字梁	JZL	××	(××)、(××A) 或 (××B)

注：1.（2A）为2跨一端有悬挑，（3B）为3跨两端有悬挑，悬挑不计入跨数。

2. 非框架梁L、井字梁JZL表示端支座为铰接，当其端支座上部纵筋充分利用钢筋的抗拉强度时，在梁的代号后面加“g”。

3. 楼层框架扁梁节点核心区代号为KBH。

4. 当非框架梁L按受扭设计时，在梁代号后加“N”。

【例4-1】 KL8（6A）：表示第8号框架梁，6跨，一端有悬挑。

【例4-2】 LN3（5B）：表示第3号受扭非框架梁，5跨，两端有悬挑。

2. 梁截面尺寸

梁截面尺寸的标注方法如下：

① 当为等截面梁时，用 $b\times h$ 表示，b 表示梁截面宽度，h 表示梁截面高度。

② 当为竖向加腋梁时，用 $b\times h$　$Yc_1\times c_2$ 表示，其中 c_1 为腋长，c_2 为腋高，如图4-2所示；当为水平加腋梁时，一侧加腋时用 $b\times h$　$PYc_1\times c_2$ 表示，其中 c_1 为腋长，c_2 为腋宽，加腋部位应在平面图中绘制，如图4-3所示。

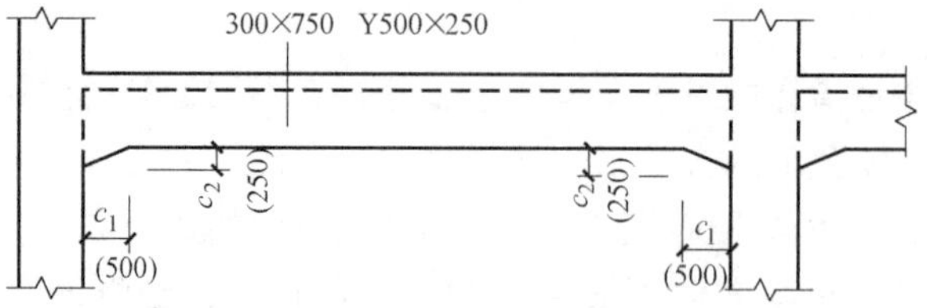

图4-2　竖向加腋梁截面注写方式

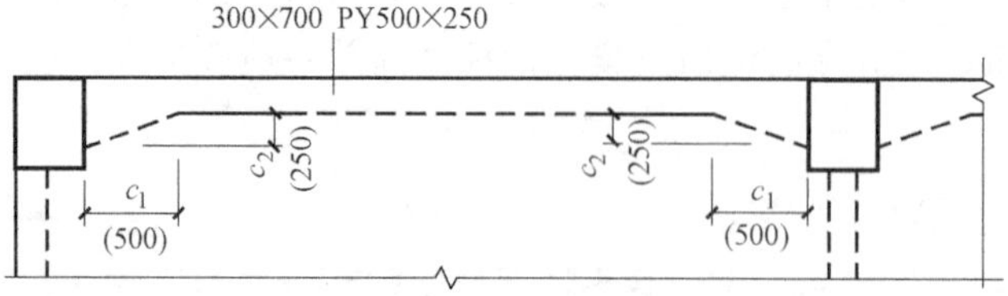

梁水平加腋

图4-3　水平加腋梁截面注写方式

当有悬挑梁且根部和端部的高度不同时，用斜线分隔根部与端部的高度值，即为 $b\times h_1/h_2$，其中 b 表示梁截面宽度，h_1 表示梁根部截面高度，h_2 表示梁端部截面高度，如图4-4所示，300×700/500表示悬挑梁截面宽300mm，梁根部截面高度700mm，梁端部截面高500mm。

3. 梁箍筋

梁箍筋的标注包括钢筋级别、直径、加密区与非加密区间距及肢数。箍筋加密区与非加密区的不同间距及肢数需用“/”分隔；若梁箍筋为同一种间距及肢数时，则不需用斜线；

若加密区与非加密区的箍筋肢数相同时，则将肢数注写一次；箍筋肢数应写在括号内。梁箍筋实物图如图 4-5 所示。

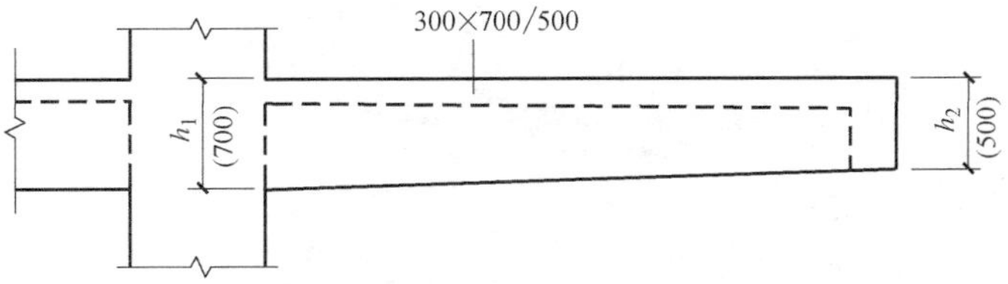

图 4-4　根部和端部高度不同的悬挑梁截面尺寸的标注

图 4-5　梁箍筋实物图

【例 4-3】　Φ10@100/200（4）：表示箍筋为 HPB300 钢筋，直径 10mm，加密区间距为 100mm，非加密区间距为 200mm，均为四肢箍。

【例 4-4】　Φ8@100（4）/150（2）：表示箍筋为 HPB300 钢筋，直径 8mm，加密区间距为 100mm，四肢箍；非加密区间距为 150mm，两肢箍。

非框架梁、悬挑梁、井字梁采用不同的箍筋间距及肢数时，也用“/”将其分隔开来。注写时，先注写梁支座端部的箍筋（包括箍筋的箍数、钢筋级别、直径、间距与肢数），在“/”后注写梁跨中部分的箍筋间距及肢数。

【例 4-5】　13Φ10@150/200（4）：表示箍筋为 HPB300 钢筋，直径 10mm；梁的两端各有 13 根，间距为 150mm；梁跨中部分间距为 200mm，均为四肢箍。

【例 4-6】　18Φ12@150（4）/200（2）：表示箍筋为 HPB300 钢筋，直径 12mm；梁的两端各有 18 根，四肢箍，间距为 150mm；梁跨中部分，间距为 200mm，双肢箍。

4. 梁上部贯通筋或架立筋

梁上部贯通筋是按照抗震要求设置的，沿梁上部全长布置，不间断，至少配置两根，可为相同或不同直径的钢筋连接。当梁上部贯通筋根数少于箍筋肢数时，需配置架立筋，用于固定箍筋并与下部受力钢筋一起形成钢筋骨架，所注规格与根数应根据结构受力要求及箍筋肢数等构造要求而定。当同排纵筋中既有贯通筋又有架立筋时，注写时应用“+”将贯通筋和架立筋相连。注写时需将角部纵筋写在“+”的前面，架立筋写在“+”后面的括号内，以示不同直径及与贯通筋的区别。当全部采用架立筋时，则将其写入括号内。如图 4-6 所示。

框架梁上部贯通筋和架立筋

图 4-6　梁上部贯通筋和架立筋实物图

【例 4-7】　2Φ22：表示用于双肢箍；2Φ22+(4Φ12) 用于六肢箍，其中 2Φ22 为贯通筋，4Φ12 为架立筋。

当梁的上部纵筋和下部纵筋为全跨相同，且多数跨配筋相同时，此项可加注下部纵筋的配筋值，用“;”将上部与下部纵筋的配筋值分隔开来。少数跨不同者，则将该项数值原位标注。

【例 4-8】　3Φ22；3Φ20：表示梁的上部配置 3Φ22 的贯通筋，梁的下部配置 3Φ20 的贯通筋。

5. 梁侧面纵向构造钢筋或受扭钢筋

当梁腹板高度 h_w 或梁有效高度 $h_0 \geq 450$mm 时，有可能在梁侧面产生垂直于梁轴线的收缩裂缝，为此应在梁的两侧沿梁长度方向，按构造要求布置纵向构造钢筋（又称腰筋），所注规格与根数应符合规范规定。此项注写值以大写字母“G”打头，注写配置在梁两个侧面的总配筋值，且对称配置。

【例 4-9】　G4Φ12：表示梁的两个侧面共配置 4Φ12 的纵向构造钢筋，每侧各配置2Φ2。

在弧形梁等受扭梁中，根据计算需配置受扭钢筋，受扭钢筋应沿梁截面周边布置，位置和梁侧纵向构造钢筋类似，但间距不应大于 200mm，遵循沿周边布置及按受拉钢筋锚固在支座内的原则。当梁侧面需配置受扭钢筋时，以大写字母“N”打头，注写配置在梁两个侧面的总配筋值，且对称配置。受扭钢筋应满足梁侧面纵向构造钢筋的间距要求，且不再重复配置纵向构造钢筋。

【例 4-10】　N6Φ22：表示梁的两个侧面共配置 6Φ22 的受扭钢筋，每侧各配置 3Φ22。

6. 梁顶面标高高差

梁顶面标高高差指相对于结构层楼面标高的高差值，对于位于结构夹层的梁，则指相对于结构夹层楼面标高的高差。注写时，若有高差，则需将其写入括号内，无高差则不注。当某梁的顶面高于所在结构层的楼面标高时，其标高高差为正值，反之为负值。

【例 4-11】　某结构标准层的楼面标高为 44.950m 和 48.250m，当某梁的梁顶面标高高差注写为（-0.050）时，即表明该梁顶面标高分别相对于 44.950m 和 48.250m 低 0.05m。

【例 4-12】　某框架梁的集中标注解释如图 4-7 所示。

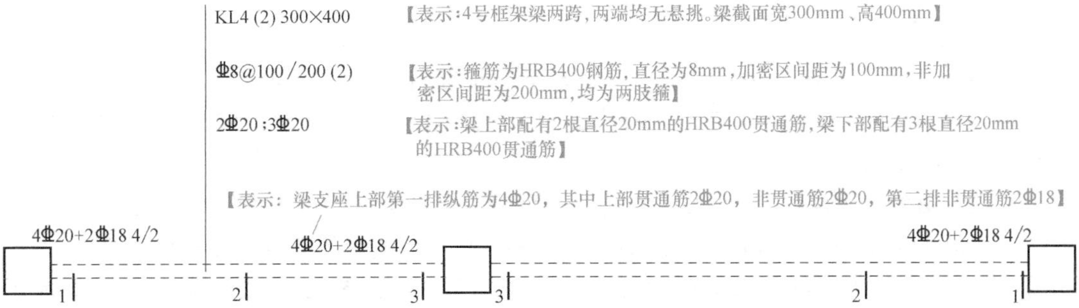

图 4-7　某框架梁的集中标注解释

【例 4-13】　图 4-1 所示梁的集中标注表示的含义如下：2 号框架梁，2 跨，一端有悬挑，梁宽 300mm，高 650mm；箍筋为 HPB300 钢筋，直径 8mm，加密区间距为 100mm，非加密区间距为 200mm，均为两肢箍；上部贯通筋为两根直径为 25mm 的 HRB400 钢筋；梁的两个侧面共配置 4 根直径 10mm 的 HPB300 纵向构造钢筋，每侧各配置 2 根；梁顶面标高比该结构层的楼面标高低 0. 10m。

（二）原位标注

原位标注的内容规定如下：

1. 梁支座上部纵筋

梁支座上部纵筋是指标注该部位含贯通筋在内的所有纵筋。

1）当上部纵筋多于一排时，用“/”将各排纵筋自上而下分开。

【例 4-14】　梁集中标注上部贯通筋 2⏀25，该支座上部纵筋注写为 6⏀25 4/2，则表示上部上排纵筋为 4⏀25，其中上部贯通筋 2⏀25，非贯通筋 2⏀25，下一排非贯通筋为 2⏀25。

2）当同排纵筋有两种直径时，用“+”将两种直径的纵筋相连，角部纵筋写在前面。

【例 4-15】　梁支座上部有四根纵筋，2⏀25 放在角部，2⏀22 放在中部，在梁支座上部应注写为 2⏀25+2⏀22。

3）当梁中间支座两边的上部纵筋不同时，须在支座两边分别标注；当梁中间支座两边的上部纵筋相同时，可在支座的一边标注配筋值，另一边省去不注，如图 4-8 所示。

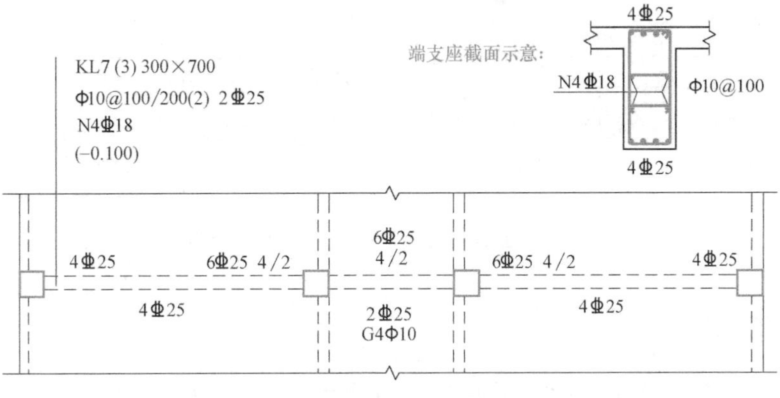

图 4-8　大小跨梁的注写方式

4）对于端部带悬挑的梁，其上部纵筋注写在悬挑梁根部支座部位。当支座两边的上部纵筋相同时，可仅在支座的一边标注配筋值。

2. 梁下部纵筋

1）当梁下部纵筋多于一排时，用“/”将各排纵筋自上而下分开。

【例 4-16】 梁下部纵筋注写为 6⌀25 2/4，则表示上一排纵筋为 2⌀25，下一排纵筋为 4⌀25，全部伸入支座。

2）当同排纵筋有两种直径时，用“+”将两种直径的纵筋相连，角筋写在前面。

3）当梁下部纵筋不全部伸入支座时，梁支座下部纵筋减少的数量写在括号内。

【例 4-17】 梁下部纵筋注写为 6⌀25 2（−2）/4，表示梁下部上排纵筋为 2⌀25，且不伸入支座；下排纵筋为 4⌀25，全部伸入支座。

【例 4-18】 梁下部纵筋注写为 2⌀25+3⌀22（−3）/5⌀25，表示上排纵筋为 2⌀25 和 3⌀22，其中 3⌀22 不伸入支座；下一排纵筋为 5⌀25，全部伸入支座。

4）当梁的集中标注中已分别注写了梁上部和下部均为通长的纵筋值时，则不需在梁下部重复做原位标注。

5）当梁设置竖向加腋时，加腋部位下部斜向纵筋应在支座下部以“Y”打头注写在括号内；当梁设置水平加腋时，水平加腋内上、下部斜向纵筋应在加腋支座上部以“Y”打头注写在括号内，上、下部斜向纵筋之间用“/”分隔，梁截面尺寸前标写“PY”。

3. 不同数值原位标注

当在梁上集中标注的内容（即梁截面尺寸、梁箍筋、梁上部贯通筋或架立筋、梁侧面纵向构造钢筋或受扭钢筋，以及梁顶面标高高差中的某一项或几项数值）不适用于某跨或某悬挑部分时，则将其不同数值原位标注在该跨或该悬挑部位，施工时应按原位标注数值取用。

4. 附加箍筋或吊筋

将附加箍筋或吊筋直接画在平面布置图中的主梁上，用线引注总配筋值。对于附加箍筋，设计还应注明附加箍筋的肢数，箍筋肢数注在括号内，如图 4-9 所示。当多数附加箍筋或吊筋相同时，可在梁平法施工图上统一注明，少数与统一注明值不同时，再原位引注。设计、施工时应注意：附加箍筋或吊筋的几何尺寸应按照标准构造详图，结合其所在位置的主梁和次梁的截面尺寸而定。附加吊筋实物图如图 4-10 所示。

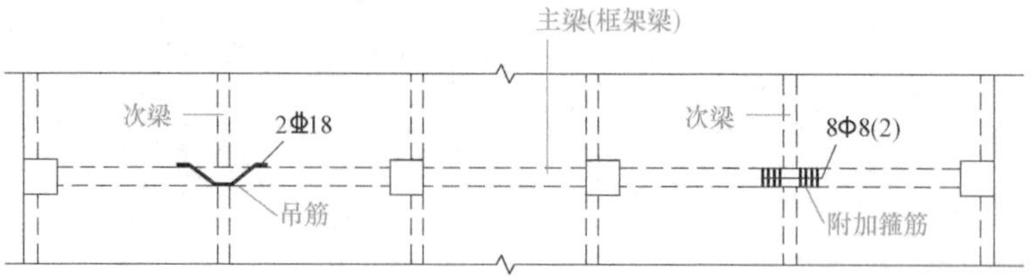

图 4-9　附加箍筋与吊筋的平面表示方法

二、截面注写方式

截面注写方式指在分标准层绘制的梁平面布置图上，分别在不同编号的梁中各选择一根梁用剖切符号引出配筋图，并在其上以注写截面尺寸和配筋具体数值的方式来表达梁平法施工图，如图 4-11 所示。

图 4-10　附加吊筋

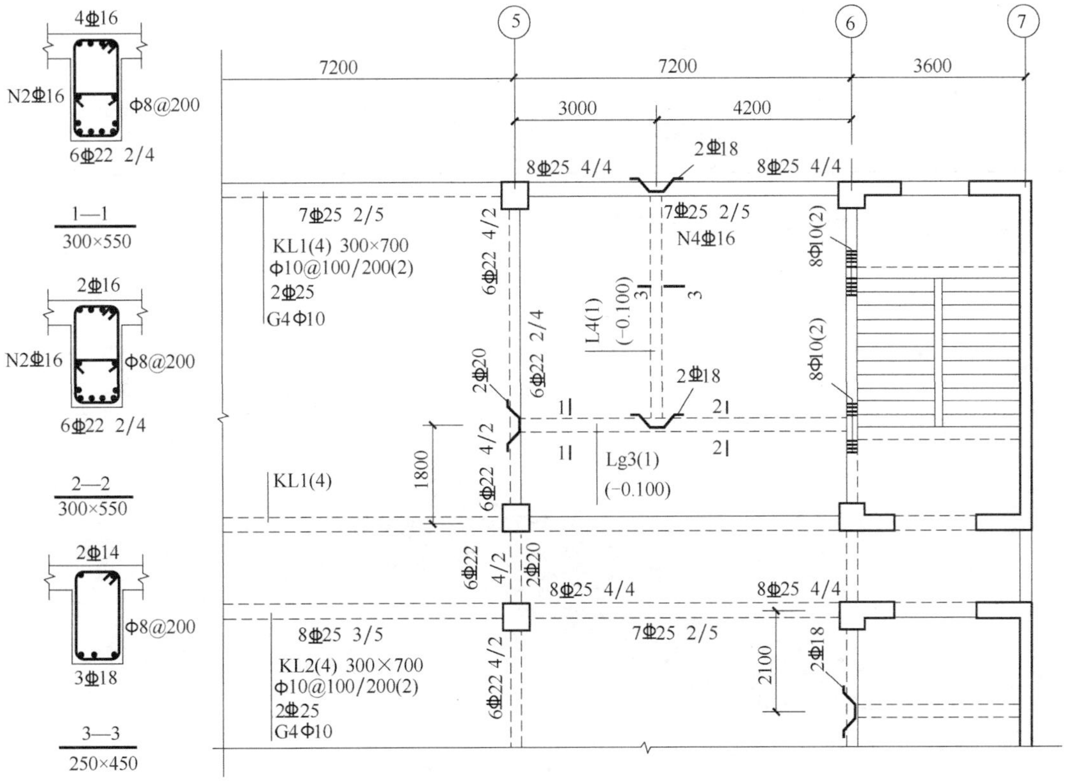

图 4-11　截面注写方式施工图

截面注写方式既可以单独使用，也可与平面注写方式结合使用。当表达异形截面梁的尺寸与配筋时，用截面注写方式相对比较方便。

任务 2　识读梁构件标准构造详图

一、楼层框架梁

常见楼层框架梁构件中主要有纵筋、箍筋和其他钢筋，见表 4-2。

表 4-2　楼层框架梁钢筋类型

钢筋	纵筋	受力钢筋	上部贯通筋
			端支座负筋
			中间支座负筋
			下部钢筋
			侧面受扭钢筋
		构造钢筋	侧面构造钢筋
			架立筋
	箍筋	双肢箍筋	
		多肢箍筋	
	其他钢筋	附加筋（吊筋）	
		拉筋	

楼层框架梁纵筋构造如图 4-12 所示。

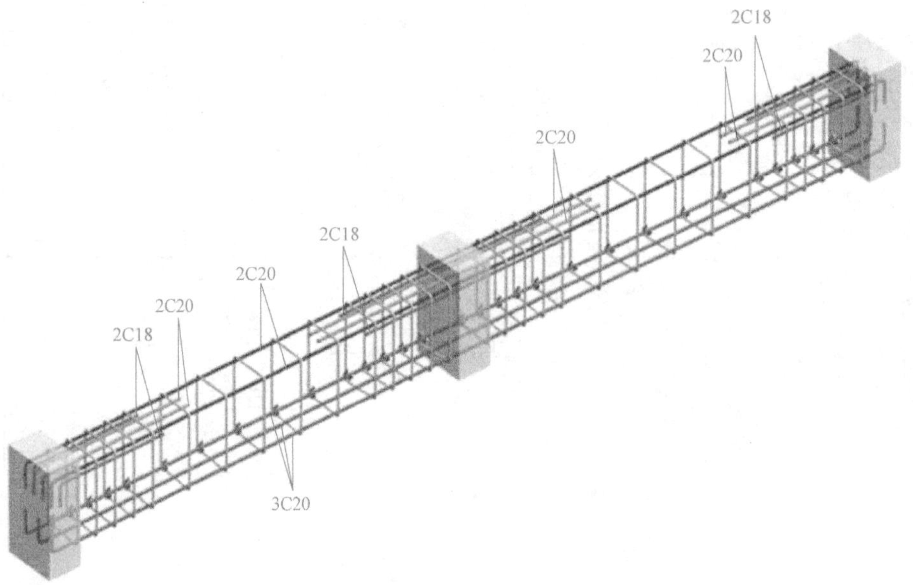

图 4-12　楼层框架梁纵筋构造（在广联达软件中，C 代表Φ）

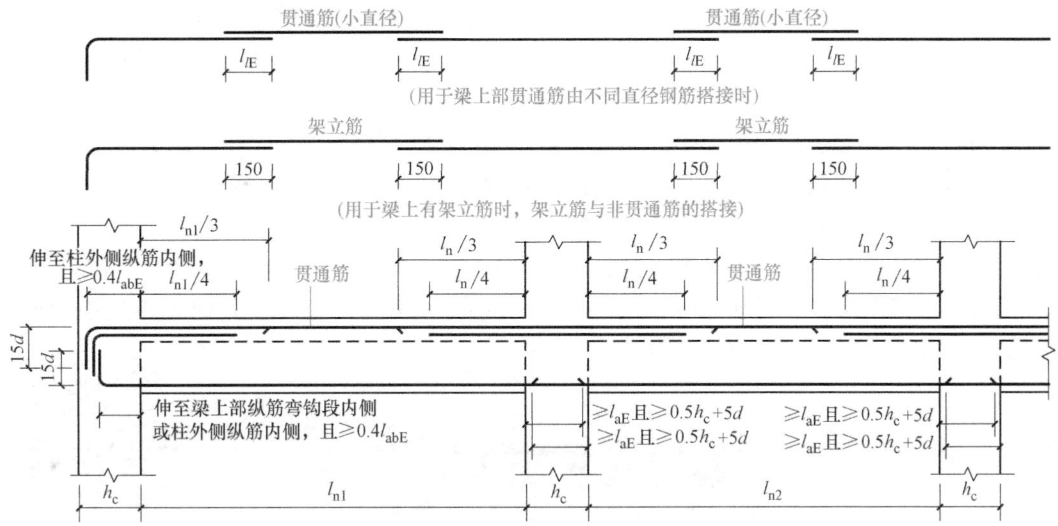

图 4-12　楼层框架梁纵筋构造（在广联达软件中，C 代表Φ）（续）

（一）梁支座上部纵筋

1. 上部贯通筋的计算

纵筋除架立筋和不伸入支座的下部钢筋外，都有锚固长度。钢筋长度等于受力净（跨）长+锚固长度，支座锚固形式优先采用直锚，能直锚则直锚，不能直锚则弯锚。判别能否直锚的条件是：h_c-c（保护层厚度）$\geqslant l_{aE}$，满足直锚还同时需满足锚固长度$=\max(l_{aE},0.5h_c+5d)$，如图 4-13 所示。不能直锚则弯锚，弯锚 15d，支座处弯折锚固时，上部（或下部）的上、下

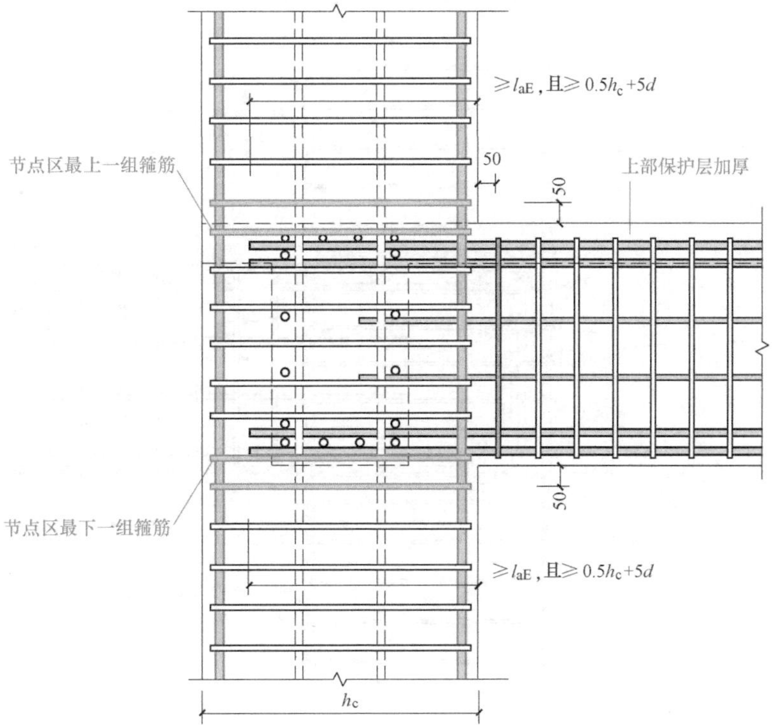

图 4-13　端支座直锚构造

排纵筋竖向弯折段之间宜保持净距 25mm；上部与下部纵筋的竖向弯折段间隔 25mm，也可以贴靠，纵筋最外排竖向弯折段与柱外边纵筋净距不宜小于 25mm，框架梁与柱连接处实物图如图 4-14 所示。弯折处上部与下部纵筋的竖向弯折段重叠时，宜采用图 4-15 所示的钢筋排布方案。上部贯通筋和上部上排非贯通筋在支座内弯锚时水平段计算公式为 h_c（平行于该梁的柱边长）$-c$（柱混凝土保护层厚度）$-d_{箍}$（柱箍筋直径）$-d_{柱}$（柱外边受力筋直径）$-25mm=h_c-(70\sim100mm)$，目前翻样软件根据具体情况直接设置具体数值，其他端部钢筋水平段长度在此基础上再减，同时平直部分长度$\geqslant 0.4l_{abE}$，如图 4-15、图 4-16 所示。上部贯通筋和端支座上部上排非贯通筋弯锚锚固长度$=h_c-(70\sim100mm)+15d$。其他支座处锚固长度根据具体情况参照图 4-15 和图 4-16 确定。

框架梁中间支座附近钢筋构造

框架梁端部支座附近钢筋构造

图 4-14　框架梁与柱连接处构造实物图

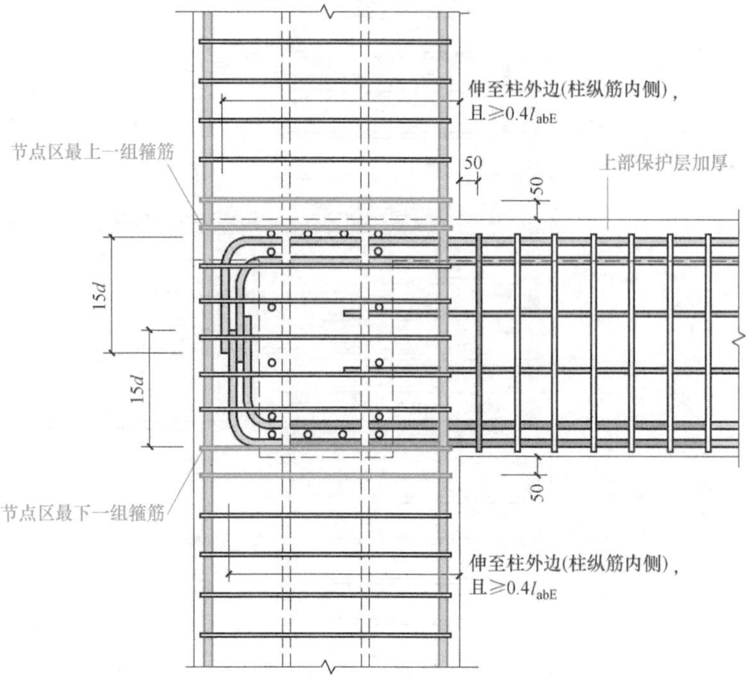

图 4-15　框架梁中间层端节点构造图 1

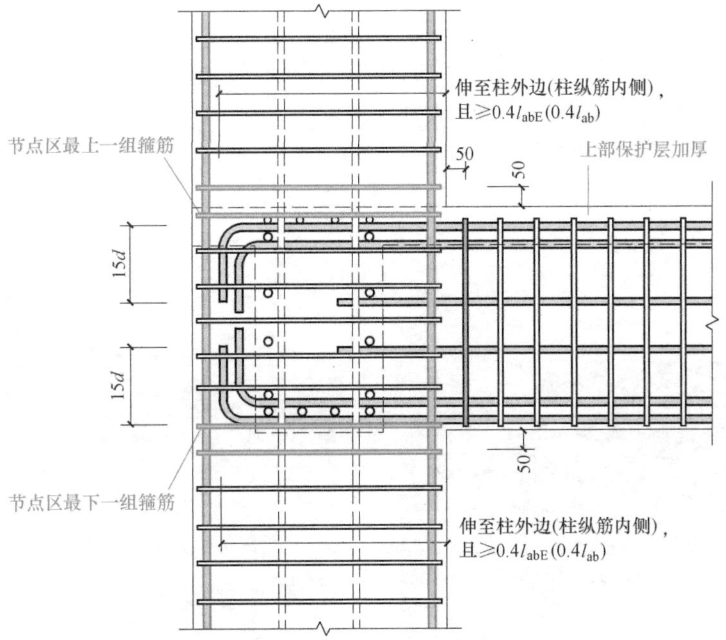

图 4-16　框架梁中间层端节点构造图 2

上部贯通筋长度=梁净长(梁总长-左跨梁左支座长度-右跨梁右支座长度)+左、右跨支座锚固长度+搭接长度(不是搭接只计算接头数量)

2. 端支座上部非贯通筋（图 4-12）

端支座上部上排非贯通筋长度=端支座锚固长度+净跨/3(l_n/3)

端支座上部下排非贯通筋长度=端支座锚固长度+净跨/4(l_n/4)

3. 中间支座上部非贯通筋

1）当相邻两跨的净跨长度差不大时，上部纵筋伸出长度按较大跨度净跨 l_n 长度的 1/3（第一排）或 1/4（第二排）计算，两端伸出柱边的长度一样，又俗称扁担筋，如图 4-12 所示。

中间支座上部上排非贯通筋长度=h_c(柱宽度)+(l_n/3)×2

中间支座上部下排非贯通筋长度=h_c(柱宽度)+(l_n/4)×2

其中，l_n 为支座两边较大一跨的净跨值。

2）当相邻两跨的净跨长度差较大时，一般按施工图设计文件的要求，小跨上部纵筋通长设置，如图 4-17 所示。

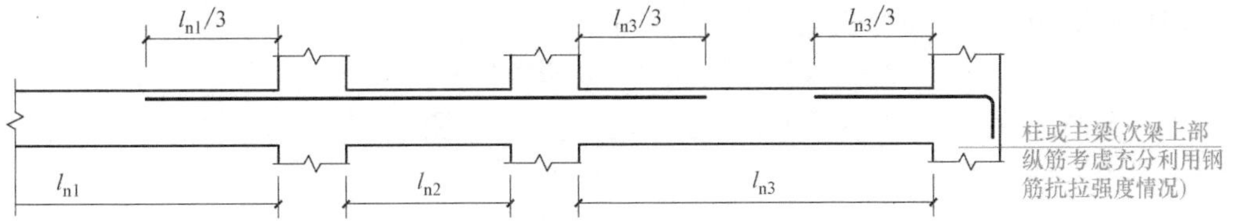

图 4-17　小跨上部纵筋通长设置

4. 架立筋

架立筋与支座非贯通筋搭接，搭接长度为150mm，架立筋实物图如图4-18、图4-19所示。

$$计算长度=每跨净长-左右两边伸出支座的非贯通筋长度+150mm\times 2$$

思考：计算长度直接取$1/3l_n+150\times 2$可以吗？

图4-18 架立筋实物图1

图4-19 架立筋实物图2

（二）梁侧面钢筋

1. 纵向构造钢筋和拉筋（图4-20、图4-21）

如图4-20所示，纵向构造钢筋间距$a\leqslant 200mm$。

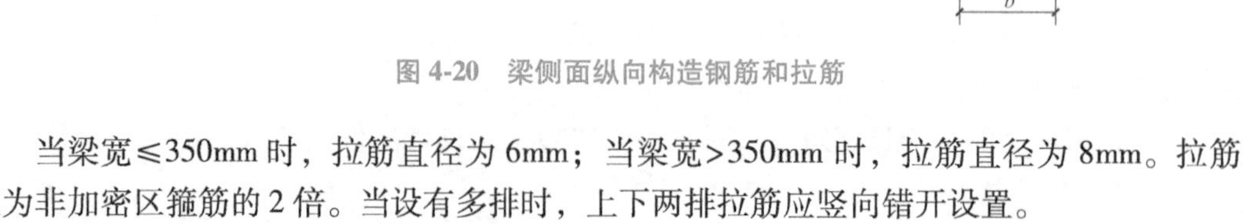

图4-20 梁侧面纵向构造钢筋和拉筋

当梁宽≤350mm时，拉筋直径为6mm；当梁宽>350mm时，拉筋直径为8mm。拉筋间距为非加密区箍筋的2倍。当设有多排时，上下两排拉筋应竖向错开设置。

纵向构造钢筋搭接和锚固长度取$15d$。

$$纵向构造钢筋长度=梁跨净长+15d\times 2$$

$$拉筋长度=梁宽-2\times 保护层厚度-2\times d_{箍}(箍筋直径)+2d_{拉}(拉筋直径)+2\times[\max(75mm,10d)+弯弧增加值]$$

2. 受扭钢筋

受扭钢筋搭接长度为l_{lE}（框架梁）或l_l（非框架梁）；其锚固方式同梁下部钢筋。

图 4-21　纵向构造钢筋实物图

受扭钢筋长度=梁跨净长+左右端支座锚固长度

当梁侧面配有直径不小于纵向构造钢筋直径的受扭纵筋时，受扭钢筋可以代替纵向构造钢筋。

（三）梁下部钢筋

1. 梁端支座的构造要求

梁下部钢筋伸入支座内长度≥l_{aE}，可直锚，不能直锚时，可弯锚，水平段长度≥$0.4l_{abE}$，弯锚 $15d$，水平段长度计算参照上部贯通筋锚固长度的计算。

2. 梁下部钢筋布置

1）梁下部钢筋分跨布置时，梁下部纵筋在中间支座节点核心区范围内应尽量直锚，伸入支座内长度≥l_{aE}，还应伸过柱中心线 $5d$，如图 4-12 所示；当不能直锚时需弯锚，弯折 $15d$。若下部纵筋比较多，采用弯折锚固时大量钢筋交错，会影响混凝土浇筑质量，当支座两边梁宽不同或错开布置时，可将无法直通的纵筋弯锚入柱内，或当支座两边纵筋根数不同时，可将多出的纵筋锚入柱内，如图 4-22 所示。

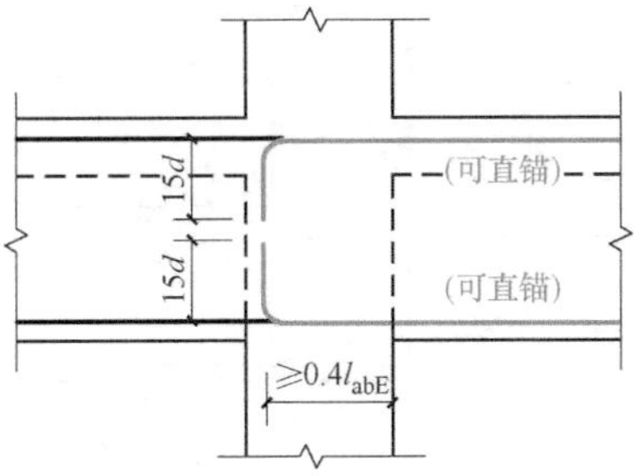

图 4-22　在支座范围内弯锚

梁下部钢筋下料长度=梁净长+左、右跨支座锚固长度

2）梁下部钢筋通长布置时，梁下部纵筋在节点范围之外进行连接，连接位置距离支座边缘不应小于 1.5 倍梁的有效高度，宜避开梁端箍筋加密区，设在距支座 1/3 净跨范围之内，如图 4-23 所示。

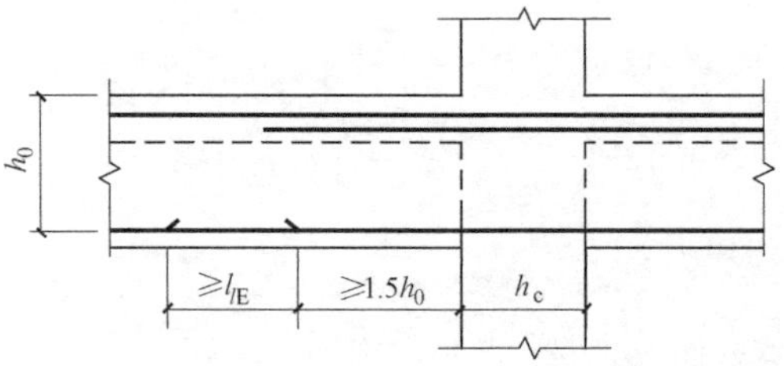

图 4-23　中间节点梁下部钢筋在节点外搭接

3）梁下部钢筋可同时分跨布置和通长布置，以保证节点范围内钢筋不至于过密，从而保证混凝土的浇筑质量。

4）梁下部钢筋不宜在非连接区进行连接，当必须在非连接区进行连接时，应采用机械连接，接头面积百分率不大于 50%。

5）框架梁有高差时的几种构造：

① 底部有高差且高差较大时，下部钢筋能直锚的则直锚，直锚长度为 l_{aE}；无法直锚的，伸至柱对边弯折 15d，如图 4-24 所示。

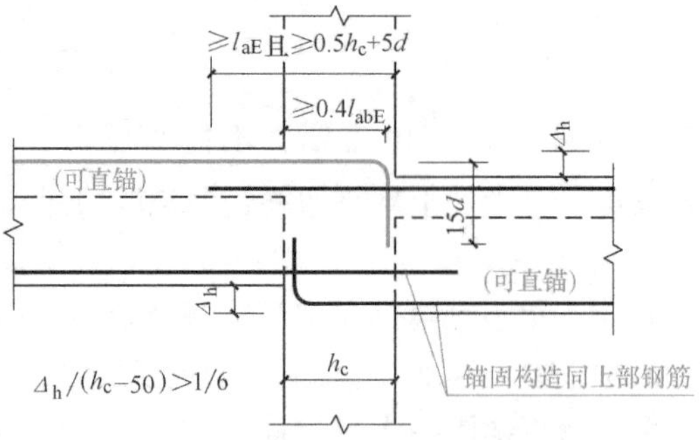

图 4-24　底或顶部高差较大时

梁顶面高差较大时构造

② 当梁顶或底部高差较小时，满足 $\Delta_h/(h_c-50)\leqslant1/6$，纵筋可以连续布置，如图 4-25 所示。

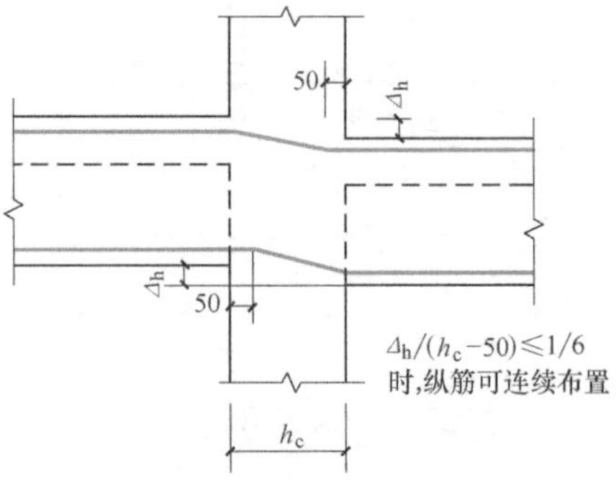

图 4-25　顶部高差较小时

③ 顶部有高差且高差较大时，顶面低的梁上部钢筋直锚 l_{aE}，顶面高的梁上部钢筋弯折 15d，如图 4-24 所示。

6）框架梁不伸入支座的下部钢筋，距支座边距离为 $0.1l_{ni}$（l_{ni}为梁净跨长）处截断，如图 4-26 所示。

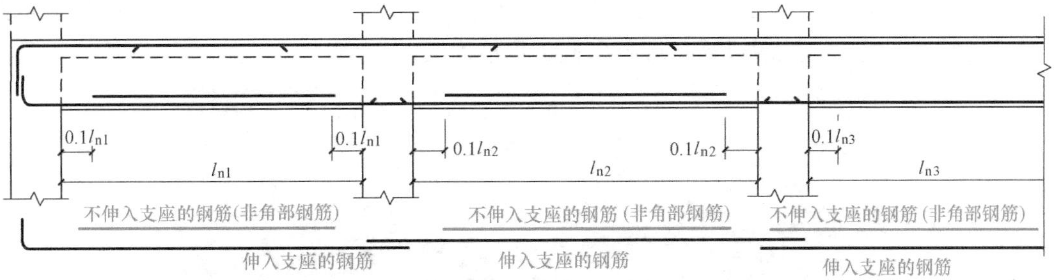

图 4-26　不伸入支座的梁下纵筋断点构造（不适用框支梁）

（四）集中力处附加钢筋计算

1. 附加箍筋

应在集中荷载两侧分别设置附加箍筋，设置在主次梁交接处主梁上，每侧不少于 2 个，梁内原箍筋照常放置。第一个箍筋距梁内的次梁边缘为 50mm，配置的长度范围为 $s=2h_1+3b$，如图 4-27 所示，当次梁的宽度 b 较大时，可适当减小附加箍筋的布置长度。不允许用布置在集中力荷载影响区内的受剪箍筋代替附加箍筋。

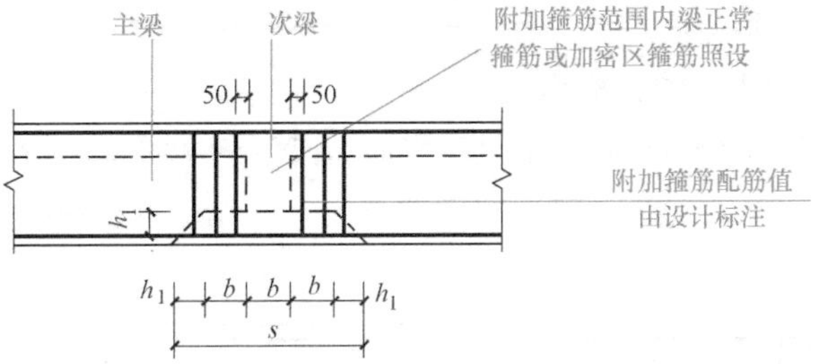

图 4-27　附加箍筋构造

2. 吊筋

每个集中力处也可设置吊筋，吊筋下端的水平段要伸至梁底部的纵筋处；弯起段应伸至梁上边缘处且水平段长度为 $20d$；吊筋的弯起角度，当主梁高度不大于 800mm 时，弯起角度为 45°，当主梁高度大于 800mm 时，弯起角度为 60°，如图 4-28 所示。

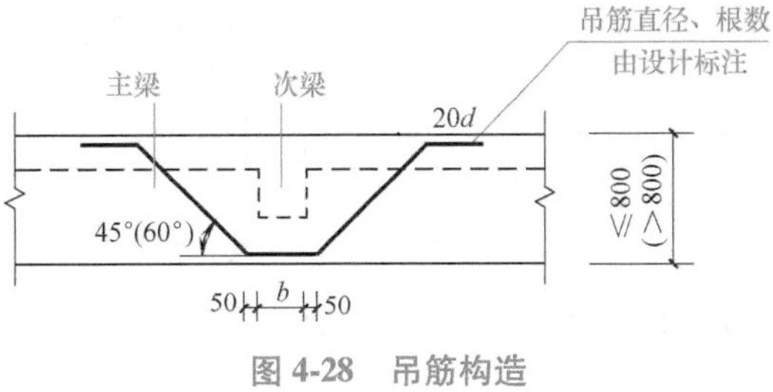

图 4-28　吊筋构造

吊筋下料长度 = 次梁宽度 + 2×50mm + 斜段长度×2 + 2×20d

（五）纵筋搭接连接方式

梁上部贯通筋连接位置宜位于跨中 $l_{ni}/3$ 范围内，搭接长度 l_l（按小直径搭接），梁中间支座下部钢筋不能在柱内锚固时，连接位置可在距节点 1.5h_0 外搭接，并位于支座 $l_{ni}/3$ 范围内，相邻跨钢筋直径不同时，搭接位置位于较小直径一跨，搭接范围内箍筋应加密，如图 4-29 所示，且在同一连接区内钢筋接头面积百分率不宜大于 50%。一级抗震框架梁宜采用机械连接，二、三、四级可采用绑扎搭接和焊接连接。

图 4-29　框架梁箍筋加密区范围

（六）箍筋构造及计算

1. 框架梁（KL、WKL）的箍筋构造

抗震等级为一级，加密区范围≥2.0h_b 且≥500mm；抗震等级为二~四级，加密区范围≥1.5h_b 且≥500mm，如图 4-30 所示。当框架梁一端为主梁时，此端可不设加密区，如图 4-31 所示。

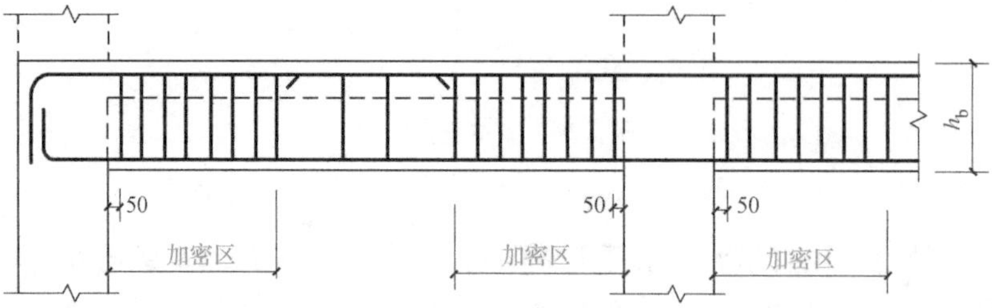

图 4-30　框架梁（KL、WKL）箍筋加密区范围

2. 特殊位置箍筋构造

特殊位置箍筋构造如图 4-32 和图 4-33 所示。

3. 箍筋计算公式

双肢箍外包长度=截面周长-8×保护层厚度+箍筋调整值

一级抗震箍筋计算：加密区长度为 2h_b。

二~四级抗震箍筋计算：加密区长度为 1.5h_b。

箍筋根数计算：第一根箍筋距柱边 50mm。

加密区根数=（加密区长度-50）÷加密间距+1

非加密区根数=非加密区长度÷非加密间距-1

箍筋长度=单根长度×总根数

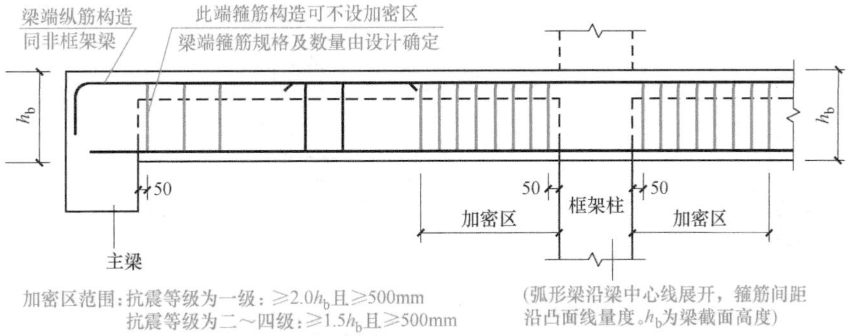

图 4-31　框架梁端部为主梁的箍筋加密构造

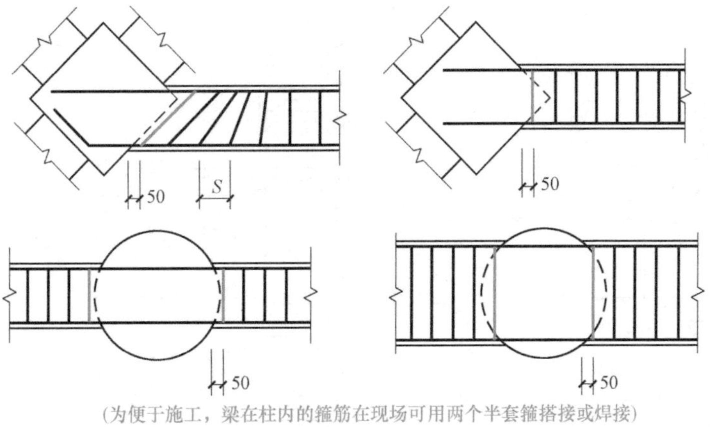

图 4-32　梁与方柱斜交或与圆柱相交时箍筋起始位置

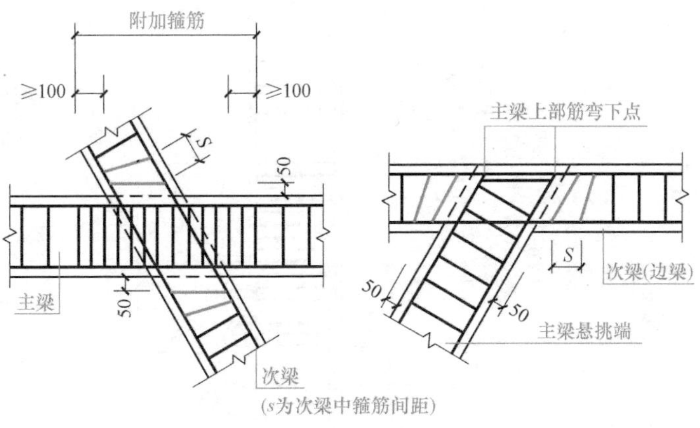

图 4-33　主次梁斜交箍筋构造

（七）框架梁竖向和水平加腋钢筋构造

框架梁竖向和水平加腋钢筋构造如图 4-34 所示。

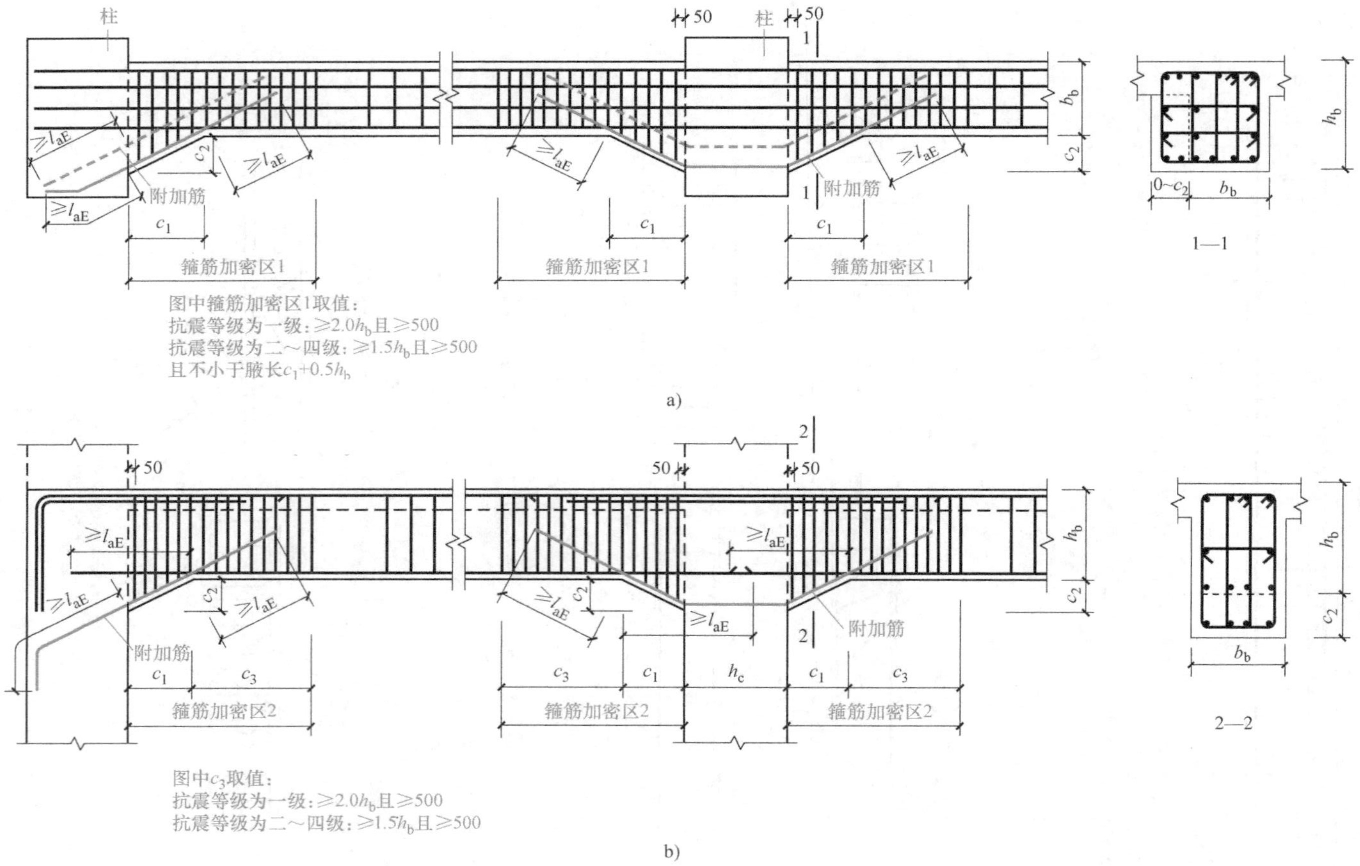

图 4-34　框架梁竖向和水平加腋钢筋构造

a）框架梁水平加腋构造　b）框架梁竖向加腋构造

（八）框架梁支座为主梁、剪力墙的构造

1）框架梁一端支座是框架柱，另一端支座是框架梁，当支座为框架柱的一端时，按框架梁节点处理；当支座为主梁的一端时，按非框架梁节点处理，如图 4-31 所示。

2）一端支座是框架柱，另一端支座为剪力墙的框架梁，有以下三种处理方式：

① 与剪力墙平面外连接，当墙厚较小时，按非框架梁考虑，如图 4-35 所示。

② 与剪力墙平面外连接，当墙厚较大或有扶壁柱时，按框架梁考虑，如图 4-36 所示。

③ 与剪力墙平面内连接，按剪力墙连梁考虑。

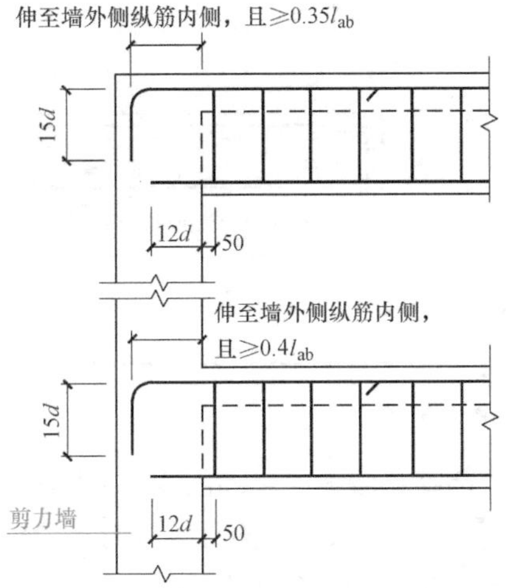

图 4-35 框架梁与剪力墙平面外连接

（用于墙厚较小时）

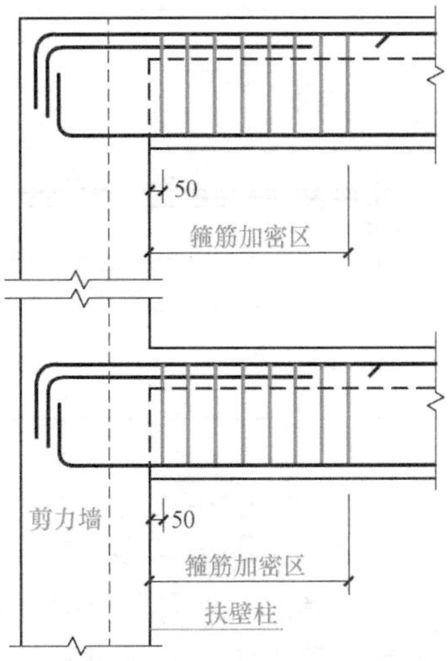

图 4-36 框架梁与剪力墙平面外连接

（用于墙厚较大或设有扶壁柱时）

（九）局部带屋面框架梁纵筋构造

若楼层框架梁局部含有屋面框架梁节点，则该节点执行屋面框架梁构造，如图 4-37 所示。

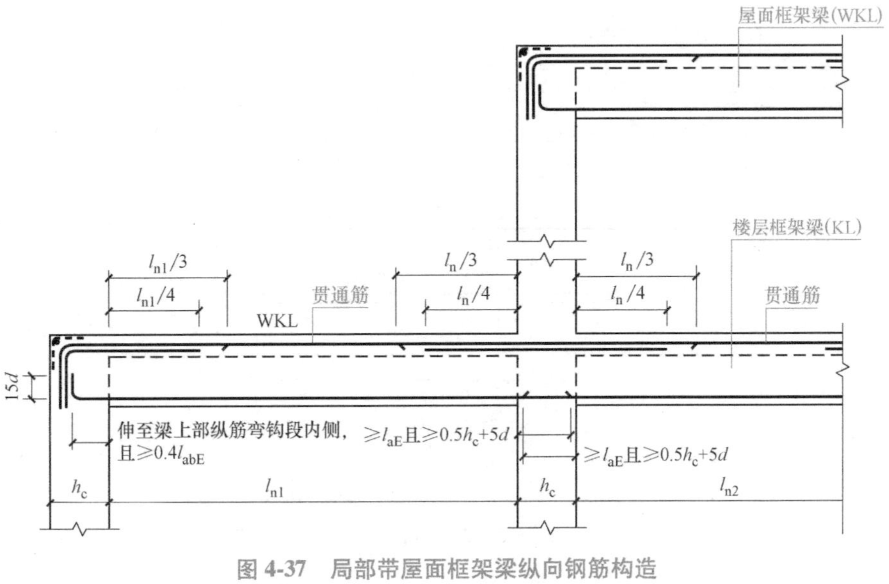

图 4-37 局部带屋面框架梁纵向钢筋构造

二、屋面框架梁

1. 端部节点构造

与楼层框架梁纵筋构造不同之处，以柱包梁形式为例，屋面梁上部钢筋伸到端部弯折到梁底，而一般楼层弯折 15d，下部钢筋没有变化，见表 4-3。

表 4-3　屋面框架梁端部节点与楼层框架梁端部节点构造比较

楼层框架梁端部节点构造	屋面框架梁端部节点构造
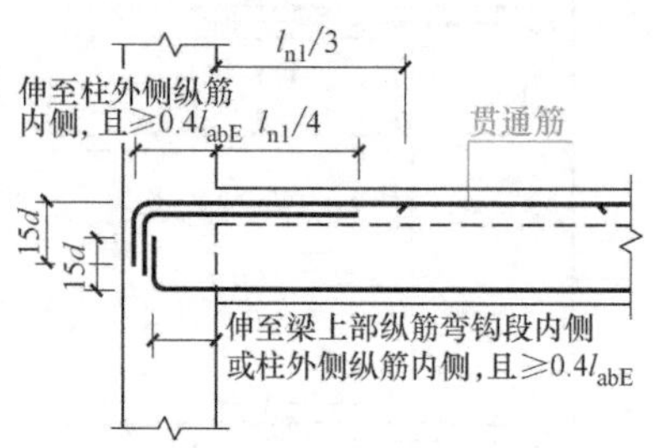	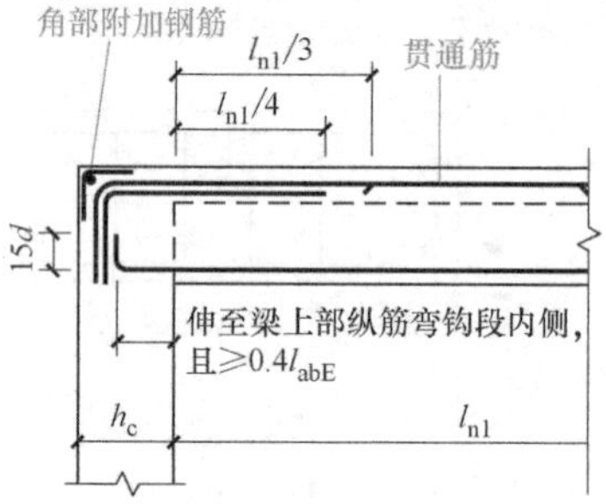

2. 中间支座纵筋构造

当屋面框架梁下部高差较小时可弯折穿过，当下部高差较大时，如图 4-38a 所示；当屋面框架梁上部有高差时，顶面高的梁上部筋弯折，弯折长度=高差-保护层厚度+l_{aE}，如图 4-38b 所示；支座两边梁截面宽度不同或错开布置时，将无法直通的纵筋弯锚入柱内，上部钢筋需弯折一个锚固长度，如图 4-38c 所示。

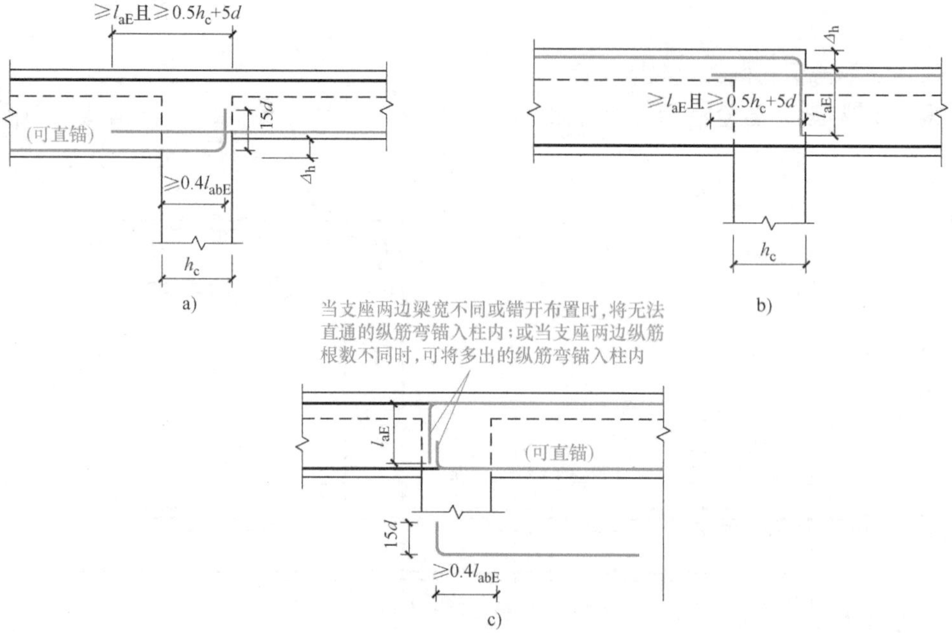

图 4-38　屋面框架梁中间支座纵筋构造

a）梁下部有高差时的构造　b）梁上部有高差时的构造　c）支座两边梁宽不同或错开布置时的构造

3. 其他钢筋构造

其他钢筋构造和楼层框架梁一致。

三、非框架梁

1. 端支座处上部纵筋构造

非框架梁上部纵筋在端支座锚固，分设计按铰接及充分利用钢筋的抗拉强度两种情况，如图 4-39 所示。

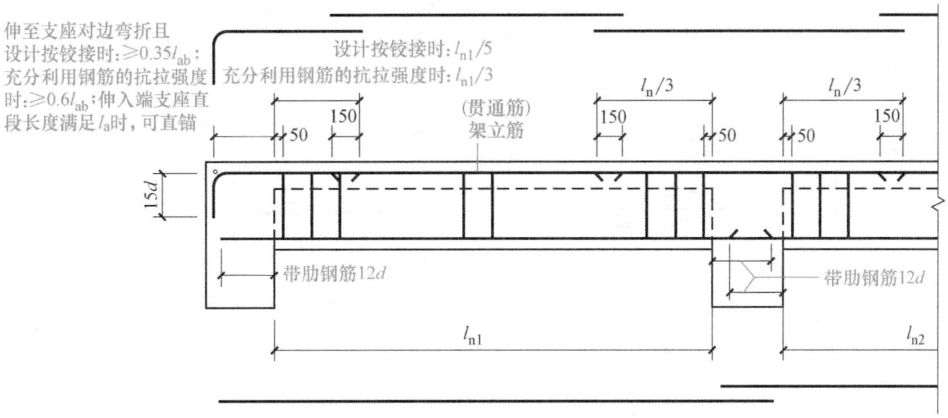

图 4-39　非框架梁端支座处上部纵筋构造

1）充分利用钢筋的抗拉强度指支座上部非贯通筋按计算配置，承受支座负弯矩，此时该梁用 Lg 表示；支座上部非贯通筋伸至主梁外侧纵筋内侧后向下弯折，直段长度≥0. 6l_{ab}，弯折段长度 15d。当伸入支座内长度>l_a 时，可不弯折。

2）设计按铰接指理论上支座无负弯矩，实际上仍受到部分约束，因此在支座上部设置纵向构造钢筋；此时支座上部非贯通筋伸至主梁外侧纵筋内侧后向下弯折，直段长度≥0. 35l_{ab}，弯折段长度 15d。当伸入支座内长度≥l_a 时，可直锚。

3）当端支座为中间层剪力墙时，图 4-39 中的 0. 35l_{ab}、0. 6l_{ab}调整为 0. 4l_{ab}。

2. 端支座处下部纵筋构造

对于非框架梁下部纵筋在中间支座和端支座的锚固长度，带肋钢筋直锚长度为 12d，当直锚不满足要求时，可弯折 135°弯钩，弯钩平直段长度≥5d，如图 4-40a 所示；弯折 90°弯钩，弯钩平直段长度≥12d，如图 4-40b 所示；伸入支座长度≥7. 5d。

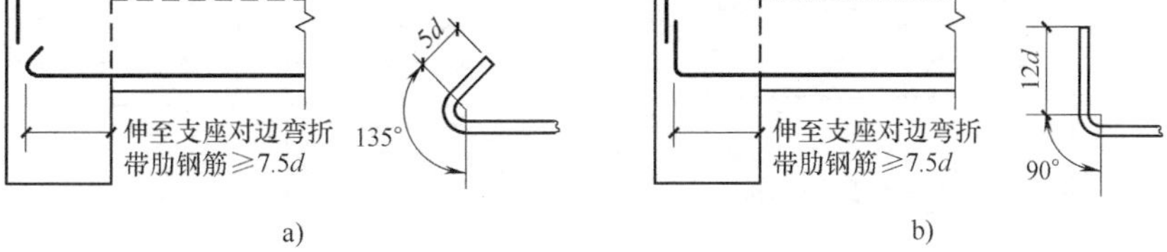

图 4-40　端支座非框架梁下部纵筋弯锚构造

a）弯折 135°弯钩　b）弯折 90°弯钩

3. 支座上部非贯通筋构造

中间支座上部非贯通筋伸入跨中长度为 $l_n/3$（l_n 为左右跨较大值）。对于端支座，上部非贯通筋伸向跨内长度，设计按铰接时，为 $l_{n1}/5$；充分利用钢筋的抗拉强度时，为 $l_{n1}/3$，弧形非框架梁同直线形，如图 4-39 所示。

4. 中间支座有变化时纵筋构造

梁截面中间支座下部有高差时，分别锚固，如图 4-41a 所示。

非框架梁上部有高差时，需弯折高差 Δ_h+l_a，如图 4-41a 所示。当支座两边梁宽度不同或错开布置时，将无法直通的上部纵筋弯锚入梁内，当支座两边纵筋根数不同时，可将多余的上部纵筋弯锚入梁内，弯折长度 15d，如图 4-41b 所示，下部钢筋如图 4-39 和图 4-40 所示。

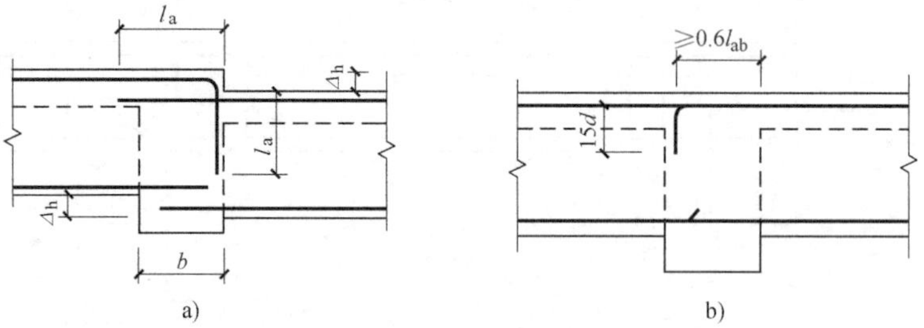

图 4-41　非框架梁中间支座纵筋构造

a）梁截面中间支座下部有高差时　b）支座两边纵筋根数不同时

5. 通长筋连接构造

当梁上部有贯通筋时，连接位置宜位于跨中 $l_n/3$ 范围内；下部钢筋连接位置宜位于支座 $l_n/4$ 范围内；且在同一连接区段内钢筋接头面积百分率不宜大于 50%。采用搭接连接时，搭接长度为 l_l，搭接长度范围内箍筋应加密。

6. 配有受扭纵筋的非框架梁构造

受扭非框架梁构造要求不同于普通非框架梁。

1）受扭非框架梁上部纵筋按充分利用钢筋的抗拉强度锚固在端支座内；伸至主梁外侧纵筋内侧后向下弯折，直段长度≥0.6l_{ab}，弯折段 15d。当伸入支座内长度≥l_a 时，可不弯折，如图 4-42 所示。

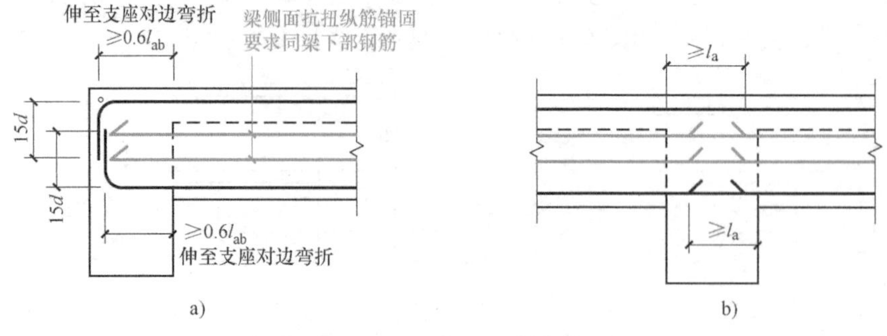

图 4-42　受扭非框架梁纵筋构造

a）端支座锚固　b）中间支座锚固

2）受扭非框架梁下部纵筋端部构造同上部纵筋，当需在中间支座锚固时，锚固长度≥l_a。

7. 非框架梁其他构造要求

非框架梁以及不考虑地震作用的悬挑梁，箍筋及拉筋弯钩平直长度可为 5d，当其受扭时，应为 10d。

四、井字梁

井字梁通常由非框架梁构成，并以框架梁为支座（特殊情况下以专门设置的非框架大梁为支座）。为明确区分井字梁与作为井字梁支座的梁，井字梁用单粗虚线表示（当井字梁顶面高出板面时可用单粗实线表示），作为井字梁支座的梁用双细虚线表示（当梁顶面高出板面时可用细实线表示）。

井字梁指在同一矩形平面内相互正交所组成的结构构件，井字梁所分布范围称为网格区域。当在结构平面布置中仅有由四根框架梁框起的一片网格区域时，所有在该区域相互正交的井字梁均为单跨；当有多片网格区域相连时，贯通多片网格区域的井字梁为多跨，且相邻两片网格区域分界处即为该井字梁的中间支座。对某根井字梁编号时，其跨数为其总支座数减 1；在该梁的任意两个支座之间，无论有几根同类梁与其相交，均不作为支座，如图 4-43 所示。具体构造要求如下，如图 4-44 所示。

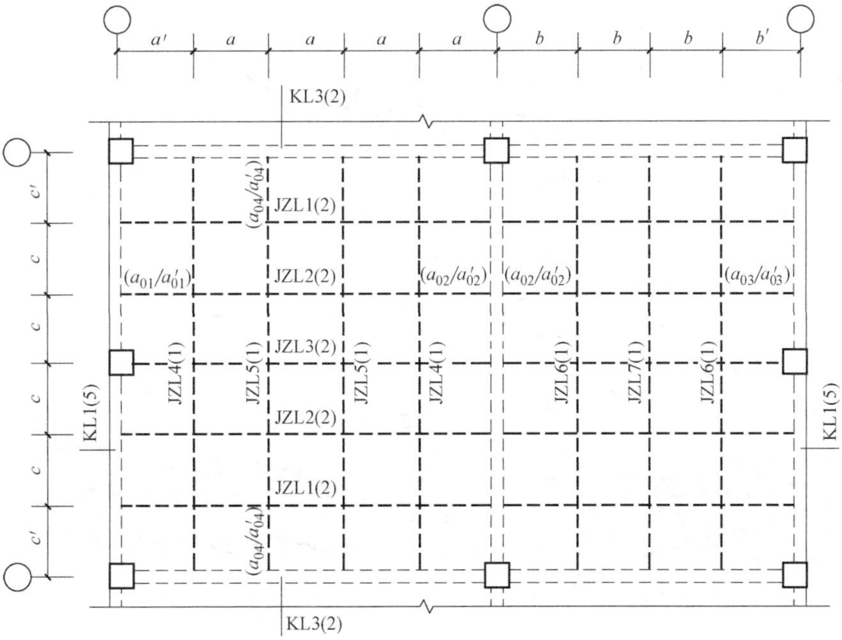

图 4-43 井字梁平面布置

1）井字梁的端部支座和中间支座上部纵筋的伸出长度 a，当采用平面注写方式时，在原位标注的支座上部纵筋后面括号内加注自支座边缘向跨内伸出长度值。

2）设计无具体说明时，井字梁上、下部纵筋布置均短跨在下，长跨在上。短跨梁箍筋在相交范围内通长设置，相交处两侧各附加 3 道箍筋，间距 50mm，箍筋直径及肢数同梁内箍筋。

3）纵筋在端支座处应伸至主梁外侧纵筋内侧后弯折，当直段长度不小于 l_a 时可不弯折。

4）当梁上部有贯通筋时，连接位置宜位于跨中 $l_n/3$ 范围内；梁下部贯通筋连接位置宜

位于支座 $l_n/4$ 范围内；且在同一连接区段内钢筋接头面积百分率不宜大于 50%。

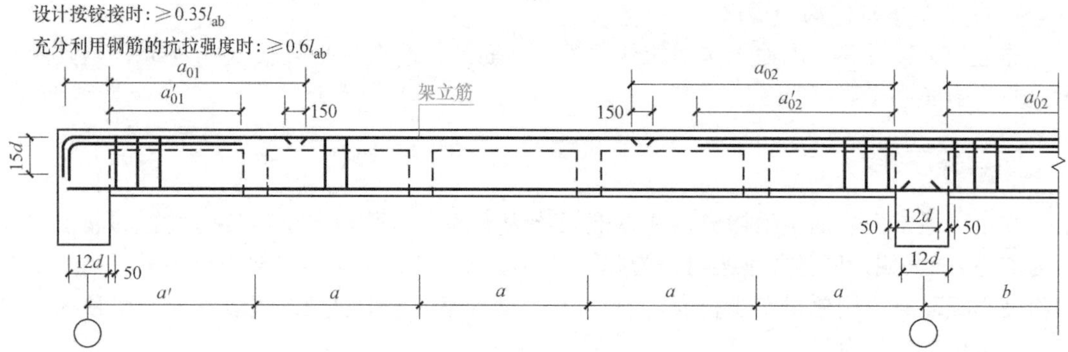

图 4-44　井字梁钢筋构造

五、折梁

折梁内折角钢筋断开，分别向另一边延伸锚固 l_{aE}（框架梁）或 l_a（非框架梁）。水平、竖向折梁构造分别如图 4-45 和图 4-46 所示。

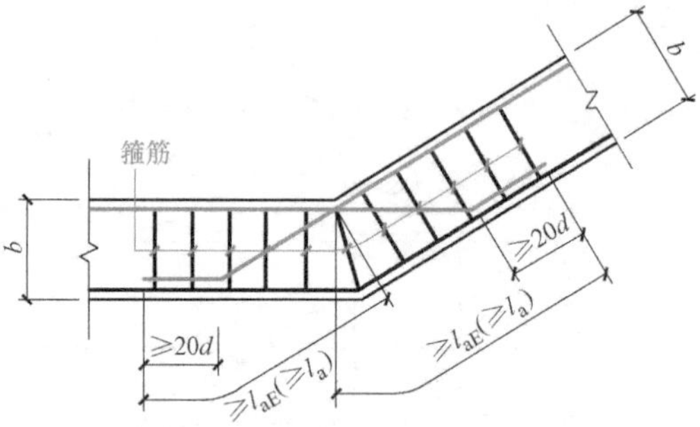

图 4-45　水平折梁构造

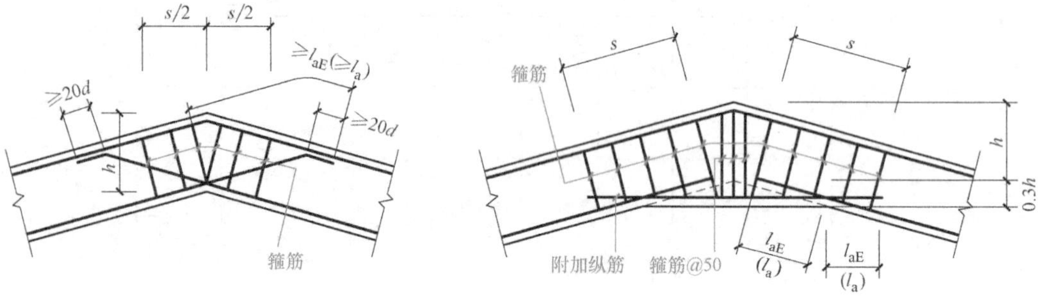

图 4-46　竖向折梁构造

六、悬挑梁

1. 支座处构造

1）悬挑梁与框架梁（屋面框架梁）顶部平齐（支座为柱、墙、梁）时，上部钢筋可直接越过支座，向悬挑梁内延伸，如图 4-47 节点①所示。

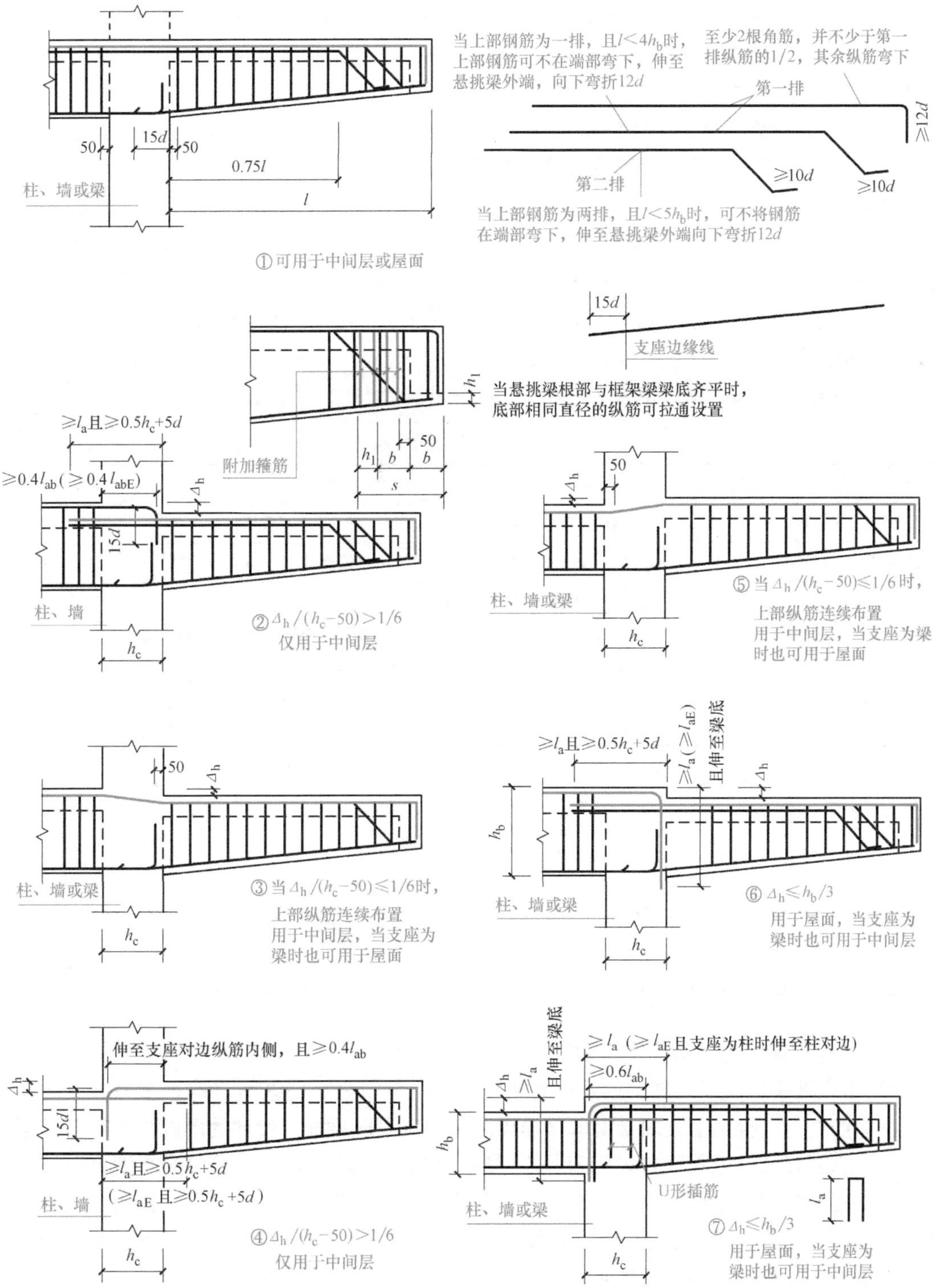

图 4-47 悬挑梁构造

2）中间层悬挑梁与框架梁顶部不平齐（支座为柱、墙、梁），当$\Delta_h/(h_c-50)\leq1/6$时，上部纵筋连续布置，当支座为梁时也可用于屋面，如图 4-47③、⑤节点所示。

3）中间层悬挑梁与框架梁顶部不平齐（支座为柱、墙），当 $\Delta_h/(h_c-50)>1/6$ 时，标高高的一端伸入支座弯折 $15d$，标高低的一端直锚进支座，锚固长度 $\geqslant l_a$ 且 $\geqslant 0.5h_c+5d$（$\geqslant l_{aE}$ 且 $\geqslant 0.5h_c+5d$），如图 4-47②、④节点所示。

4）屋面悬挑梁标高低于非框架梁（屋面框架梁）（支座为柱、墙、梁），当 $\Delta_h \leqslant h_b/3$ 时，非框架梁（屋面框架梁）伸入支座弯折长度 $\geqslant l_a$（$\geqslant l_{aE}$）且伸至梁底，悬挑梁直锚进支座，锚固长度 $\geqslant l_a$ 且 $\geqslant 0.5h_c+5d$，如图 4-47⑥节点所示。支座为梁时，也可用于中间层。

5）屋面悬挑梁标高高于非框架梁（屋面框架梁）（支座为柱、墙、梁），当 $\Delta_h \leqslant h_b/3$ 时，非框架梁（屋面框架梁）直锚进支座，锚固长度 $\geqslant l_a$（$\geqslant l_{aE}$，支座为柱时伸至柱对边），如图 4-47⑦节点所示。悬挑梁伸入支座弯折，锚固长度 $\geqslant l_a$，且伸至梁底。支座为梁时，也可用于中间层。

2. 悬挑梁内钢筋构造（表 4-4）

表 4-4 悬挑梁内钢筋构造

净长 l 与梁高 h_b 的关系	构造
上部钢筋为一排，$l<4h_b$	上部钢筋可不在端部弯下，伸至悬挑梁外端，向下弯折 $12d$
上部钢筋为一排，$l\geqslant 4h_b$	第一排至少 2 根角筋，并不少于第一排纵筋的 1/2，伸至悬挑梁外端，向下弯折 $12d$
上部钢筋为两排，$4h_b \leqslant l<5h_b$	纵筋在 $0.75l$ 处弯下，平直段长度 $\geqslant 10d$ 第二排可不将钢筋在端部弯下，伸至悬挑梁外端向下弯折 $12d$
上部钢筋为两排，$l\geqslant 5h_b$	第一排至少 2 根角筋，并不少于第一排纵筋的 1/2，伸至悬挑梁外端，向下弯折 $12d$。其余纵筋在跨度 $0.75l$ 处弯下，平直段长度 $\geqslant 10d$ 第二排钢筋在跨度 $0.75l$ 处按 45°~60°弯下，平直段长度 $\geqslant 10d$

技能训练

任务 3 梁的钢筋翻样计算实例

一、钢筋翻样的排布要求

（一）框架梁节点处钢筋排布要求

1）节点处平面交叉的框架梁顶标高相同时，一方向梁上部纵筋将排布于另一方向同排梁上部纵筋之下。排于下方的梁上部纵筋顶部保护层厚度增加，增加的厚度为另一方向梁上部第一排纵筋直径（当第一排纵筋直径不同时，取较大值）。排于下方的梁高度目前工程上有两种处理方式，一是该梁的高度不变，箍筋高度方向上减小另一方向梁上部第一排纵筋直径（需经设计验算）；二是该梁整体下移，下移数值为另一方向梁上部第一排纵筋直径，需要增加混凝土工程量（经甲方签证）。

2）节点处平面交叉的框架梁底部标高相同时，可以采取钢筋弯折躲让（图 4-48）或钢筋整体上（下）移躲让（图 4-49~图 4-51）的两种构造方式。目前业界一般采用钢筋整体下移躲让的方式，这样可以保证楼面标高符合设计要求。下移躲让构造类似于上移躲让构造。钢筋整体上移躲让会使上层楼面标高增加。

① 钢筋弯折躲让。将一方向的梁下部纵筋在支座处自然弯折排布于另一方向梁下部同排纵筋之上，保护层厚度不变；在梁下部纵筋自然弯起位置沿梁纵向设置附加钢筋。附加钢筋直径为 6mm，间距不大于 150mm，伸入支座 150mm，与梁下部纵筋弯起前搭接 150mm（图 4-48）。

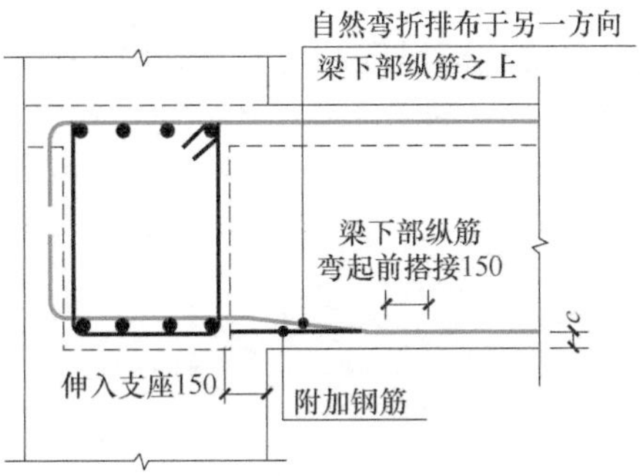

图 4-48　钢筋弯折躲让构造详图

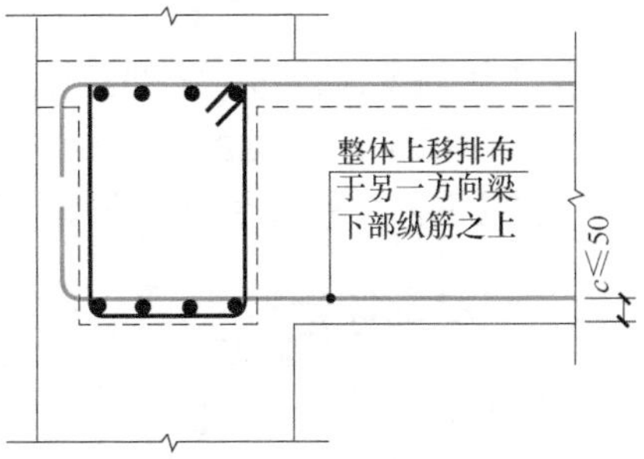

图 4-49　钢筋整体上移躲让构造详图 1

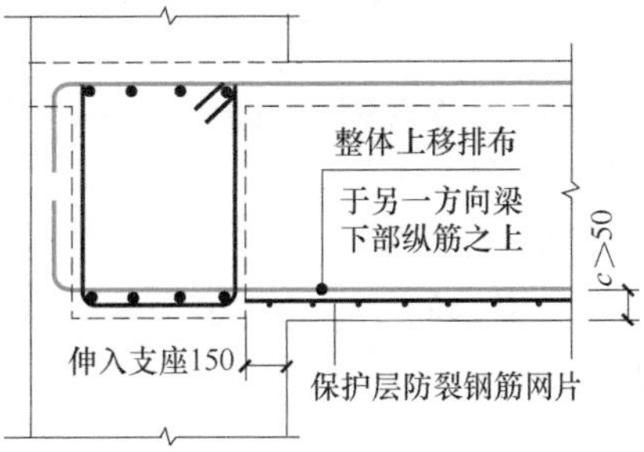

图 4-50　钢筋整体上移躲让构造详图 2

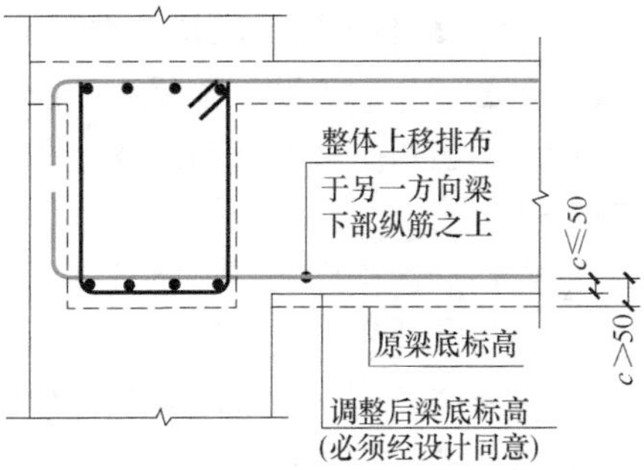

图 4-51　钢筋整体上移躲让构造详图 3

② 钢筋整体上移躲让。将一方向梁下部纵筋整体上移排布于另一方向梁下部同排纵筋之上（图 4-49~图 4-51，且需经设计确认）。梁下部纵筋保护层加厚，增加的厚度为另一方向第一排梁下部纵筋直径。

当一方向梁下部纵筋整体上移躲让之后其保护层厚度不大于 50mm 时，不需增设防裂构造措施（图 4-49）。当一方向梁下部纵筋整体上移躲让之后其保护层厚度大于 50mm 时，需对保护层采取防裂、防剥落的构造措施（图 4-50）。当一方向梁下部纵筋整体上移躲让之后其保护层厚大于 50mm，经设计同意可同时将梁底部抬高，抬高的距离为梁下部纵筋整体上移的尺寸（图 4-51）。

3）钢筋排布躲让。梁上部纵筋向下（或梁下部纵筋向上）竖向位移距离为需躲让的纵筋直径。梁纵筋在节点处排布躲让时，对于同一根梁，其上部纵筋向下躲让与下部纵筋向上躲让不应同时进行；当无法避免时，应由设计单位对该梁按实际截面有效高度进行复核计算。

4）梁纵筋支座处弯折锚固时的构造要求如下：

① 弯折锚固的梁各排纵筋均应满足包括弯钩在内的水平投影长度要求，并应在考虑排布躲让因素后，伸至能达到的最长位置处。

② 节点处弯折锚固的框架梁纵筋的竖向弯折段，如需与相交叉的另一方向框架梁纵筋排布躲让，当框架柱、框架梁纵筋较少时，可伸至紧靠柱箍筋内侧位置；当梁纵筋较多且无法满足伸至紧靠柱箍筋内侧要求时，可仅将框架梁纵筋伸至柱外侧纵筋内侧，且梁纵筋最外排竖向弯折段与柱外侧纵筋净距宜为25mm。

（二）次梁与主梁交接处钢筋排布要求

1）当主、次梁顶部标高相同时，主梁上部纵筋与次梁上部纵筋的上、下位置关系应根据楼层施工钢筋整体排布方案并经设计确认后确定。当主、次梁底部标高相同时，次梁下部纵筋应置于主梁下部纵筋之上。

2）次梁下部纵筋可在中间支座锚固成贯通。

二、钢筋翻样步骤

（一）阅读梁标注

1）阅读集中标注和原位标注。

2）查找支座尺寸、梁轴线尺寸，计算每跨净跨长。

3）分析梁中各种配筋信息（上部贯通纵筋、非贯通筋、架立筋、纵向构造钢筋或受扭钢筋、下部受力钢筋、箍筋及其他钢筋）。

（二）根据结构总说明和图纸分析梁钢筋构造

1）计算钢筋锚固长度，判断支座处钢筋锚固方式（直锚或弯锚），确定构件表面到钢筋端部扣减尺寸。

2）确定钢筋连接方式（搭接连接需计算钢筋搭接长度）。

3）确定与其他相关梁、柱钢筋的位置关系，如，哪根梁钢筋在上，哪根梁钢筋在下。

4）分析梁高差变化、宽度变化，确定变化处节点的构造。

（三）画出梁钢筋排布简图

根据对梁钢筋构造分析，画出该梁全部钢筋的排布图。在钢筋翻样学习的初期，计算单根梁时，需要画出每根梁的钢筋排布图，特别是多跨复杂梁和使用特殊节点的梁。画钢筋排布图，有助于对梁钢筋的构成、构造要求、排布方式的理解，从而能够准确计算钢筋的数量、尺寸、形状。等能够在脑海中形成虚拟排布图后，可省略该步骤，从而提高钢筋计算速度和效率。

（四）计算钢筋尺寸、数量

1）通过梁的标注尺寸和钢筋排布图，根据每种钢筋的计算公式，套入数据，计算尺寸和数量。一般按照上部贯通纵筋、上部非贯通筋（支座从左到右、从上排向下排逐一计算）、架立筋、纵向构造钢筋或受扭钢筋（拉筋）、下部受力钢筋（分跨计算从左到右、从下排向上排逐一计算）、箍筋及其他钢筋顺序计算。

2）将超出原材长度的钢筋，根据钢筋连接位置要求进行分解。既满足连接位置要求，又不会产生废料尺寸，而且还有利于提高钢筋下料和绑扎效率。

（五）填写钢筋下料表

1）将构件名称、编号、钢筋的级别、直径、钢筋大样图、尺寸、根数、件数填入钢筋下料表相应栏内。

2）根据每根钢筋的尺寸和角度扣减值计算每根钢筋的下料长度。根据下料长度和钢筋密度计算该钢筋的质量，填入钢筋下料表内。

三、计算实例

计算附录图纸梁 7.750m 标高层 9 轴线上 KL4 的钢筋下料长度，本例题不考虑梁钢筋在节点处上下排布。

查结构设计总说明知：该楼三级抗震，梁、柱保护层厚度 $c=25$mm，C30 混凝土，直螺纹机械连接，钢筋定尺每 9m 或 12m 一根，上部贯通筋为 2⌀20，柱的钢筋为⌀16，箍筋为φ8。

查表 1-8 得 $l_{ab}=l_{abE}=37d$。

Ⓑ-Ⓓ轴线间净跨=(9000−120−280)mm=8600mm

Ⓑ-Ⓒ轴线间净跨=(7200−280−300)mm=6620mm

Ⓒ-Ⓓ轴线间净跨=(1800−100−120)mm=1580mm

1. 上部贯通筋 2⌀20 长度

判断两端支座锚固方式：$l_{aE}=l_{abE}=37d=37\times20$mm=740mm，左右端支座宽度=(400−25)mm=375mm<l_{aE}，故两端支座均弯锚。

锚固区平直段长度=$h_c-c-d_{箍}-d_{柱}-25$=[400−(25+8+16+25)]mm=(400−74)mm（翻样软件直接设置 74 这个数值，根据柱筋不同，设置为 70~100）= 326mm>0.4l_{abE} = 0.4×740mm=296mm（满足要求）。

锚固长度=平直段长度+15d=(326+15×20)mm=626mm

下料长度=(626−2×20)mm=586mm

钢筋外包尺寸=(8600+626×2)mm=9852mm

下料长度=9852mm−2d×2=(9852−2×20×2)mm=9772mm

两根钢筋在Ⓑ-Ⓓ跨机械连接：从边支座到第二跨中间 1/3 净跨长分别为

6620mm÷3=2207mm，(586+2207)mm=2793mm，(2793+2207)mm=5000mm，错开 35d=35×20mm=700mm，按规范规定的机械接长连接区间为跨中 1/3 净跨范围（加上支座锚固长度）：2793~5000mm，且错开至少 700mm，（按 3m、4m、4.5m、6m 模数）第一根钢筋从Ⓑ轴开始下料长度取 3000mm，第二根取 4500mm，错开 1500mm。各有一个接头，符合规范要求。

第一根钢筋从Ⓑ轴跨中开始，接长（9772−3000)mm=6772mm。

加工外包尺寸：Ⓑ-Ⓒ段平直段为（3000−300+2×20)mm=2740mm，弯折 300mm，另一部分平直段长度（6772−300+2×20)mm=6512mm，弯折 300mm。

第二根钢筋从Ⓑ轴跨中开始，接长（9772−4500)mm=5272mm。

加工外包尺寸：Ⓑ-Ⓒ段平直段为（4500−300+2×20)mm=4240mm，弯折 300mm，另一部分取（9772−4500)mm=5272mm，平直段长度（5272−300+2×20)mm=5012mm，弯折 300mm。

2. 端支座上部非贯通筋长度

1）Ⓑ轴支座上部上排非贯通筋 1⌀20

平直段长度=(326+6620÷3)mm=2533mm，弯折 300mm

下料长度=(2533+300−2×20)mm=2793mm

2）Ⓑ轴支座上部下排非贯通筋 2Φ18

平直段长度=$h_c-(c+d_{箍}+d_{柱}+25mm+d_{上排钢筋}+25mm)$=[400-(25+8+16+25+20+25)]mm=(400-119)mm（翻样软件直接设置这个数值，根据柱筋不同，设置为 120~140mm）=281mm

281mm>0.4l_{abE}=0.4×37×18mm=266mm（满足要求）

因此端支座上部非通长筋平直段长度=(281+6620÷4)mm=1936mm，弯折 15d=15×18mm=270mm。

下料长度=(1936+270-2×18)mm=2170mm

3. Ⓒ-Ⓓ轴上部非贯通筋长度

1）Ⓒ-Ⓓ轴上部上排非贯通筋 1Φ20

平直段长度=(6620÷3+400+1580+326)mm=4513mm，弯折 15d=300mm

下料长度=(4513+300-2×20)mm=4773mm

2）Ⓒ-Ⓓ轴支座上部下排非贯通筋 2Φ18

平直段长度=(6620÷4+400+1580+281)mm=3916mm，弯折 15d=270mm

下料长度=(3916+270-2×18)mm=4150mm

4. Ⓑ-Ⓒ轴纵向构造钢筋 4Φ12

下料长度=(6620+15×12×2)mm=6980mm

拉筋ϕ6，间距为 400mm

长度={240-2×25+2×[max(75,10×6)+1.9×6]}mm=363mm（拉住纵向构造钢筋）

根数=(6620-200×2)÷400 根=16 根（拉筋起始间距取间距的一半）

5. 下部钢筋长度

分析：该梁Ⓑ-Ⓒ轴梁高 600mm，Ⓒ-Ⓓ轴梁高 450mm，属于变截面，(600-450)÷(400-50)=0.43>1/6，Ⓑ-Ⓒ轴下部钢筋在Ⓒ轴支座处按端支座弯锚，Ⓒ-Ⓓ轴梁下部钢筋在Ⓒ轴支座处直锚，在Ⓓ轴处弯锚。

1）Ⓑ-Ⓒ轴下部上排钢筋 2Φ16（紧靠上部下排钢筋布置）：

锚固区平直段长度=281mm（上部下排钢筋平直段）-18mm=263mm>0.4l_{abE}

=0.4×37×16mm=237mm（满足要求）

平直段长度=(263×2+6620)mm=7146mm

弯折两个 15d=15×16mm=240mm

下料长度=(7146+240×2-2×16×2)mm=7562mm

2）Ⓑ-Ⓒ轴下部下排钢筋 3Φ20（紧靠上部上排钢筋布置）：

锚固区平直段长度=326mm（上部上排钢筋平直段）-20mm=306mm>0.4l_{abE}

=0.4×740mm=296mm（满足要求）

平直段长度=(306×2+6620)mm=7232mm

弯折两个 15d=15×20mm=300mm

下料长度=(7232+300×2-2×20×2)mm=7752mm

3）Ⓒ-Ⓓ轴下部钢筋 3Φ16，在Ⓒ支座处直锚长度为 37×16mm=592mm，在Ⓓ支座（紧靠上部上排钢筋）锚固平直段长为 306mm。

平直段长度 = (592+1580+306) mm = 2478mm

弯折 $15d$ = 15×16mm = 240mm

下料长度 = (2478+240−16×2) mm = 2686mm

6. 箍筋

1) Ⓑ-Ⓒ跨:

箍筋宽 = 240mm−25×2mm = 190mm

箍筋高 = 600mm−25×2mm = 550mm

箍筋外包长度 = (190+550)×2mm = 1480mm

下料长度 = 1480mm+18. 5×8mm = 1628mm

箍筋加密区长度 = 1. 5×600mm = 900mm

加密区根数 = (900−50)÷100 根+1 根 = 10 根

非加密区根数 = (6620−900×2)÷200 根−1 根 = 24 根

合计: 10×2 根+24 根 = 44 根

2) Ⓒ-Ⓓ跨:

箍筋宽 = 240−25×2 = 190mm

箍筋高 = 450−25×2 = 400mm

下料长度 = (190+400)×2mm+18. 5×8mm = 1328mm

箍筋根数 = (1580−50×2)÷100 根+1 根 = 16 根

钢筋排布如图 4-52 所示。

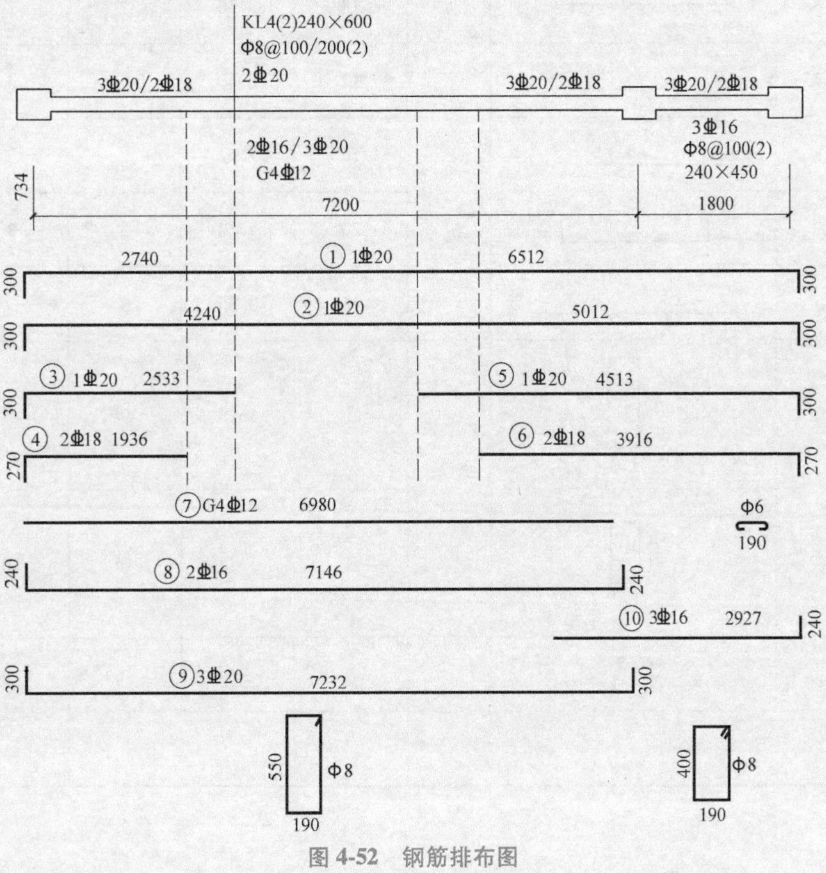

图 4-52　钢筋排布图

最后，按表4-5绘制钢筋配料单。

表4-5 钢筋配料单

构件名称	编号	钢筋简图	钢筋级别	钢筋直径/mm	下料长度/mm	单梁根数/根	合计根数/根	质量/kg
KZ10 1根	1	300 2740	HRB400	20	3000	1	1	7.4
		6512 300		20	6772	1	1	16.7
	2	300 4240		20	4500	1	1	11.1
		5012 300		20	5272	1	1	13.0
	3	300 2533		20	2973	1	1	7.3
	4	270 1936		18	2170	2	2	8.7
	5	4513 300		20	4773	1	1	11.8
	6	3916 270		18	4150	2	2	16.6
	7	6980		12	6980	4	4	24.8
	8	240 7146 240		16	7562	2	2	23.9
	9	300 7232 300		20	7752	3	3	57.4
	10	2927 240		16	3135	3	3	14.9
	11	550 190	HPB300	8	1628	44	44	28.3
	12	400 190		8	1328	16	16	8.4
	13	190		6	363	16	16	1.3
	合计							251.6

自我检验

一、单选题

1. 梁高≥800mm 时，吊筋弯起角度为（　　）。

A. 60°　　B. 30°　　C. 45°　　D. 90°

2. KL2 的净跨长为 7200mm，梁截面尺寸为 300mm×700mm，箍筋的集中标注为 10@100/200（2），一级抗震，则箍筋的非加密区长度为（　　）。

A. 4400mm　　B. 4300mm　　C. 4200mm　　D. 2800mm

3. 当梁上部纵筋多余一排时，用（　　）符号将各排钢筋自上而下分开。

A. /　　B. ;　　C. *　　D. +

4. 抗震屋面框架梁纵筋构造，端支座处钢筋构造是伸至柱边下弯，则弯折长度为（　　）。

A. $15d$　　B. $12d$

C. 梁高-保护层厚度　　D. 梁高-保护层厚度×2

5. 纯悬挑梁下部带肋钢筋伸入支座长度为（　　）。

A. $15d$　　B. $12d$　　C. l_{aE}　　D. 支座宽

6. 悬挑梁上部第二排钢筋伸入悬挑端的延伸长度为（　　），并弯起。

A. L(悬挑梁净长)-保护层厚度　　B. 0.85×L(悬挑梁净长)

C. 0.8×L(悬挑梁净长)　　D. 0.75×L(悬挑梁净长)

7. 楼层框架梁上部纵筋不包括（　　）。

A. 上部贯通筋　　B. 支座上部非贯通筋

C. 架立筋　　D. 纵向构造钢筋

8. 楼层框架梁的支座上部非贯通筋延伸长度规定为（　　）。

A. 第一排端支座上部非贯通筋从柱边开始延伸至 $l_n/4$ 位置

B. 第二排端支座上部非贯通筋从柱边开始延伸至 $l_n/4$ 位置

C. 第二排端支座上部非贯通筋从柱边开始延伸至 $l_n/5$ 位置

D. 中间支座上部非贯通筋延伸长度同端支座上部非贯通筋

9. 三级抗震框架梁的箍筋加密区判断条件为（　　）。

A. 1.5h_b（梁高）、500mm 取大值　　B. 2h_b（梁高）、500mm 取大值

C. 500mm　　D. 一般不设加密区

10. 框架梁处于一类环境，主筋为Φ28 的钢筋保护层厚度为（　　）。

A. 35mm　　B. 25mm　　C. 28mm　　D. 15mm

二、填空题

1. 梁平面注写包括________和________，集中标注表达梁的________，原位标注表达梁的________。

2. 梁构件中连接部位应避开梁端、柱端箍筋加密区，若无法避开，则应________。

3. 梁的纵筋除架立筋和不伸入支座的下部钢筋外，都有锚固长度，受力钢筋锚固形式

优先采用________，也就是规范所说的能________，不能________。

4. 当梁的截面尺寸、箍筋、上部贯通筋或架立筋等一项或几项不适用于某跨或某悬挑部位时，将其不同数值________在该跨或该悬挑部位，施工时应按________。

三、简答题

1. 结构层楼标高与建筑图中的楼面标高有什么关系？
2. 梁平法施工图在梁平面布置图上可采用几种方式表达？
3. 梁集中标注的五项必注值及一项选注值，其主要内容是什么？
4. 某梁截面尺寸标注为：250×600 Y500×250，其含义是什么？
5. 某梁箍筋标注为 15ф10@150（4）/200（2），其含义是什么？
6. G4ф12 和 N4ф12 有什么相同和不同之处？
7. 解释梁下部纵筋注写为 6ф20　2（-2）/4 的含义。
8. KL 与 WKL 在配筋构造上有何区别？
9. KL 与 L 在配筋构造上有何区别？
10. 梁上部和下部贯通筋如需连接，连接位置在哪里？
11. 梁侧面纵向构造钢筋所需拉筋有何规定？
12. 梁纵筋在支座处什么情况下应直锚？什么情况下应弯锚？

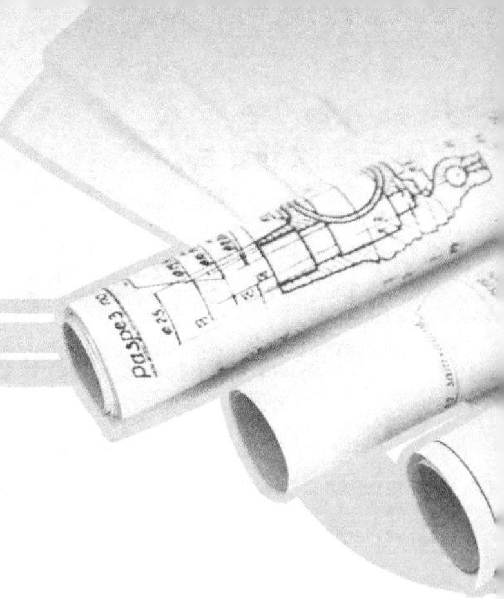

项目五

板的钢筋翻样

项目分析

有梁楼板是将楼板与梁整浇在一起，以形成较大的水平刚度，相对于无梁楼板来说，受力更清晰，传力更简捷，所以应用较为广泛。本项目主要学习有梁楼板，首先要识读板的图纸（平面表示方法和构造要求），然后根据板的特点选择恰当的排布方式，最后进行板的翻样。

知识目标

1. 了解有梁楼盖楼面板与屋面板的钢筋构造要求。
2. 理解板施工图的表示方法，掌握板构件标准构造详图。

技能目标

能够识读板结构施工图，并能计算板的各类钢筋下料长度。

素养目标

掌握扎实的专业知识，熟悉规范规则，掌握板钢筋翻样的要领。

知识准备

任务1　掌握板平法施工图的表示方法

一、板的分类

板根据周边的支承情况及板的长度方向与宽度方向的比值分为双向板和单向板，具体界定如下：

1）两对边支承的板为单向板。

2）四边支承的板，当长边与短边的比值<3 时，为双向板。

3）四边支承的板，当长边与短边的比值≥3 时，为单向板。

钢筋混凝土楼板分为有梁楼板和无梁楼板，本项目主要介绍有梁楼板构造，有梁楼板是指以梁（墙）为支座的楼面板与屋面板。有梁楼板主要采用平面注写方式。

二、有梁楼板平面注写标注

有梁楼板平面注写主要包括板块集中标注和板支座原位标注。

结构平面的坐标方向规定为：当两向轴网正交布置时，图面从左至右为 X 向，从下至上为 Y 向；当轴网向心布置时，切向为 X 向，径向为 Y 向。

（一）板块集中标注

板块集中标注的主要内容有：板块编号、板厚、上部贯通纵筋、下部纵筋、板面标高不同时的标高高差。

对于普通楼面，双向以一跨为一板块；对于密肋楼盖，双向主梁（框架梁）以一跨为一板块（非主梁密肋不计），所有板块应逐一编号，相同编号的板块择其一做集中标注，其他仅注写板块编号以及当板面标高不同时的标高高差。

1）板块编号，见表 5-1。

表 5-1　板块编号

板类型	代号	序号
楼面板	LB	××
屋面板	WB	××
悬挑板	XB	××

2）板厚（为垂直于板面的厚度）注写为 $h=120$，表示板厚为 120mm；当悬挑板的端部改变截面厚度时，用“/”分隔根部与端部的高度值，例如 $h=100/80$，表示板根部厚度为 100mm，端部厚度为 80mm。

3）贯通纵筋按板块的下部纵筋和上部贯通纵筋分别注写（若板块上部不设贯通纵筋则不注），以“B”代表下部，以“T”代表上部，“B&T”代表下部与上部：X 向贯通纵筋以“X”打头，Y 向贯通纵筋以“Y”打头，两向贯通纵筋配置相同时则以“X&Y”打头。

当为单向板时，分布钢筋可不必注写，在图中统一注明。

当在某些板内（例如在悬挑板的下部）配筋有构造钢筋时，X 向以 Xc、Y 向以 Yc 打头注写。当 Y 向采用放射配筋时（切向为 X 向，径向为 Y 向），应当注明配筋间距的定位尺寸。

当贯通纵筋采用两种规则钢筋隔一布一布置时，例如Φ 10/8@ 100，表示 HPB300 钢筋，直径为 10mm 的钢筋和直径为 8mm 的钢筋二者之间间距为 100mm，直径为 10mm 的钢筋间距为 200mm，直径为 8mm 的钢筋间距也为 200mm。

4）板面标高高差指相对于结构层楼面标高的高差，注写在括号内，且有高差则注，无高差则不注。

【例 5-1】　如图 5-1 所示，请解释图中标注含义。

如图 5-1 所示，该板的集中标注应解释为：2 号悬挑板，板根部厚 120mm，端部厚

80mm；下部 X 方向构造钢筋为 HPB300 钢筋，直径为 8mm，间距为 150mm，Y 方向构造钢筋为 HPB300 钢筋，直径为 8mm，间距为 200mm；上部 X 方向钢筋为 HPB300 钢筋，直径为 8mm，间距为 150mm。

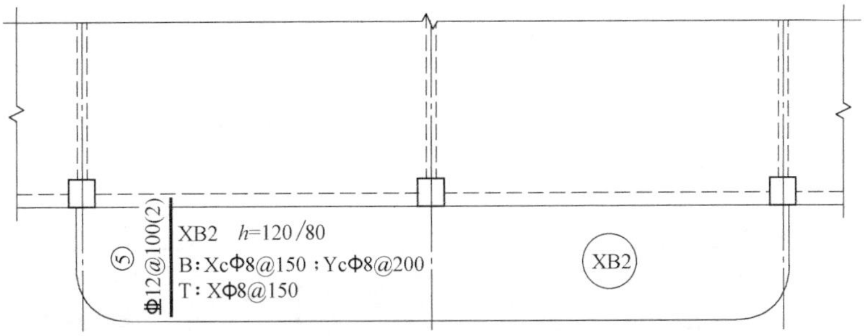

图 5-1　悬挑板支座集中标注与非贯通筋表示方式

5）同一编号板块的类型、板厚和贯通筋均应相同，但板面标高、跨度、平面形状以及板支座上部非贯通纵筋可以不同，如同一编号板块的平面形状可为矩形、多边形及其他形状等。

6）单向板或双向连续板的中间支座上部同向贯通纵筋，不应在支座位置连接或分别锚固。当相邻两跨的板上部贯通纵筋配置相同，且跨中部位有足够空间连接时，可在两跨任意一跨的跨中连接部位连接；当相邻两跨的板上部贯通纵筋配置不同时，应将配置较大者越过其标注的跨数终点或起点伸至相邻跨的跨中连接区域连接。

7）悬挑板需要考虑竖向地震作用时，应写明抗震等级，下部纵筋在支座内的锚固长度≥l_{aE}。

（二）板支座原位标注

板支座原位标注的内容为：板支座上部非贯通纵筋和悬挑板上部受力钢筋。

1）在相同跨的第一跨垂直于板支座（梁或墙）绘制一段适宜长度的中粗实线，代表板支座上部非贯通筋，并在线段上方注写钢筋编号（如①）、配筋值、横向连续布置的跨数（注写在括号内）。当该筋通长设置到悬挑板或短跨板上部时，实线段应画至对边或贯通短跨。横向布置的跨数表示为（××），（××A）为横向布置的跨数及一端的悬挑梁部位，（××B）为横向布置的跨数及两端的悬挑梁部位。

板支座上部非贯通筋自支座边线向跨内的伸出长度，注写在下方位置。当中间支座上部非贯通纵筋向支座两侧对称伸出时，可仅在支座一侧线段下方标注伸出长度，另一侧不注，如图 5-2a 所示。当向支座两侧非对称伸出时，应分别在支座两侧线段下方注写伸出长度，如图 5-2b 所示。

对线段画至对边贯通全跨或贯通全悬挑长度的上部贯通纵筋，只注明非贯通纵筋另一侧的伸出长度值，如图 5-3 所示。

当板支座为弧形，支座上部非贯通纵筋呈放射状分布时，注明配筋间距的度量位置并加注“放射分布”四字，必要时补绘平面配筋图，如图 5-4 所示。

2）当悬挑板端部厚度≥150mm 时，应注明封边构造方式。

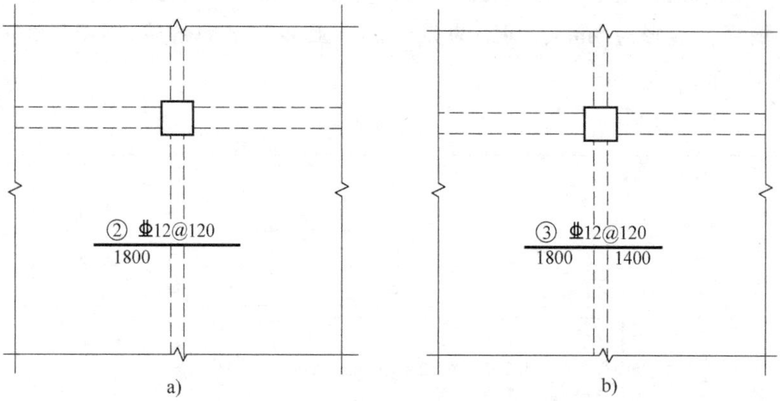

图 5-2　板支座上部非贯通筋构造

a）向支座两侧对称伸出　b）向支座两侧非对称伸出

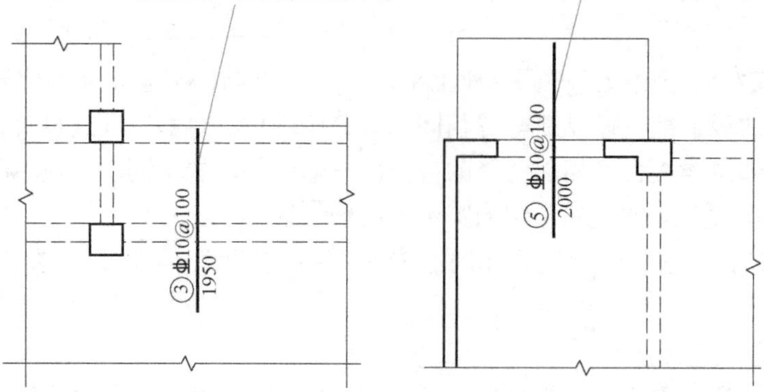

图 5-3　支座上部贯通纵筋

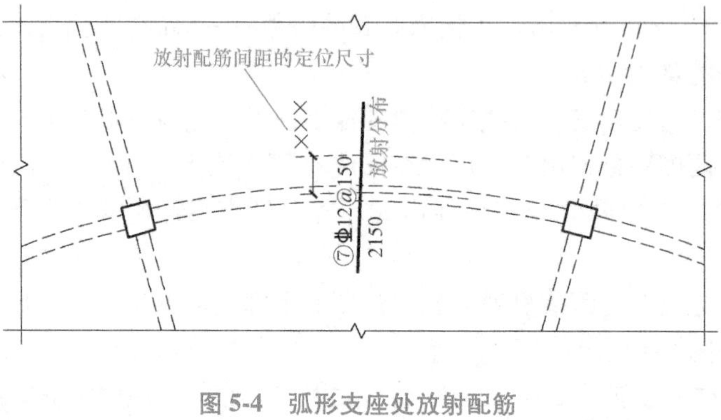

图 5-4　弧形支座处放射配筋

在板平面布置中，不同部位的板支座上部非贯通纵筋及悬挑板上部受力钢筋，可仅在一个部位注写，其他相同者仅需在代表钢筋的线段上注写编号及横向连续布置的跨数。与板支座上部非贯通纵筋垂直且绑扎在一起的构造钢筋或分布钢筋，设计图中须注明。

【例 5-2】 图 5-1 中原位标注⑤⌀12@100（2）表示支座上部⑤号非贯通纵筋，采用 HRB400 钢筋，直径为 12mm，间距为 100mm，从该跨起沿支撑梁连续布置 2 跨。

3）当板的上部已配置有贯通纵筋，但需增配板支座上部非贯通纵筋时，应结合已配置的同向贯通纵筋的直径与间距采取隔一布一方式配置，两者组合后的实际间距为各自标注间距的 1/2，如图 5-5 所示。当支座一侧设置了上部贯通纵筋，另一侧仅设置了上部非贯通纵筋时，如果两侧设置的纵筋直径、间距相同，则应将二者连通，避免在支座上部分别锚固。

图 5-5　两种钢筋布置

【例 5-3】 板上部已配置贯通纵筋⌀12@250，该同向跨配置的上部支座非贯通纵筋为⑤⌀12@250，表示在该支座上部设置的纵筋实际为⌀12@125，其中 1/2 为贯通纵筋，1/2 为⑤号非贯通纵筋（伸出长度值略）。

【例 5-4】 板上部已配置贯通纵筋⌀10@250，该同向跨配置的上部支座非贯通纵筋为③⌀12@250，表示该跨支座上部纵筋为⌀10 和⌀12 间隔布置，二者间距为 125mm。

三、识读板平法施工图

如图 5-6 所示，板平法施工图的主要内容有以下几方面：

1）图号、图名和比例，结构层楼面标高、结构层高与层号。

2）定位轴线及其编号、间距尺寸。

3）板块的编号、厚度、配筋和板面标高高差，必要的说明。

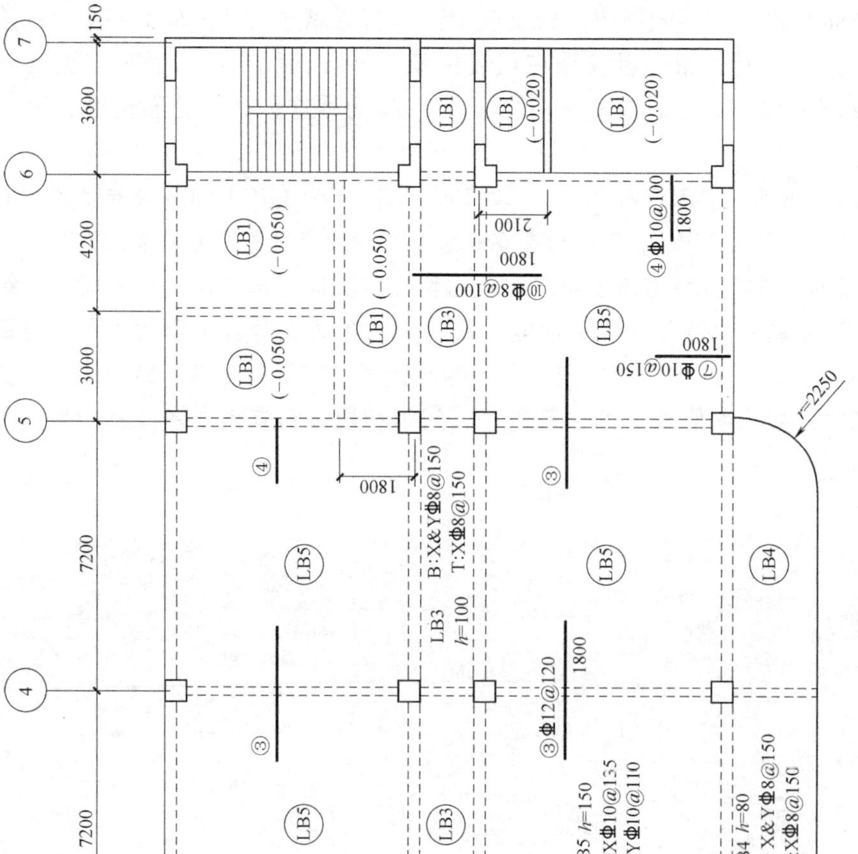

图 5-6　15.870~26.670 板平法施工图

层号	标高/m	层高/m
屋面2	65.670	
塔层2	62.370	3.30
屋面1(塔层1)	59.070	3.30
16	55.470	3.60
15	51.870	3.60
14	48.270	3.60
13	44.670	3.60
12	41.070	3.60
11	37.470	3.60
10	33.870	3.60
9	30.270	3.60
8	26.670	3.60
7	23.070	3.60
6	19.470	3.60
5	15.870	3.60
4	12.270	3.60
3	8.670	3.60
2	4.470	4.20
1	-0.030	4.50
-1	-4.530	4.50
-2	-9.030	4.50

任务 2　识读板构件标准构造详图

一、板中的钢筋种类

在楼板和屋面板中根据板的受力特点配置不同钢筋，主要有上部贯通纵筋、下部纵筋、支座非贯通筋、构造钢筋、分布钢筋、抗温度收缩应力钢筋等，如图 5-7 所示。

图 5-7　楼板钢筋实物图

1）双向板板底双方向、单向板板底短向，配置下部纵筋。

2）双向板中间支座、单向板短向中间支座及按嵌固设计的端支座，应在板顶面配置支座非贯通筋。

3）按简支计算的端支座、单向板长方向支座，一般在结构计算时不考虑支座约束，但往往由于边界约束会产生一定的负弯矩，因此应配置支座板面构造钢筋。

4）单向板长向板底、支座负弯矩钢筋或板面构造钢筋的垂直方向，还应布置分布钢筋。分布钢筋一般不作为受力钢筋，其主要作用是固定受力钢筋、分布板面荷载及抵抗温度收缩应力。

5）在温度收缩应力较大的现浇板区域，应在板的表面双向配置防裂构造钢筋，即抗温度收缩应力钢筋。当板面受力钢筋通长配置时，受力钢筋可兼作抗温度收缩应力钢筋。抗温度收缩应力钢筋可以在同一区段范围内搭接连接。

二、楼面板与屋面板的钢筋构造

1. 板上部贯通纵筋在端支座处的构造要求

1）板上部贯通纵筋在支座（梁、墙或柱）内直锚长度≥l_a 时可不弯锚。

2）当支座为梁，采用弯锚时，板上部贯通纵筋伸至梁角筋内侧弯折，按照图纸要求，设计按铰接时直段长度≥$0.35l_{ab}$，充分利用钢筋的抗拉强度时直段长度≥$0.6l_{ab}$，弯折段长度 $15d$，如图 5-8 所示。

3）当端支座为中间层剪力墙，采用弯锚时，板上部贯通纵筋伸至竖向钢筋内侧弯折，直段长度≥$0.4l_{ab}$，弯折段长度 $15d$；若支座为顶层剪力墙，设计按铰接时直段长度≥

$0.35l_{ab}$，充分利用钢筋的抗拉强度时直段长度≥$0.6l_{ab}$，弯折段长度$15d$。当板跨度及厚度比较大时，会使墙平面外产生弯矩，考虑墙外侧竖向钢筋与板上部贯通纵筋搭接传力，板上部贯通纵筋与墙外侧竖向钢筋在转角处应满足搭接长度要求，如图5-9所示。

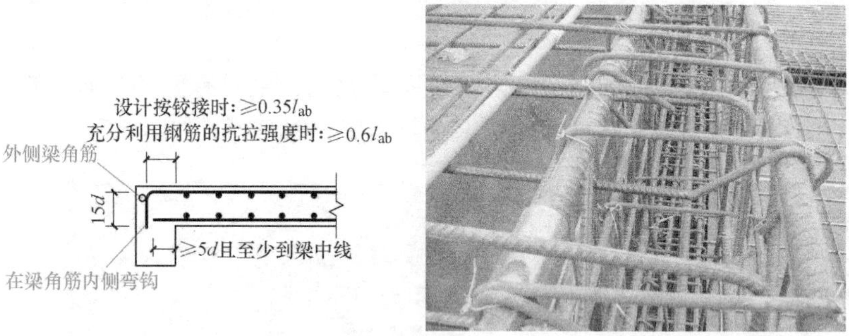

图5-8　板在梁端支座的锚固构造

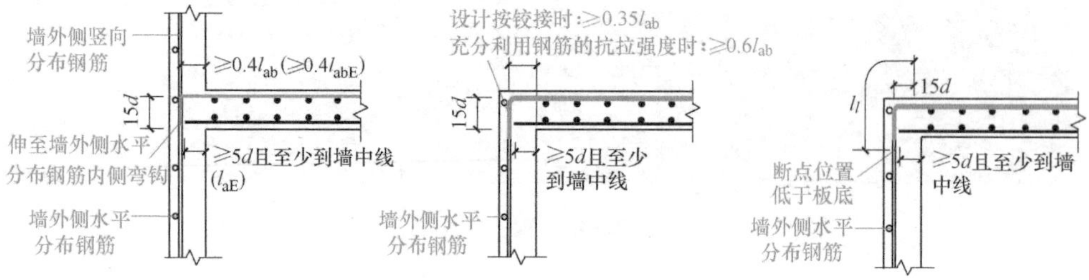

图5-9　板在剪力墙支座的锚固构造

2. 板下部纵筋构造要求

板下部纵筋在跨中部受拉，但在近支座范围转为受压，在支座内锚固长度≥$5d$且至少到支座中线；需连接时可贯穿支座，在近支座1/4净跨范围内连接。

3. 其他钢筋构造要求

1）上部贯通纵筋在跨中$l_n/2$中搭接，搭接长度为l_l，且错开$0.3l_l$，如图5-10所示。除

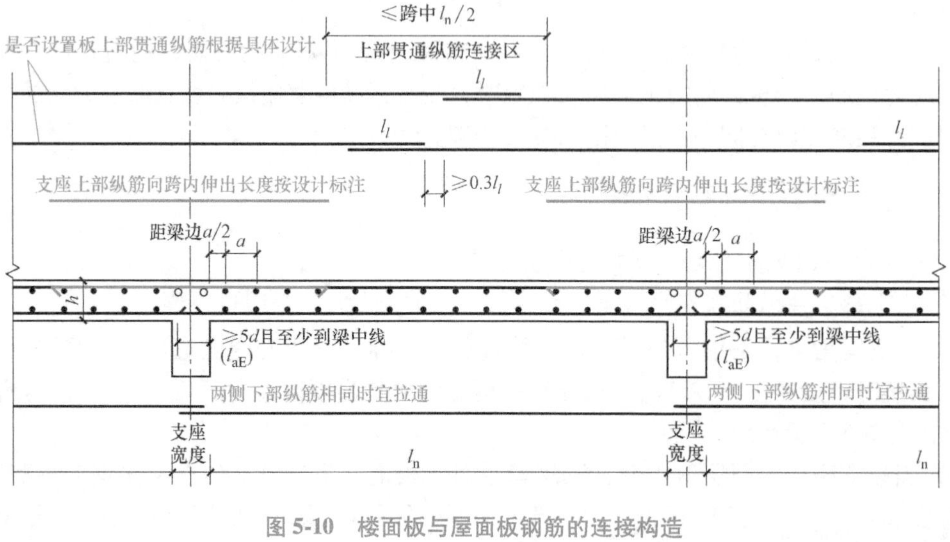

图5-10　楼面板与屋面板钢筋的连接构造

图 5-10 所示搭接连接外，板上部贯通纵筋可采用机械连接或焊接连接。下部纵筋在支座锚固时至少伸到梁中线且≥$5d$，也可在距支座 1/4 净跨内连接，接头及连接区位置如图 5-10 所示。

2）当相邻等跨或不等跨的上部贯通纵筋配置不同时，应将配置较大者越过其标注的跨数终点或起点伸出至相邻跨的跨中连接区域连接。

3）板贯通纵筋的连接要求为同一连接区段内钢筋接头面积百分率不宜大于 50%，不等跨板上部贯通纵筋连接构造可在各跨内搭接（连接），也可越过小跨在较大跨处连接，当足够长时，能通则通，如图 5-11 所示。

4）板位于同一层面的两向交叉纵筋哪个方向在下哪个方向在上，应按具体设计说明。

双向板由于板在中点的变形协调一致，所以短方向的受力会比长方向大，施工图设计文件中一般要求下部短方向钢筋在下，长方向钢筋在上；板上部受力也是短方向比长方向大，所以要求上部短方向钢筋在上，长方向钢筋在下。

四边支承的单向楼板下部短方向配置受力钢筋，长方向配置构造钢筋或分布钢筋。两对边支承的板，支承方向配置受力钢筋，另一方向配置分布钢筋。

5）纵筋在端支座应伸至支座（梁、圈梁或剪力墙）外侧纵筋内侧后弯折，当直段长度≥l_a 时可不弯折。

三、悬挑板钢筋构造（图 5-12）

1）纯悬挑板上部受力钢筋应伸至支座对边纵筋内侧弯折，水平段长度≥$0.6l_{ab}$，弯折段投影长度 $15d$。

2）悬挑板下部配置构造钢筋时，该钢筋伸入支座内的长度应不小于 $12d$，且至少伸至支座的中心线。

3）悬挑板上部纵筋是受力钢筋，因此要保证其在构件中的设计位置，不可以随意加大保护层的厚度，否则会造成板面开裂等质量事故。悬挑板要待混凝土达到 100%设计强度后方可拆除下部支承。

4）需考虑竖向地震作用时，伸入支座钢筋均用 l_{aE}。

四、抗裂钢筋、抗温度钢筋的构造

1）在搭接范围内，相互搭接的纵筋与横向钢筋的每个交叉均应进行绑扎。

2）抗裂钢筋、抗温度钢筋自身及其与受力主筋搭接长度为 l_l。

3）板上下贯通钢筋可兼作抗裂钢筋和抗温度钢筋。当下部贯通钢筋兼作抗温度钢筋时，其在支座的锚固由设计者确定。

4）分布钢筋自身及与受力钢筋、构造钢筋的搭接长度为 150mm。当分布钢筋兼作抗温度钢筋时，其自身及与受力主筋、构造钢筋的搭接长度为 l_l，其在支座的锚固按受拉要求考虑，如图 5-13 所示。

5）板钢筋的起始距离均为板筋间距的 1/2。

五、板翻边的钢筋构造

板翻边有上翻和下翻，尺寸在引注中标注，翻边高度≤300mm，内折角处钢筋截断，分别向对边锚固，长度≥l_a，如图 5-14 所示。

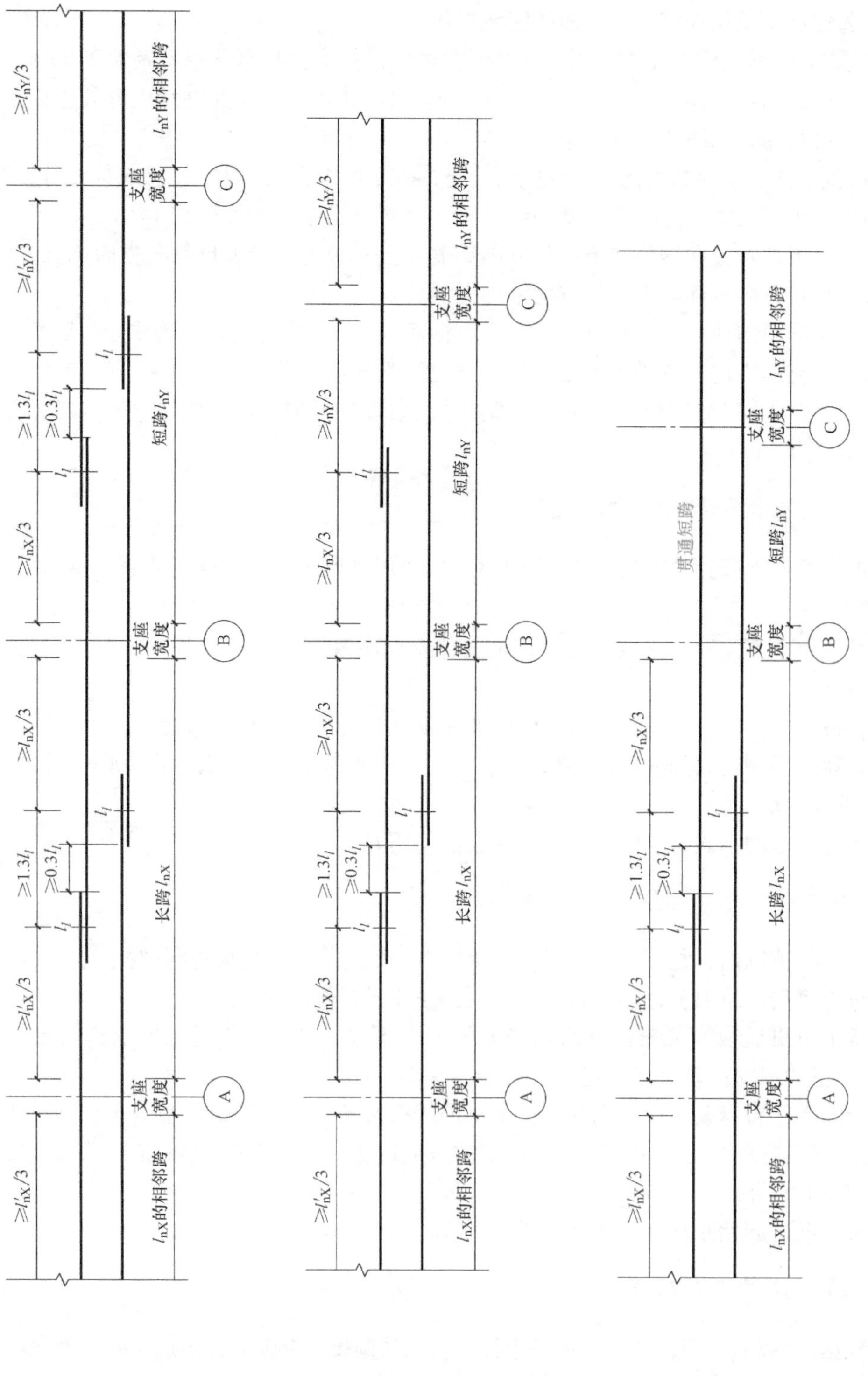

图 5-11　不等跨板上部贯通纵筋连接构造

注：l'_{nX}是轴线Ⓐ左右两跨的较大净跨度值；l'_{nY}是轴线Ⓒ左右两跨的较大净跨度值。

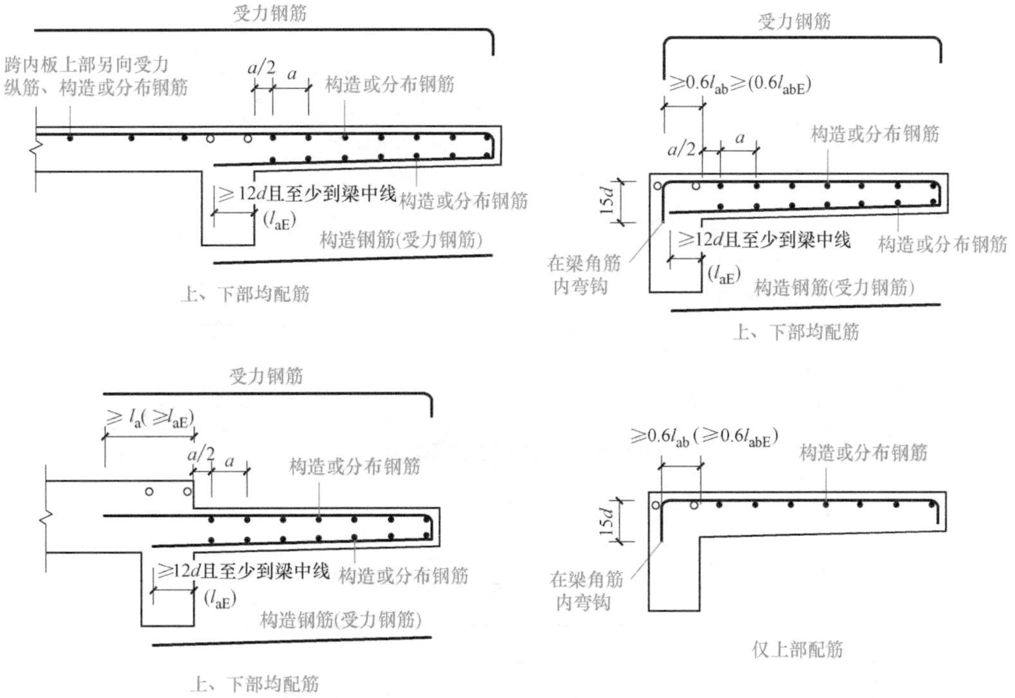

图 5-12　悬挑板钢筋构造

注：括号中数值用于需考虑竖向地震作用时（由设计明确）。

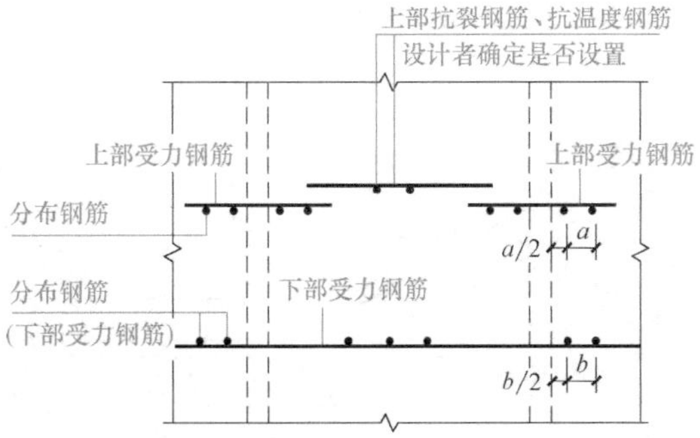

图 5-13　单（双）向板配筋构造

六、纵筋非接触搭接构造

当板纵筋采用非接触方式的绑扎搭接连接（图 5-15）时，非接触搭接使混凝土能够与搭接范围内所有钢筋的全表面充分黏结，可以提高搭接钢筋之间通过混凝土传力的可靠度。

七、折板钢筋构造

折板内折角处钢筋截断，分别向对边锚固，长度≥l_a，如图 5-16 所示。

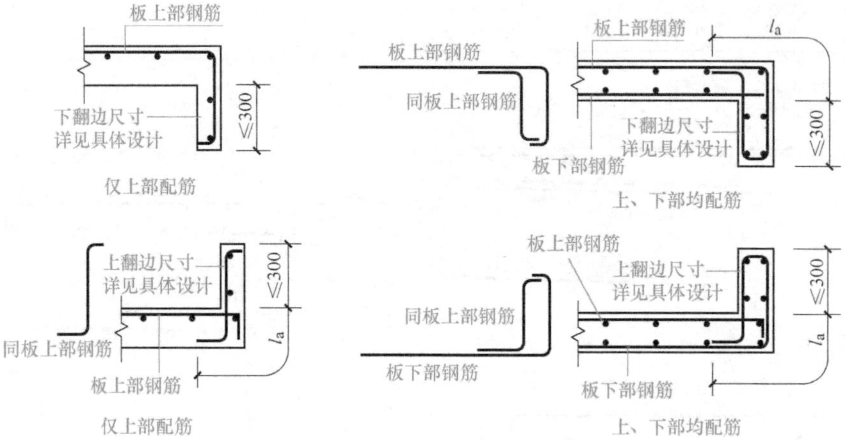

图 5-14　板翻边的钢筋构造

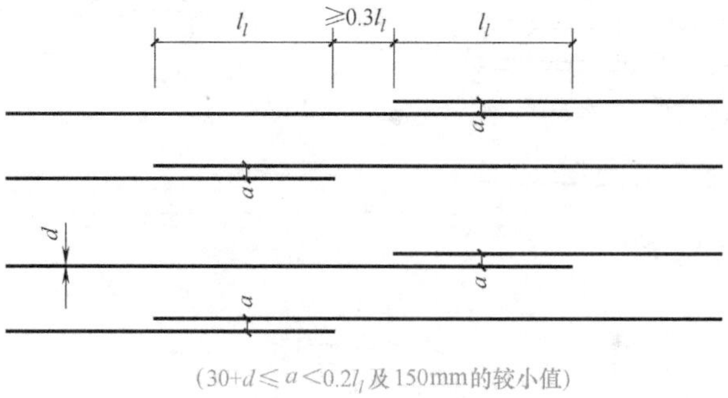

图 5-15　纵筋非接触搭接构造

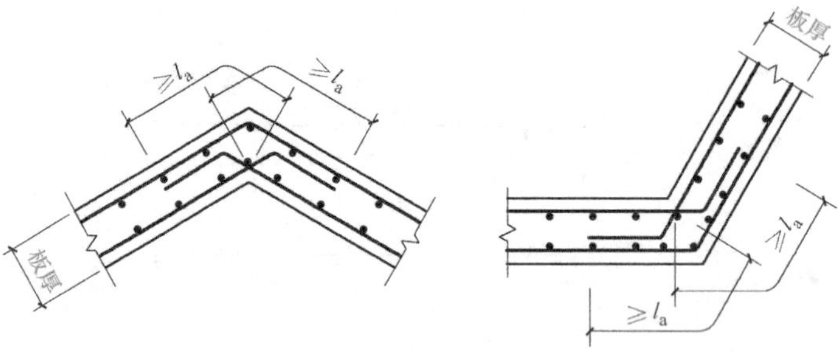

图 5-16　折板钢筋构造

技能训练

任务 3　板的钢筋翻样计算实例

一、板钢筋翻样要求

1）由于板的钢筋较细，工程实际中不再考虑钢筋弯折时的弯曲调整值。

2）当板支座负筋同种类的不同长度规格过多时，如长度 800~850mm 就有 6 种，容易施工混乱，可以适当合并，可合并成一种 850mm，这样方便施工。在设计时也应进行适当归并，如相差 50mm 可忽略，不影响板的受力。

二、板钢筋翻样计算公式

板钢筋翻样计算公式见表 5-2。

表 5-2　板钢筋翻样计算公式

类型	计算公式	搭接长度/mm
上部贯通纵筋（弯锚）	长度=净跨 l_n+两端支座锚固长度($b-c+15d$)×2+搭接长度 根数=(另向净跨-½板筋间距×2)÷板筋间距+1	l_l
下部贯通纵筋	长度=净跨 l_n+max($b/2$，$5d$)×2（两端） 根数=(另向净跨-½板筋间距×2)÷板筋间距+1	
端支座上部非贯通纵筋（弯锚）	长度=标示长度+($b-c+15d$) 根数=(另向净跨-½板筋间距)÷板筋间距+1	
中间支座上部非贯通纵筋	长度=标示长度（$l_{左}+l_{右}$）+b 根数=(另向净跨-½板筋间距)÷板筋间距+1	
抗裂钢筋、温度钢筋	与支座上部非贯通纵筋钢筋搭接	l_l
分布钢筋	与受力钢筋、构造钢筋搭接	150

三、计算实例

计算附录图纸中的 7.750m 层 LB-3 板相连的所有钢筋。

1. 计算参数

板保护层厚度 c_1=20mm，梁保护层厚度 c=25mm，$l_a=40d$，现浇板四周梁宽均为 240mm，没注明的板钢筋和分布钢筋均为Φ8@200。根据图纸尺寸计算，Ⓒ轴梁中心线比轴线向下偏离 20mm。

2. 计算过程

$l_a=40d=40\times8\text{mm}=320\text{mm}>b-c=(240-25)\text{mm}=215\text{mm}$，板端上部节点均需弯锚。

（1）LB-3 板 X 方向下部贯通筋Φ8@150

$$\max(b/2,5d)=\max(120\text{mm},5\times8\text{mm})=120\text{mm}$$

$$钢筋长度=(4200-2\times120+2\times120)\text{mm}=4200\text{mm}$$

说明：根据实践经验，钢筋实际翻样时，需每边加 25mm，共 50mm，并经甲方签证，防止加工误差而导致钢筋安装不合格。

$$根数=\left[\left(7200-140-120-\frac{150}{2}\times2\right)\div150\right]根+1根=47根$$

$$合计:4200\text{mm}\times47=197400\text{mm}$$

（2）LB-3 板 Y 方向下部贯通筋⌀8@200

$$钢筋长度=(7200-120-140+2\times120)\text{mm}=7180\text{mm}$$

$$根数=\left[\left(4200-120\times2-\frac{200}{2}\times2\right)\div200\right]根+1根=27根$$

合计：7180mm×27=193860mm

（3）跨板筋⌀8@150

$$钢筋长度=(240-25+15\times8+1800-120-100+240+1170)\text{mm}=3325\text{mm}$$

$$根数=\left[\left(4200-120\times2-\frac{150}{2}\times2\right)\div150\right]根+1根=27根$$

合计：3325mm×27=89775mm

（4）外伸端分布钢筋⌀8@200

$$钢筋长度=(4200-120\times2-1170-1260+150\times2)\text{mm}=1830\text{mm}$$

$$根数=\left[\left(1170-\frac{200}{2}\right)\div200+1\right]根=6根$$

合计：1830mm×6=10980mm

（5）⑨轴中间支座非贯通筋⌀8@100

$$钢筋长度=(1170\times2+240)\text{mm}=2580\text{mm}$$

$$根数=\left[\left(7200-140-120-\frac{100}{2}\times2\right)\div100\right]根=70根$$

合计：2580mm×70=180600m

（6）⑨轴负筋 12 号板内的分布钢筋⌀8@200

$$钢筋长度=(7200-1170-140-120-1260+150\times2)\text{mm}=4810\text{mm}$$

$$根数=\left[\left(1170-\frac{200}{2}\right)\div200+1\right]根=6根$$

合计：4810mm×6=28860mm

（7）⑩轴端支座负筋⌀8@200

$$钢筋长度=(240-25+15\times8+1260)\text{mm}=1595\text{mm}$$

$$根数=\left[\left(7200-\frac{200}{2}\times2\right)\div200\right]根=35根$$

合计：1595mm×35=55825mm

（8）⑩轴负筋分布钢筋⌀8@200

$$钢筋长度=(7200-1170-1260-20-240+150\times2)\text{mm}=4810\text{mm}$$

$$根数=\left[\left(1260-\frac{200}{2}\right)\div200+1\right]根=7根$$

合计：4810mm×7=33670mm

（9）Ⓑ端支座负筋⌀8@200

Ⓑ轴长度同⑩轴长度。

$$根数=\left[\left(4200-\frac{200}{2}\times2\right)\div200\right]根+1根=20根$$

合计：1595mm×20＝31900mm

（10）分布钢筋Φ8@200

$$钢筋长度=(4200-240-1170-1260+150\times2)\text{mm}=1830\text{mm}$$

$$根数=\left[\left(1260-\frac{200}{2}\times2\right)\div200+1\right]根=7\ 根$$

合计：1830mm×7＝12810mm

钢筋配料单见表 5-3。

表 5-3　钢筋配料单

构件名称	编号	钢筋简图	钢筋级别	钢筋直径/mm	下料长度/mm	合计根数/根	质量/kg
	1	4200		8	4200	47	77.97
	2	7180		8	7180	27	76.57
	3	120 ┌ 3205		8	3325	27	35.46
	4	2070		8	2070	6	4.91
	5	2580		8	2580	70	71.34
KZ10 1根	6	5050	HRB 400	8	5050	6	11.97
	7	120 ┌ 1475		8	1595	35	22.05
	8	5070		8	5050	7	13.96
	9	120 ┌ 1475		8	1595	20	12.6
	10	2070		8	2070	7	5.72
	合计						332.55

自我检验

一、单选题

1. 混凝土板块编号“XB”表示（　　）。

A. 楼面板　　B. 屋面板　　C. 悬挑板　　D. 现浇板

2. 板块集中标注中的选注项是（　　）。

A. 板块编号　　B. 板厚　　C. 板面标高高差　　D. 贯通纵筋

3. 下列钢筋不属于板中配筋的是（　　）。

A. 下部受力筋　　B. 非贯通筋

C. 非贯通筋分布钢筋　　　　　　　　D. 架立筋

4. 板顶、板底的首、尾两根受力钢筋距梁边的起步距离为（　　）。

A. 50mm　　B. 100mm　　C. 1/2 板筋间距　　D. 板筋间距

5. 以下板代号错误的是（　　）。

A. XTB　　B. LB　　C. WB　　D. XB

6. 当板支座为剪力墙时，板非贯通筋伸入支座内平直段长度为（　　）。

A. $5d$　　　　　　　　B. 墙厚/2

C. 墙厚-保护层厚度　　　　D. $0.4l_{ab}$

7. 当板的端支座为梁时，底筋伸进支座的长度为（　　）。

A. $10d$　　　　　　　　B. 支座宽/2+$5d$

C. max(支座宽/2,$5d$)　　　　D. $5d$

8. 板的支座为剪力墙时，下部纵筋深入支座（　　）。

A. $5d$　　　　　　　　B. max($5d$,墙厚/2)

C. 墙厚/2　　　　　　　D. 墙厚-保护层厚度

9. 悬挑板板厚注写为 $h=120/80$，表示（　　）。

A. 根部厚 120mm　　B. 端部厚 120mm　　C. 四周厚 120mm　　D. 平均厚 80mm

二、简答题

1. 有梁楼盖板块集中标注的内容有哪些？

2. 隔一布一时，Φ10/12@150 表示什么意思？

3. 板支座上部非贯通筋，什么情况下可仅在支座一侧线段下方标出伸出长度，另一侧不注？

4. 板在端部支座的锚固构造有哪些？

5. 板上、下部贯通筋可分别在什么位置连接？

6. 板翻边 FB 的直接引注和配筋构造要求有哪些？

7. 有梁楼盖楼面板和屋面板钢筋构造有什么特点？

8. 有梁楼盖板平法施工图的平面注写方式有哪些内容？

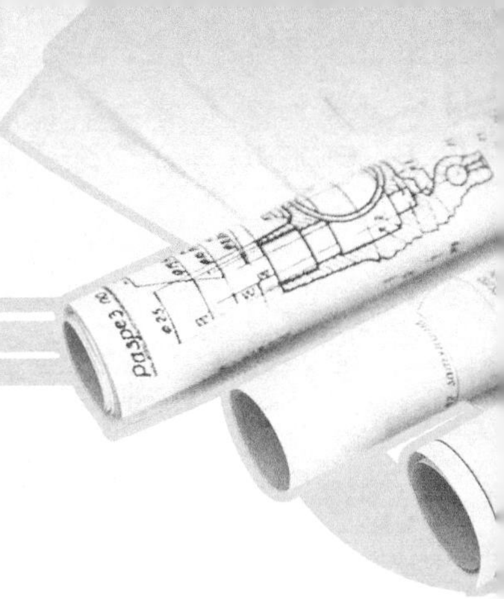

项目六

识读剪力墙平法施工图

项目分析

人心齐泰山移，团队的力量是非常强大的。

剪力墙就是由剪力墙身、剪力墙柱、剪力墙梁三类构件共同组成的一个强大的团队，三者发挥各自特长，共同参与受力，缺一不可。正因为如此，剪力墙结构比框架结构更有优势，可以用来建造更高的建筑。只有将三类构件全面贯通理解，才能正确进行施工。

知识目标

1. 理解剪力墙平法施工图的表示方法。
2. 理解各种剪力墙标准构造详图。

技能目标

能够识读剪力墙结构施工图，正确识读剪力墙平法施工图，并具备剪力墙钢筋翻样的技能。

素养目标

掌握扎实的专业知识，熟悉规范和标准，将复杂（剪力墙）的事情简单（分成三类构件）化，从而找到解决问题的方法。

知识准备

任务1　掌握剪力墙平法施工图的表示方法

剪力墙平法施工图分为列表注写方式和截面注写方式两种，本项目主要介绍列表注写方式。剪力墙通常视为由剪力墙柱（与框架柱类似）、剪力墙身（与双层双向板类似）和剪力墙梁三类构件组成。在平法施工图中，三者表示方式如图 6-1 所示。

根据是否具有独立承担荷载的功能，结构构件又可分为独立构件和非独立构件。剪力墙结构普遍存在非独立构件，如剪力墙梁（暗梁、边框梁）、剪力墙柱（暗柱、扶壁柱、端柱）等，这类构件本体与剪力墙一体成形，无独立承担荷载的功能，是为满足剪力墙不同部位的特殊受力需求而设置的加强构造。

层号	标高/m	层高/m
屋面2	65.670	
塔层2	62.370	3.30
屋面1(塔层1)	59.070	3.30
16	55.470	3.60
15	51.870	3.60
14	48.270	3.60
13	44.670	3.60
12	41.070	3.60
11	37.470	3.60
10	33.870	3.60
9	30.270	3.60
8	26.670	3.60
7	23.070	3.60
6	19.470	3.60
5	15.870	3.60
4	12.270	3.60
3	8.670	3.60
2	4.470	4.20
1	-0.030	4.50
-1	-4.530	4.50
-2	-9.030	4.50

结构层楼面标高
结构层高

注：上部结构嵌固部位：-0.030m。

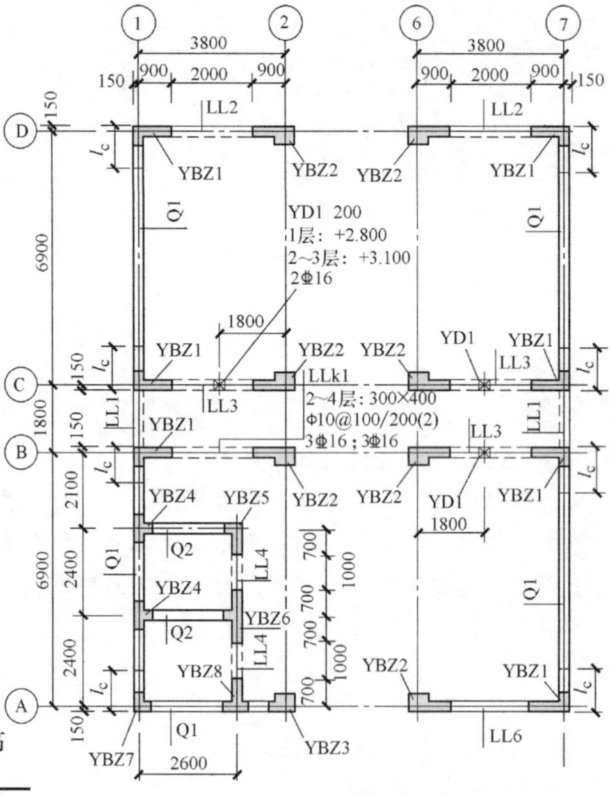

-0.030~12.270剪力墙平法施工图(局部)

剪力墙梁表

编号	所在楼层号	梁顶相对标高高差	梁截面 $b\times h$	上部纵筋	下部纵筋	侧面纵筋	墙梁箍筋
LL1	2~9	0.800	300×2000	4Φ25	4Φ25	同墙体水平分布钢筋	Φ10@100(2)
	10~16	0.800	250×2000	4Φ22	4Φ22		Φ10@100(2)
	屋面1		250×1200	4Φ20	4Φ20		Φ10@100(2)
LL2	3	-1.200	300×2520	4Φ25	4Φ25	22Φ12	Φ10@150(2)
	4	-0.900	300×2070	4Φ25	4Φ25	18Φ12	Φ10@150(2)
	5~9	-0.900	300×1770	4Φ25	4Φ25	16Φ12	Φ10@150(2)
	10~屋面1	-0.900	250×1770	4Φ22	4Φ22	16Φ12	Φ10@150(2)
LL3	2		300×2070	4Φ25	4Φ25	18Φ12	Φ10@100(2)
	3		300×1770	4Φ25	4Φ25	16Φ12	Φ10@100(2)
	4~9		300×1170	4Φ25	4Φ25	10Φ12	Φ10@100(2)
	10~屋面1		250×1170	4Φ22	4Φ22	10Φ12	Φ10@100(2)
LL4	2		250×2070	4Φ20	4Φ20	18Φ12	Φ10@125(2)
	3		250×1770	4Φ20	4Φ20	16Φ12	Φ10@125(2)
	4~屋面1		250×1170	4Φ20	4Φ20	10Φ12	Φ10@125(2)
AL1	2~9		300×600	3Φ20	3Φ20	同墙体水平分布钢筋	Φ8@150(2)
	10~16		250×500	3Φ18	3Φ18		Φ8@150(2)
BKL1	屋面1		500×750	4Φ22	4Φ22	4Φ16	Φ10@150(2)

注：当剪力墙厚度发生变化时，连梁LL宽度随墙厚变化。

图 6-1 剪力墙柱、剪力墙身和剪力墙梁在平法施工图中的表示方式

剪力墙身表

编号	标高	墙厚	水平分布钢筋	垂直分布钢筋	拉筋(矩形)
Q1	−0.030～30.270	300	Φ12@200	Φ12@200	Φ6@600@600
	30.270～59.070	250	Φ10@200	Φ10@200	Φ6@600@600
Q2	−0.030～30.270	250	Φ10@200	Φ10@200	Φ6@600@600
	30.270～59.070	200	Φ10@200	Φ10@200	Φ6@600@600

剪力墙柱表

截面	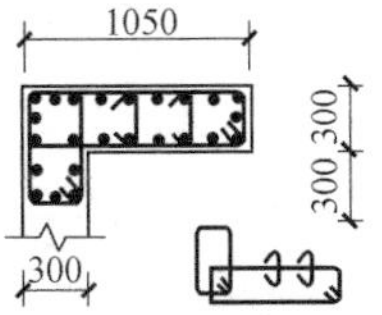	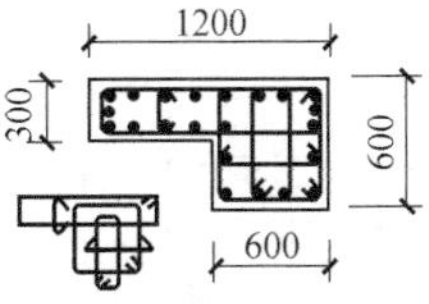	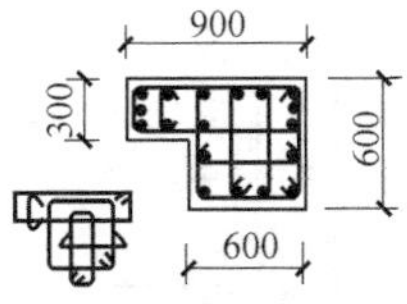	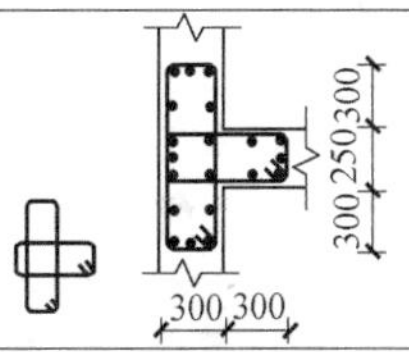
编号	YBZ1	YBZ2	YBZ3	YBZ4
标高/m	−0.030～12.270	−0.030～12.270	−0.030～12.270	−0.030～12.270
纵筋	24Φ20	22Φ20	18Φ22	20Φ20
箍筋	Φ10@100	Φ10@100	Φ10@100	Φ10@100

截面	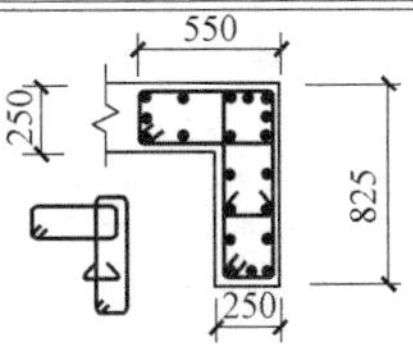	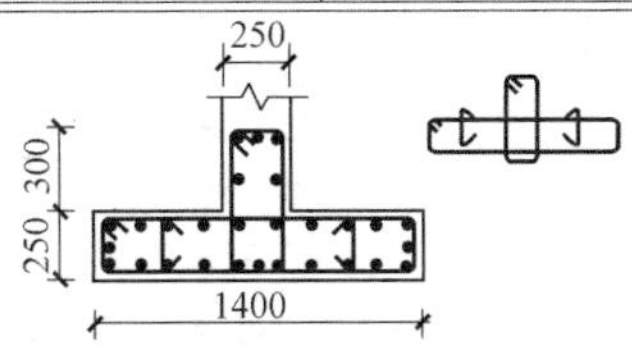	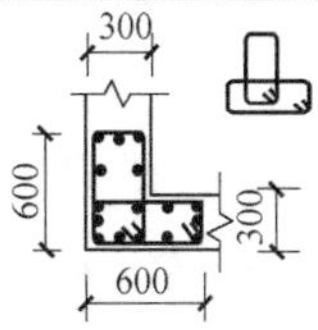
编号	YBZ5	YBZ6	YBZ7
标高/m	−0.030～12.270	−0.030～12.270	−0.030～12.270
纵筋	20Φ20	23Φ20	16Φ20
箍筋	Φ10@100	Φ10@100	Φ10@100

图 6-1　剪力墙柱、剪力墙身和剪力墙梁在平法施工图中的表示方式（续）

在剪力墙平法施工图中，应注明各结构层的楼面标高、结构层高及相应的结构层号，此外，还应注明上部结构嵌固部位位置。对于轴线未居中的剪力墙（包括端柱），应注明其与定位轴线之间的关系。

一、剪力墙柱的制图规则

1. 剪力墙柱的编号

剪力墙柱的编号由墙柱类型、代号和序号组成，见表 6-1。

表 6-1　剪力墙柱编号

墙柱类型	代号	序号
约束边缘构件（约束边缘暗柱、约束边缘端柱、约束边缘翼墙、约束边缘转角墙，如图 6-2 所示）	YBZ	××
构造边缘构件（构造边缘暗柱、构造边缘端柱、构造边缘翼墙、构造边缘转角墙，如图 6-3 所示）	GBZ	××
非边缘暗柱	AZ	××
扶壁柱	FBZ	××

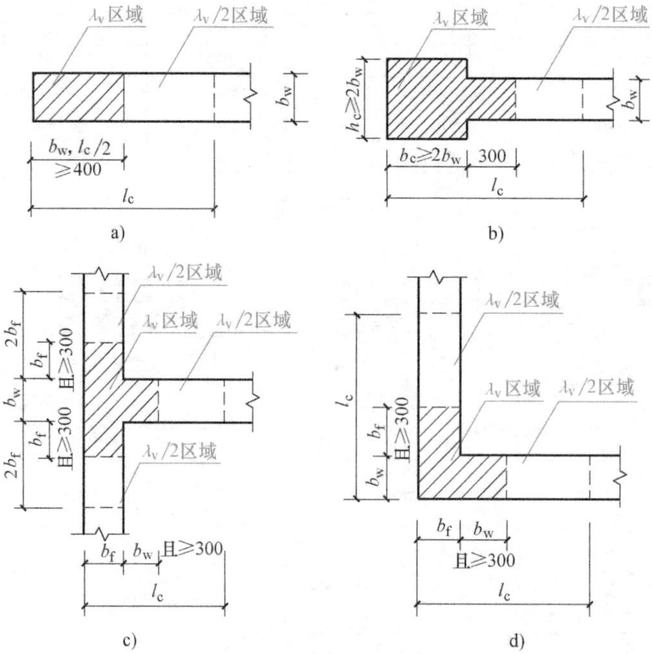

图 6-2　约束边缘构件

a）约束边缘暗柱　b）约束边缘端柱　c）约束边缘翼墙　d）约束边缘转角墙

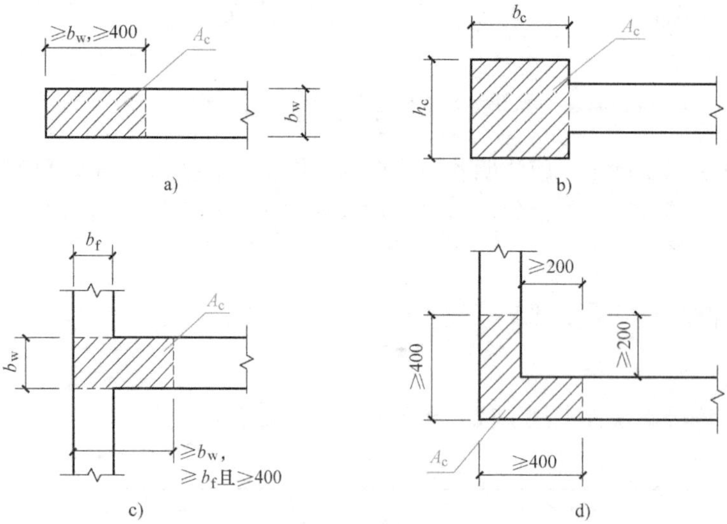

图 6-3　构造边缘构件

a）构造边缘暗柱　b）构造边缘端柱　c）构造边缘翼墙　d）构造边缘转角墙

边缘构件设置在剪力墙端部及大洞口两侧，是剪力墙的重要组成部分，是保证剪力墙有较好延性和能耗的构件，分为约束边缘构件和构造边缘构件。

（1）约束边缘构件

抗震设计时，延性剪力墙底部（嵌固部位）可能出现塑性铰的高度范围称为底部加强部位。在底部加强部位及相邻的上一层，按照规范要求，设置约束边缘构件（在施工图设计文件中说明），加强其抗震构造措施，使其具有较大的弹塑性变形能力，提高整个结构的抗震能力。为加强剪力墙边缘的稳固性，规范要求在暗柱 l_c（约束边缘构件沿墙肢长度）范围内加密拉筋。剪力墙通常在以下部位设置约束边缘构件：

1）抗震等级为一、二、三级，底层墙肢底截面的轴压比比较大［超过《建筑抗震设计规范（2016 年版）》（GB 50011—2010）规定］的剪力墙，应在底部加强部位及相邻的上一层设置约束边缘构件。

2）部分框支剪力墙结构，应在底部加强部位及相邻的上一层设置约束边缘构件。

（2）构造边缘构件

除以上要求设置约束边缘构件的部位之外，其余剪力墙端部及大洞口两侧，均应设置构造边缘构件。

2. 各段墙柱的起止标高

墙柱分段位置为墙柱根部往上变截面位置或截面未变但配筋改变处。墙柱根部标高指基础顶面标高（框支剪力墙结构为框支梁顶面标高）。

3. 各段墙柱的纵筋和箍筋

各段墙柱纵筋和箍筋的数值应与表中绘制的截面配筋图对应一致，包括纵筋总配筋值、墙柱箍筋（约束边缘构件阴影部位的箍筋和非阴影区内布置的拉筋或箍筋），剪力墙柱及墙身实物图如图 6-4 所示。

图 6-4 剪力墙柱和剪力墙身

二、剪力墙身的制图规则

1. 剪力墙身的编号

剪力墙墙身的编号由墙身类型、代号、序号和墙身所配置的水平与竖向分布钢筋排数（写在括号里）组成，表达形式为 Q×× (×排)。

1）在编号中，当若干墙柱的截面尺寸与配筋均相同，仅截面与轴线的关系不同时，可将其编为同一墙身号；当若干墙身的厚度尺寸和配筋均相同，仅墙厚与轴线的关系不同或墙身长度不同时，也可将其编为同一墙身号，但应在图中注明与轴线的几何关系。

2）当墙身所设置的水平与竖向分布钢筋的排数为2时可不注，如Q5，表示5号剪力墙，2排。

3）对于分布钢筋网的排数规定：当剪力墙厚度≤400mm时，应配置双排；当400mm<剪力墙厚度≤700mm时，宜配置三排；当剪力墙厚度>700mm时，宜配置四排。

4）当剪力墙配置的分布钢筋多于两排时，剪力墙拉筋除两端应同时勾住外排水平纵筋和竖向纵筋外，还应与剪力墙内排水平纵筋和竖向纵筋绑扎在一起。水平分布钢筋和竖向分布钢筋配置双排时可不注写。

2. 各段墙身的起止标高

各段墙身的起止标高同剪力墙柱。

3. 水平分布钢筋、竖向分布钢筋和拉筋的注写

水平分布钢筋和竖向分布钢筋主要注写一排的分布钢筋规格与间距。拉筋的布置方式有矩形或梅花（a为竖向分布钢筋间距，b为水平分布钢筋间距，如图6-5所示）。

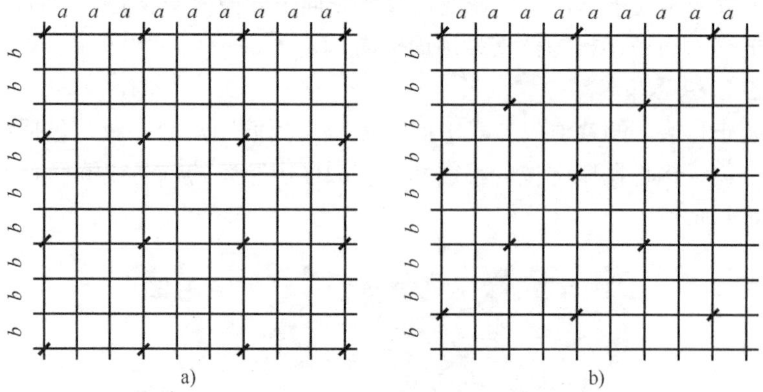

图6-5 拉筋的布置方式

a）拉筋@3a3b矩形（a≤200、b≤200） b）拉筋@4a4b梅花（a≤150、b≤150）

三、剪力墙梁的制图规则

1. 剪力墙梁的编号

剪力墙梁的编号由墙梁类型、代号和序号组成，见表6-2。当某些墙身设置暗梁或边框梁时，需在剪力墙平法施工图中绘制其平面布置图并编号。

表6-2 剪力墙梁编号

墙梁类型	代号	序号
连梁	LL	××
连梁（对角暗撑配筋）	LL（JC）	××
连梁（交叉斜筋配筋）	LL（JX）	××
连梁（集中对角斜筋配筋）	LL（DX）	××
连梁（跨高比≥5）	LLK	××
暗梁	AL	××
边框梁	BKL	××

2. 墙梁顶面标高高差

墙梁顶面标高高差指相对于墙梁所在结构层楼面标高的高差值，高为正值，低为负值，当无高差时不写。

3. 墙梁注写方式

1）对角暗撑配筋的连梁注写内容包括：暗撑的截面尺寸（箍筋外皮尺寸）；一根暗撑的全部纵筋，×2 表明有两根暗撑相互交叉；箍筋的具体数值。

2）交叉斜筋配筋的连梁注写内容包括：一侧对角斜筋的配筋值，×2 表明对称布置；对角斜筋在连梁端部设置的拉筋根数、规格及直径，×4 表示四个角都设置；连梁一侧折线钢筋配筋值，×2 表明对称布置。

3）集中对角斜筋配筋的连梁注写内容包括：一条对角线上的对角斜筋，×2 表明对称布置。

4）跨高比≥5 的连梁注写内容同框架梁。

5）墙梁侧面纵筋的配置：当墙身水平分布钢筋满足连梁、暗梁及边框梁的梁侧面纵向构造钢筋的要求时，该筋配置同墙身水平分布钢筋，表中不注，施工按标准构造详图的要求即可；当不满足时，需在剪力墙梁表中注写梁侧面纵筋的具体数值。梁侧面纵筋以“N”打头时，在支座内锚固长度同连梁中的受力钢筋。

【例 6-1】 N⌀10@150，表示墙梁两个侧面纵筋对称布置，钢筋为 HRB400，钢筋直径为 10mm，间距为 150mm。

四、剪力墙洞口的制图规则

剪力墙上的洞口均可在剪力墙平面布置图上原位表达。需标注洞口中心的平面定位尺寸：洞口编号、洞口几何尺寸、洞口中心相对标高、洞口每边补强钢筋共四项内容。具体规定如下：

（1）洞口编号

矩形洞口编号为 JD××（××为序号），圆形洞口编号为 YD××（××为序号）。

（2）洞口几何尺寸

矩形洞口几何尺寸标注为洞宽×洞高（$b\times h$），圆形洞口几何尺寸标注为洞口直径 d。

（3）洞口中心相对标高

洞口中心线相对标高指相对于结构层楼（地）面标高的洞口中心高度。当其高于结构层楼面时为正值，低于结构层楼面时为负值。

（4）洞口每边补强钢筋

1）当矩形洞口的洞宽、洞高均不大于 800mm 时，按标准构造详图设置的补强纵筋可不注写，洞宽、洞高补强钢筋不一致时，用“/”分隔。

【例 6-2】 JD3 400×300+3.100，表示 3 号矩形洞口，洞宽 400mm，洞高 300mm，洞口中心距本结构层楼面 3100mm，洞口每边补强钢筋按标准构造详图配置。

【例 6-3】 JD2 400×300+3.100 3⌀14，表示 2 号矩形洞口，洞宽 400mm，洞高 300mm，洞口中心距本结构层楼面 3100mm，洞口每边补强钢筋为 3⌀14。

2）当矩形或圆形洞口的洞宽或直径大于 800mm 时，在洞口的上、下需设置补强暗梁，标明上、下每边暗梁的纵筋和箍筋的具体数值（在标准构造详图中，补强暗梁梁高一律定为400mm，设计图纸没标明的，施工时按标准构造详图取值)；当洞口上、下边为剪力墙连梁时，不再重复设置补强暗梁；当洞口竖向两侧设置剪力墙边缘构件时，设计同剪力墙墙柱。圆形洞口需注明环向加强筋的具体数值。

【例6-4】 JD5 1800×2100+1.800 6⌀20 ⌀8@150，表示5号矩形洞口，洞宽1800mm，洞高2100mm，洞口中心距本结构层楼面1800mm，洞口上、下设补强暗梁，每边暗梁纵筋为6⌀20，箍筋为⌀8@150。

3）当圆形洞口设置在连梁中部1/3范围（且圆洞直径不应大于1/3梁高）时，在圆洞上下水平每边设置补强钢筋与箍筋。

4）当圆形洞口设置在墙身、暗梁、边框梁位置，且洞口直径不大于300mm时，在洞口每边的补强钢筋见具体数值。

5）当圆形洞口直径大于300mm，但不大于800mm时，其加强钢筋在标准构造详图中按照圆外切正六边形的边长方向布置，设计仅需写六边形中一边补强钢筋的具体数值。

五、地下室外墙的制图规则

地下室外墙和普通剪力墙相比，增加了挡土作用，采用集中标注和原位标注来表达。当仅设置贯通筋，未设置附加非贯通筋时，仅进行集中标注。

1. 集中标注

1）外墙编号包括墙身代号、序号和墙身长度，表达为DWQ××。

2）地下室外墙厚度 b_w。

3）地下室外墙钢筋。

外侧贯通筋用OS表示，外侧水平贯通筋以“H”打头，外侧竖向贯通筋以“V”打头。

内侧贯通筋用IS表示，内侧水平贯通筋以“H”打头，内侧竖向贯通筋以“V”打头。

以“tb”打头注写拉筋直径、强度等级及间距，并注明“矩形”或“梅花形”。

2. 原位标注

原位标注主要表示在外墙外侧配置的水平非贯通筋或竖向非贯通筋。

地下室外墙外侧粗实线段表示水平非贯通筋，“H”打头后跟着钢筋强度等级、直径、分布间距，以及自支座中线向两边跨内伸出的长度值，当两侧对称伸出时，可在单侧标注。边支座处非贯通筋的伸出长度值从支座外边缘算起。外墙外侧非贯通筋一般采用隔一布一的间隔布置方式，间距与贯通筋应相同，组合后的实际分布间距为各自标注间距的1/2。

补充绘制地下室外墙竖向截面轮廓图，外侧粗实线段表示竖向非贯通筋，在其上“V”打头后跟着钢筋强度等级、直径、分布间距，以及向上或向下伸出的长度值，地下室底部非贯通筋向层内的伸出长度值从基础底板顶面算起，地下室顶部非贯通筋向层内的伸出长度值从板底面算起，中间楼板处非贯通筋向层内的伸出长度值从板中间算起，当上、下两侧伸出的长度一致时，可写一侧。在截面轮廓图下注明分布范围（一般两轴线范围）。

地下室外墙外侧水平、竖向非贯通筋配置相同时，可选一处注写，其他的只写编号，如图6-6所示。

六、说明

1）在剪力墙平法施工图中应注明底部加强部位高度范围。

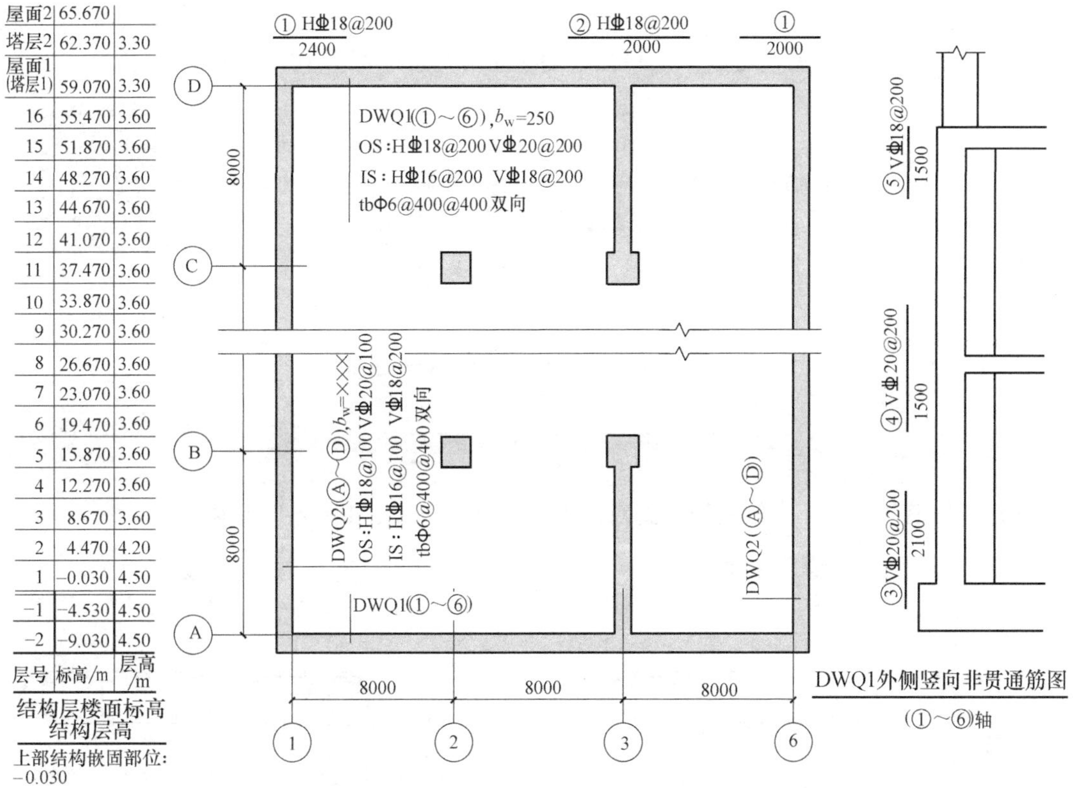

图 6-6　地下室外墙的制图规则

2）当有偏心受拉墙肢时，竖向钢筋均应采用机械连接或焊接连接，图纸应注明。此外，还应注明底部加强区在剪力墙中的部位和高度，以便于加强部位按构造要求进行施工。

3）抗震等级为一级的剪力墙，水平施工缝处需设置附加竖向插筋时，设计应注明构件位置，并注写附加竖向插筋的规格、数量及间距。

任务 2　识读剪力墙标准构造详图

一、剪力墙身构造

（一）剪力墙水平分布钢筋构造

1）水平分布钢筋应交错搭接，错开 500mm，如图 6-7 所示。

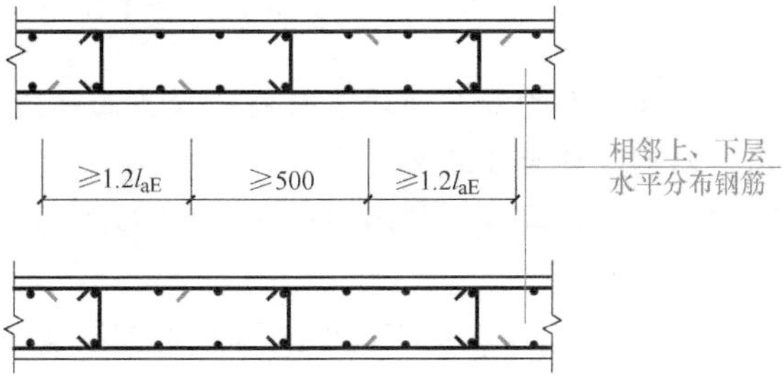

图 6-7　剪力墙水平分布钢筋交错搭接做法

2）端部有暗柱时，剪力墙水平钢筋应伸至墙端，向内弯折 $10d$，由于暗柱中的箍筋较密，墙中的水平分布钢筋也可以伸入暗柱远端纵筋内侧水平弯折 $10d$，如图 6-8 所示。

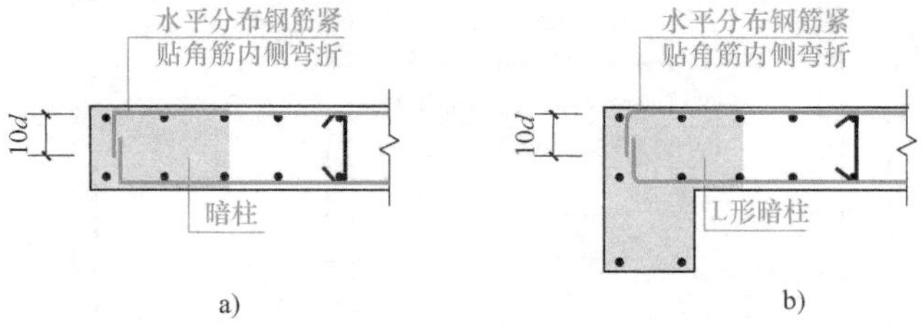

剪力墙端部有暗柱时的钢筋构造

图 6-8　端部有暗柱时剪力墙水平钢筋端部做法

a）端部有矩形暗柱时剪力墙水平分布钢筋端部做法

b）端部有 L 形暗柱时剪力墙水平分布钢筋端部做法

3）转角墙的做法：内侧钢筋伸到对面墙后，弯折 $15d$，如图 6-9 所示。

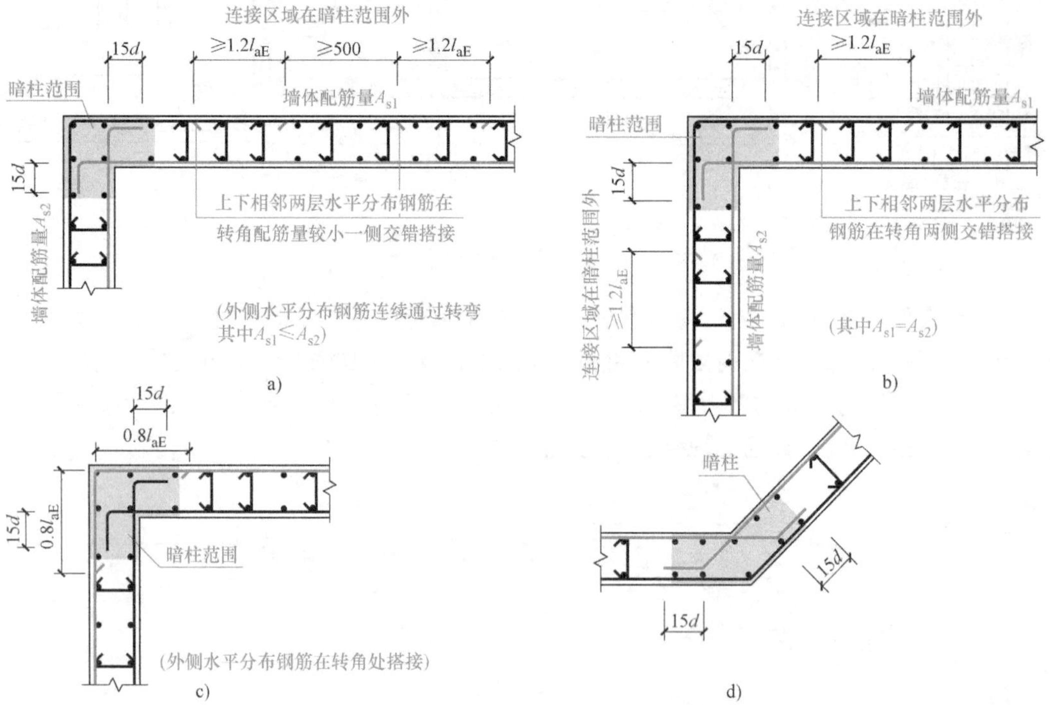

图 6-9　转角墙的做法

a）转角墙 1　b）转角墙 2　c）转角墙 3　d）斜交转角墙

说明：水平折梁、竖向折梁、剪力墙转角墙、含有平台板的梯段等构件，内折角内侧钢筋都应断开，并分别锚固，箍筋应避免出现内折角。

如图 6-9a 所示，转角墙 1 是外侧钢筋在墙一侧上下相邻两排水平钢筋在转角处交错搭接。

如图 6-9b 所示，转角墙 2 是外侧钢筋上下相邻两排水平钢筋在转角两侧分别交错搭接。

如图 6-9c 所示，转角墙 3 是外侧钢筋上下相邻两排水平钢筋在转角处搭接，伸到另一

侧 $0.8l_{aE}$，实际搭接长度为 $1.6l_{aE}$，属于 100%搭接。

4）剪力墙多排配筋，拉筋应与剪力墙每排的水平分布钢筋绑扎；剪力墙水平分布钢筋配置若多于两排，中间排水平分布钢筋端部构造同内侧钢筋，水平分布钢筋宜均匀放置，如图 6-10 所示。

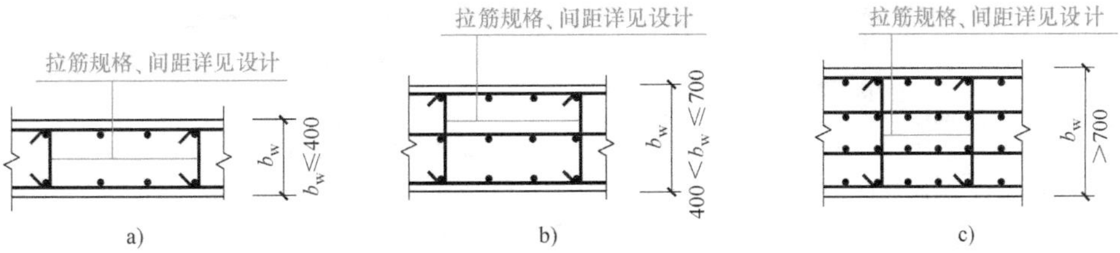

图 6-10　剪力墙拉筋做法

a）剪力墙双排配筋　b）剪力墙三排配筋　c）剪力墙四排配筋

5）剪力墙翼墙与斜交翼墙水平钢筋的做法：内墙两侧水平分布钢筋应伸至翼墙外侧，向两侧弯折 15d，如图 6-11 所示。

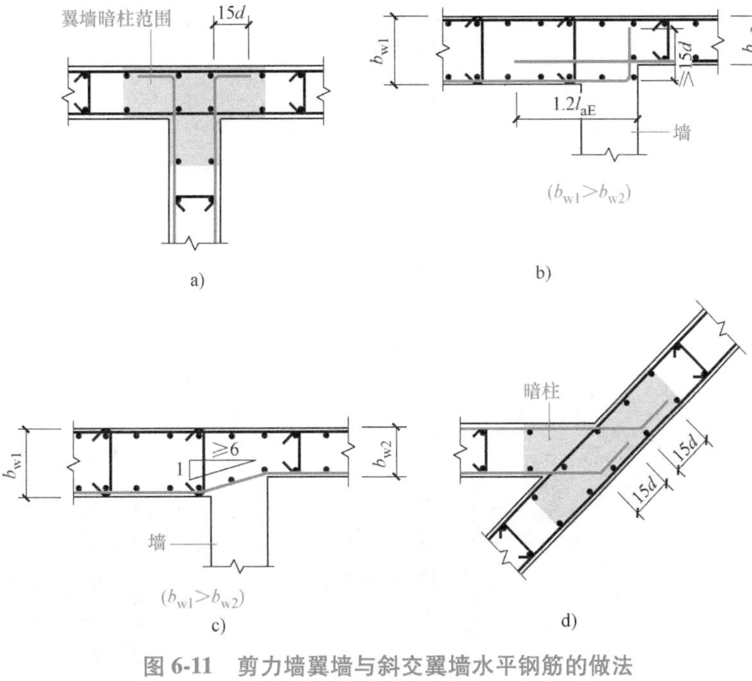

图 6-11　剪力墙翼墙与斜交翼墙水平钢筋的做法

a）翼墙 1　b）翼墙 2　c）翼墙 3　d）斜交翼墙

6）端柱墙水平钢筋的做法：位于端柱纵筋内侧的墙水平分布钢筋（靠边除外）伸入端柱的长度≥l_{aE}时，可直锚；不能直锚时，水平分布钢筋伸至端柱对边钢筋内侧弯折 15d，位于角部外侧贴边水平钢筋弯折水平段长度≥$0.6l_{abE}$。

① 端柱转角墙水平钢筋的做法如图 6-12 所示。

② 端柱翼墙端柱节点中外侧墙体水平分布钢筋应伸至端柱对边紧贴角筋弯折。位于端柱纵筋内侧的墙水平分布钢筋伸入端柱的长度≥l_{aE}时，可直锚；弯锚时应伸至端柱对边后弯折，如图 6-13 所示。

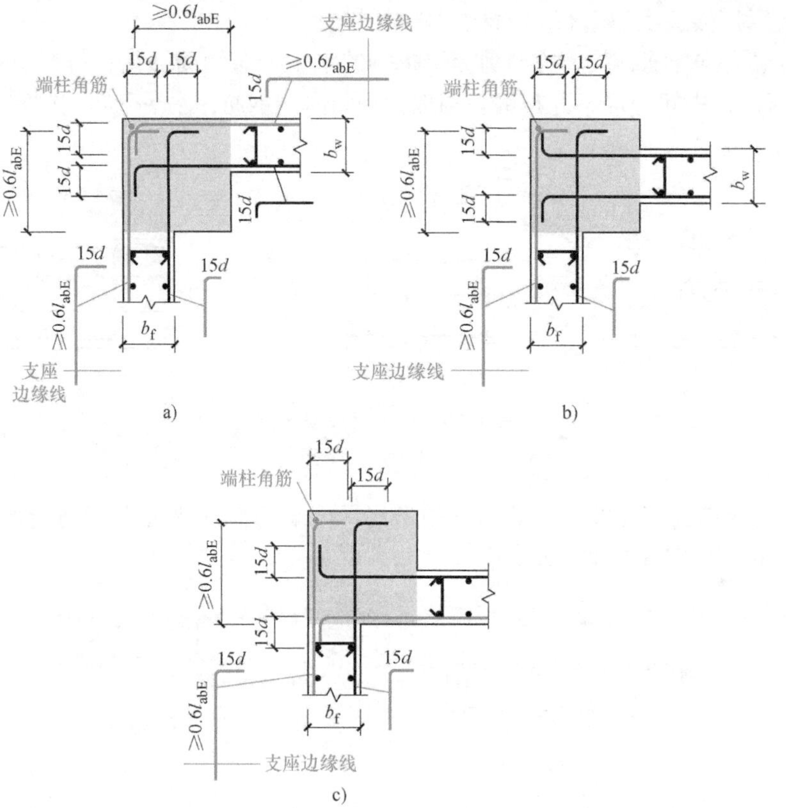

图 6-12　端柱转角墙水平钢筋的做法

a）端柱转角墙 1　b）端柱转角墙 2　c）端柱转角墙 3

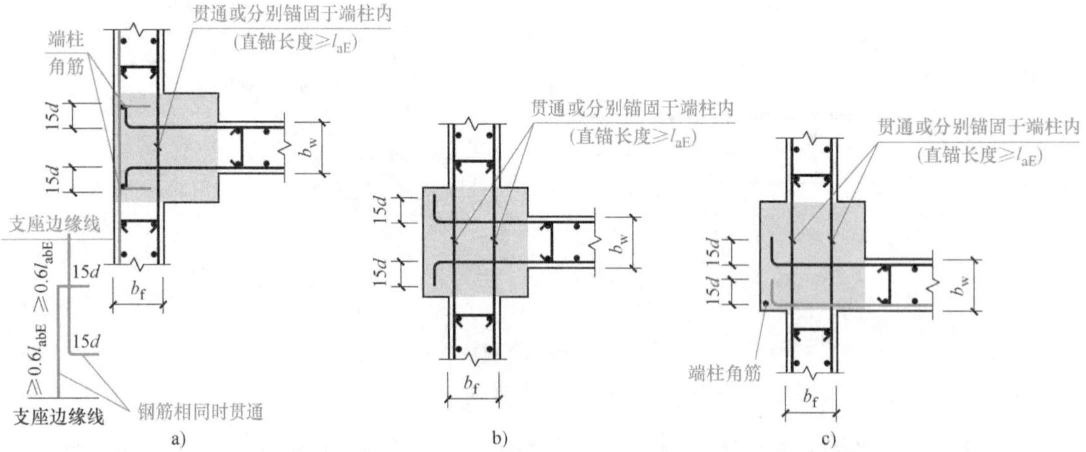

图 6-13　端柱翼墙水平钢筋的做法

a）端柱翼墙 1　b）端柱翼墙 2　c）端柱翼墙 3

③ 端柱端部墙水平钢筋的做法如图 6-14 所示。

（二）剪力墙竖向分布钢筋构造

1. 剪力墙与基础的连接构造

墙下基础形式主要有条形基础、筏形基础、承台梁（桩基）。

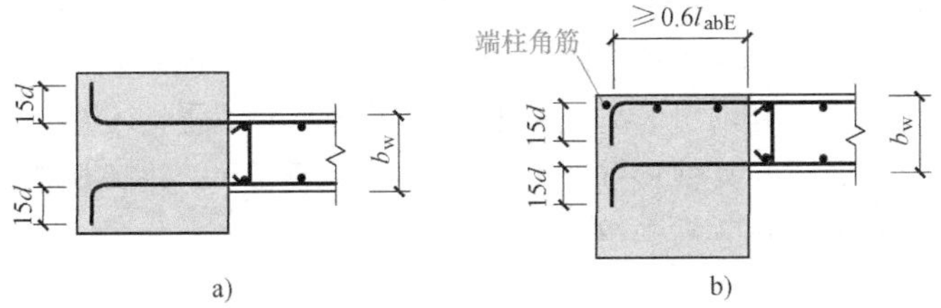

图 6-14 端柱端部墙水平钢筋的做法

a）端柱端部墙 1 b）端柱端部墙 2

1）当基础高度满足直锚时，剪力墙竖向分布钢筋伸入基础直段长度≥l_{aE}，插筋的下端宜做 6d 且≥150mm 直钩放在基础底部，如图 6-15 所示。

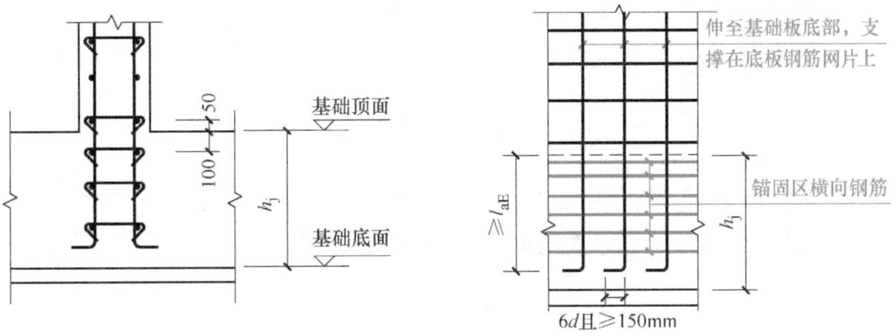

图 6-15 剪力墙竖向分布钢筋伸入基础直锚构造

当基础高度较高时，经设计确认，可将隔二下一的剪力墙竖向分布钢筋伸至基础底部，支承在底板钢筋网片上，这部分钢筋应满足支承剪力墙钢筋骨架的要求，其余钢筋伸入基础长度≥l_{aE}，如图 6-16 所示。当建筑物外墙布置在筏形基础边缘位置时，其外侧竖向分布钢筋应全部伸至基础底部。

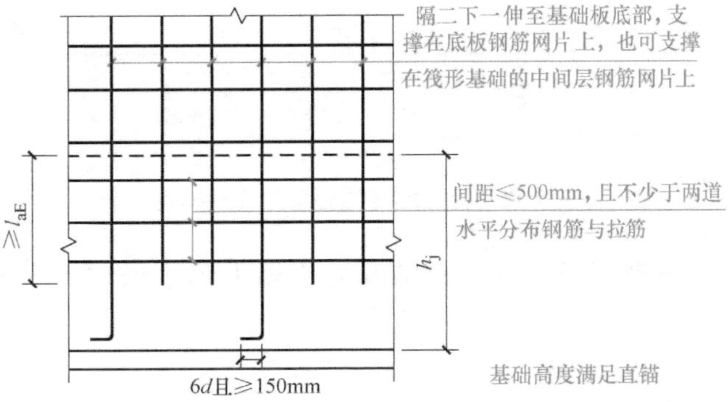

图 6-16 剪力墙竖向分布钢筋伸入基础构造

2）当基础高度不满足直锚时，剪力墙竖向分布钢筋伸入基础直段长度≥0.6l_{abE} 且≥20d，插筋的下端宜做 15d 直钩放在基础底部，如图 6-17 所示。

3）当墙身竖向分布钢筋在基础中保护层厚度不一致（如分布钢筋部分位于梁中，部分位于板内），保护层厚度≤5d 的部分应设置锚固区横向钢筋，锚固区横向钢筋应满足直径≥$d'/4$（d'为纵筋最大直径），间距<10d''（d''为纵筋最小直径）且≤100mm 的要求。若已设置垂直于剪力墙竖向分布钢筋的其他钢筋（如筏板封边钢筋等），并满足锚固区横向钢筋直径与间距的要求，可不另设锚固区横向钢筋。

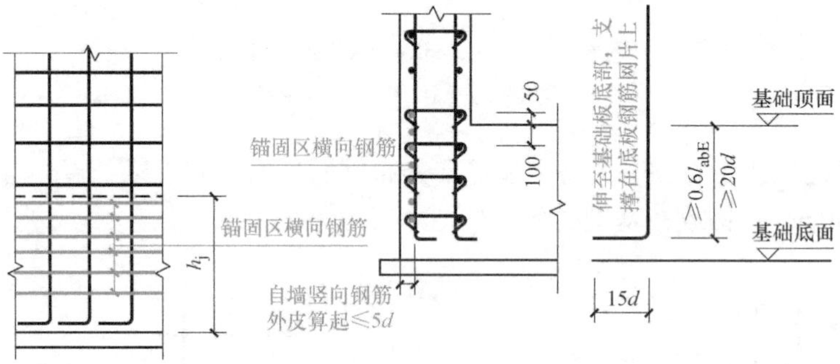

图 6-17　剪力墙竖向分布钢筋伸入基础弯锚构造

4）对于挡土作用的地下室外墙，当设计判定筏形基础与地下室外墙受弯刚度相差不大时，宜将外墙外侧钢筋与筏形基础底板下部钢筋在转角位置进行搭接，如图 6-18 所示。

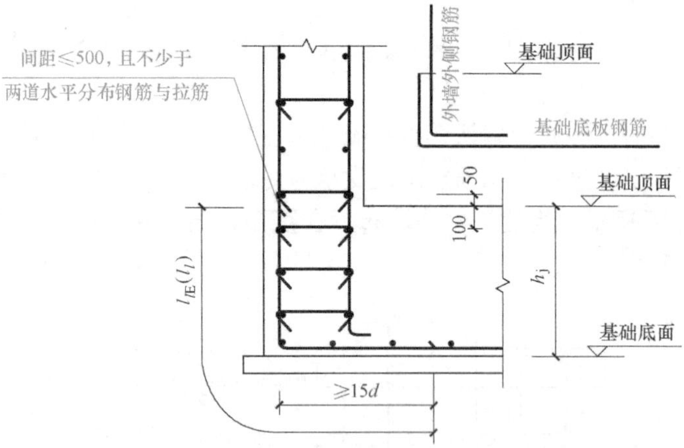

图 6-18　剪力墙与基础搭接连接构造

5）剪力墙竖向分布钢筋锚入连梁构造和剪力墙上起边缘构件纵筋构造如图 6-19 和图 6-20 所示。

2. 剪力墙竖向分布钢筋连接构造

剪力墙竖向分布钢筋连接构造如图 6-21 所示。

3. 剪力墙竖向分布钢筋与拉筋的构造

剪力墙竖向分布钢筋与拉筋的构造如图 6-22 所示。

4. 剪力墙竖向分布钢筋顶部和锚入连梁的构造（图 6-23）

1）当剪力墙顶部为屋面板、楼板时，竖向分布钢筋伸至板顶后弯折 12d。

2）当剪力墙顶部为边框梁时，竖向分布钢筋可伸入边框梁直锚，长度 l_{aE}；若边框梁高度不满足直锚要求，则伸至梁顶弯折不小于 $12d$。

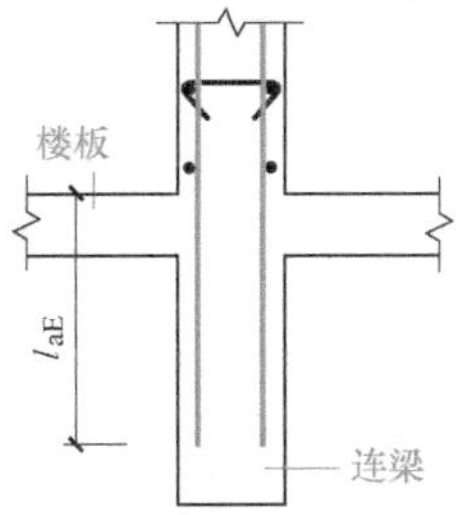

图 6-19　剪力墙竖向分布钢筋锚入连梁构造

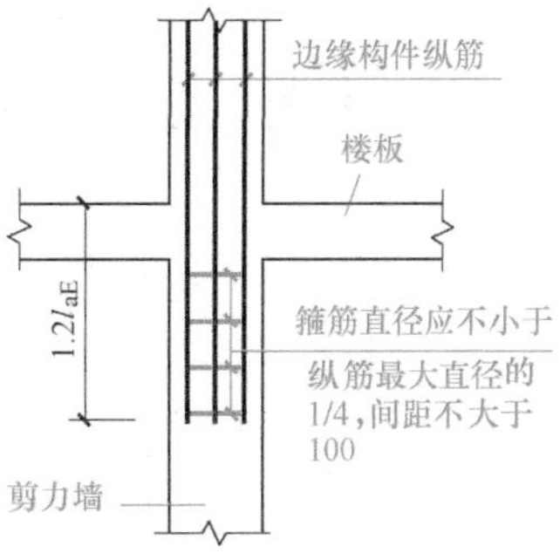

图 6-20　剪力墙上起边缘构件纵筋构造

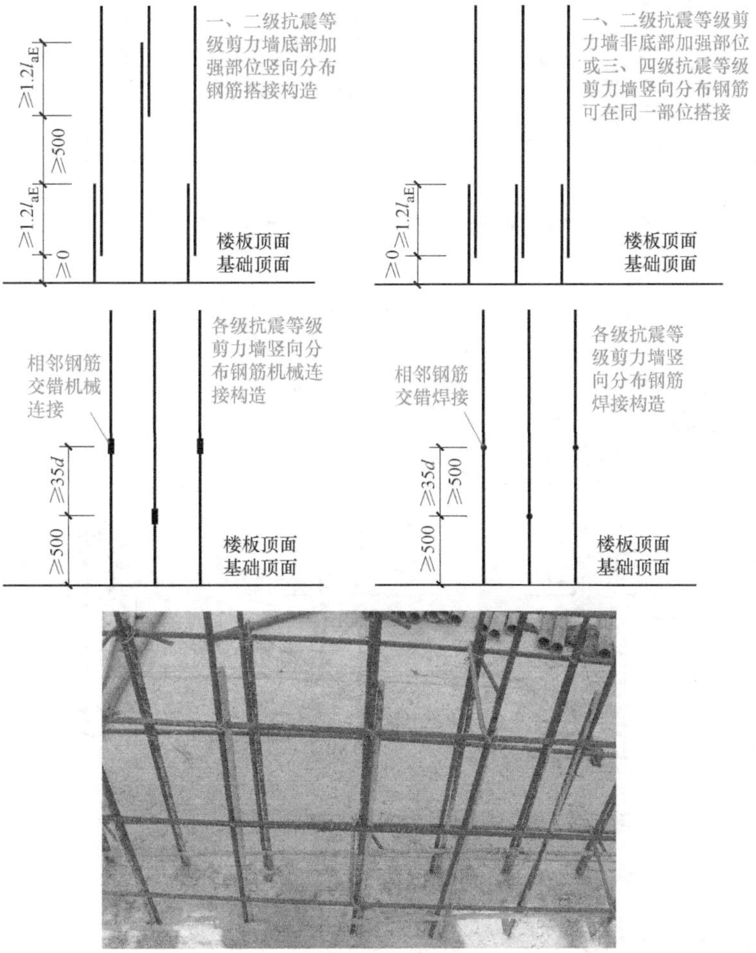

剪力墙竖向钢筋搭接构造

图 6-21　剪力墙竖向分布钢筋连接构造

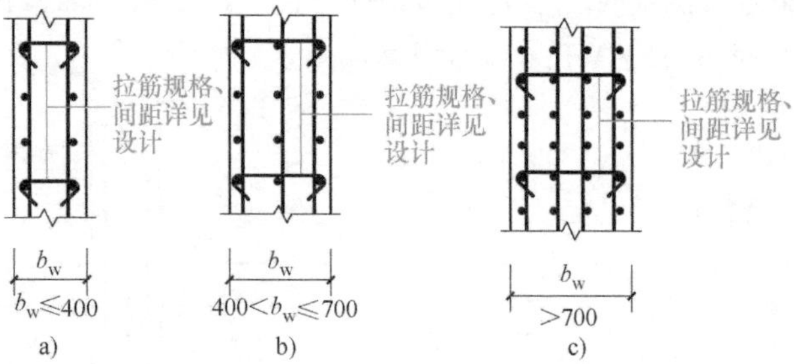

图 6-22 剪力墙竖向分布钢筋与拉筋的构造

a）剪力墙双排配筋 b）剪力墙三排配筋 c）剪力墙四排配筋

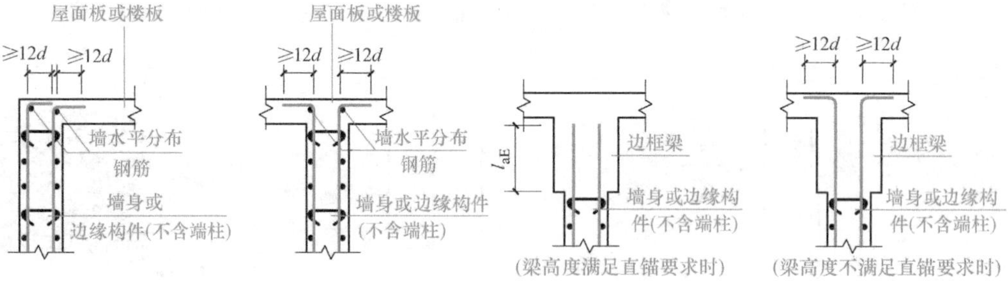

图 6-23 剪力墙竖向分布钢筋顶部和锚入连梁构造

3）当剪力墙顶部为暗梁时，竖向分布钢筋伸至梁顶弯折 12d。

4）剪力墙层高范围最下一排拉筋位于底部板顶以上第二排分布钢筋位置处，最上一排拉筋位于层顶板底（梁底）以下第一排水平分布钢筋位置处。

5. 剪力墙变截面处竖向分布钢筋的构造

剪力墙变截面处竖向分布钢筋的构造如图 6-24 所示。

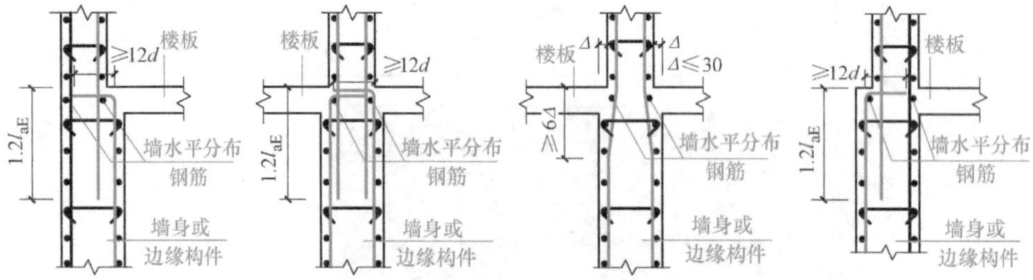

图 6-24 剪力墙变截面处竖向分布钢筋的构造

6. 剪力墙特殊构造

剪力墙特殊构造如图 6-25 所示。

剪力墙分布钢筋配置若多于两排，水平分布钢筋宜均匀放置，竖向分布钢筋在保持相同配筋率条件下外排筋直径宜大于内排筋直径。

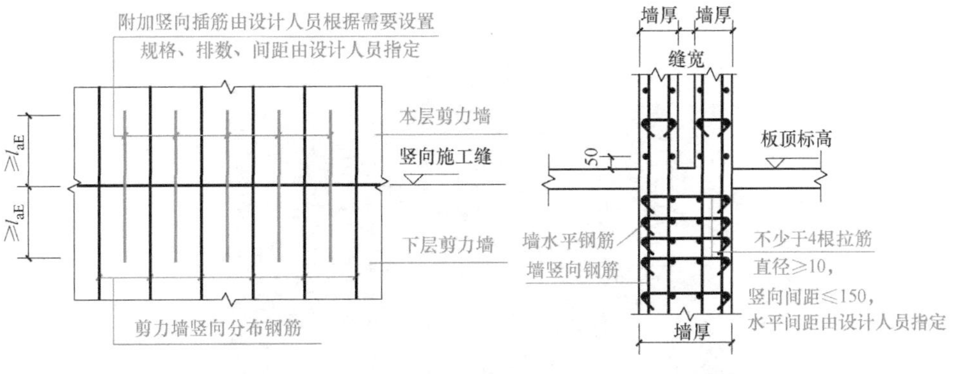

a)　　b)

图 6-25　剪力墙特殊构造

a）施工缝处抗剪用钢筋连接构造（一级剪力墙）　b）抗震缝处墙局部构造

二、剪力墙柱构造

（一）约束边缘构件构造（拉筋双弯钩处为箍筋位置）

1. 约束边缘暗柱的构造（图 6-26）

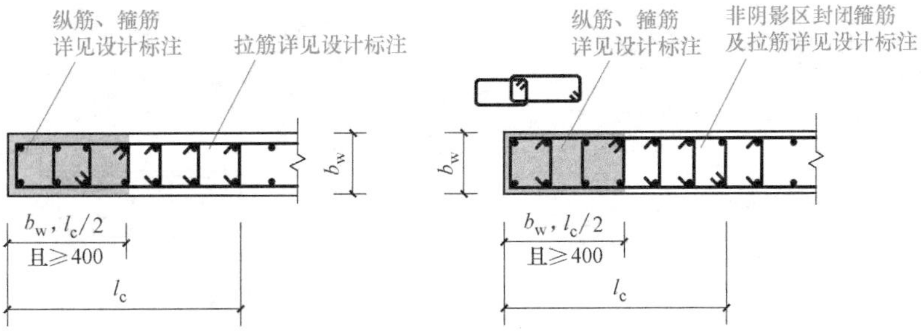

（非阴影区设置拉筋）　（非阴影区外圈设置封闭箍筋）

a)　　b)

图 6-26　约束边缘暗柱的构造

a）约束边缘暗柱 1　b）约束边缘暗柱 2

2. 约束边缘端柱的构造（图 6-27）

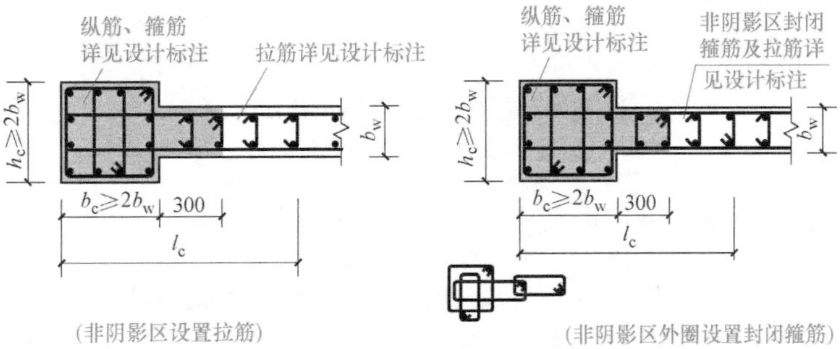

（非阴影区设置拉筋）　（非阴影区外圈设置封闭箍筋）

a)　　b)

图 6-27　约束边缘端柱的构造

a）约束边缘端柱 1　b）约束边缘端柱 2

c)

图 6-27 约束边缘端柱的构造（续）

c）约束端柱实物图

3. 约束边缘翼墙的构造（图 6-28）

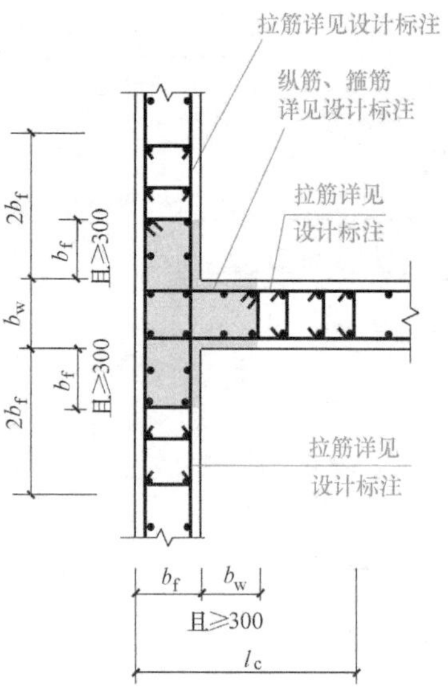

（非阴影区设置拉筋）

a)

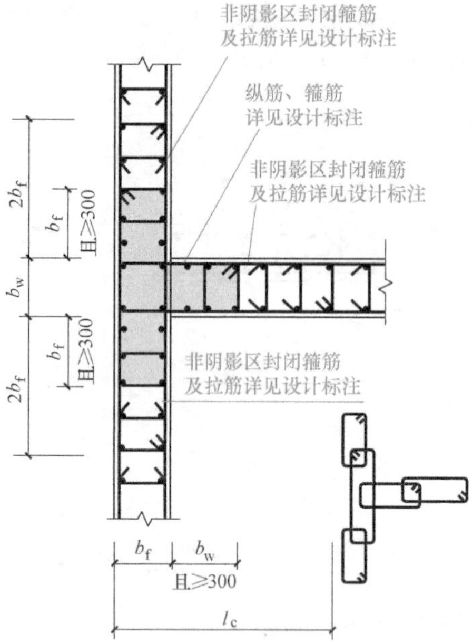

（非阴影区外圈设置封闭箍筋）

b)

图 6-28 约束边缘翼墙的构造

a）约束边缘翼墙 1 b）约束边缘翼墙 2

4. 约束边缘转角墙的构造（图 6-29）

（二）剪力墙水平分布钢筋计入约束边缘构件体积配箍率的构造

剪力墙水平分布钢筋与约束边缘构件的箍筋分层间隔布置，即一层水平分布钢筋，再一层箍筋。墙体水平分布钢筋应在端部可靠连接，且水平分布钢筋之间应设置足够的拉筋形成复合箍筋，端柱做法参考暗柱。

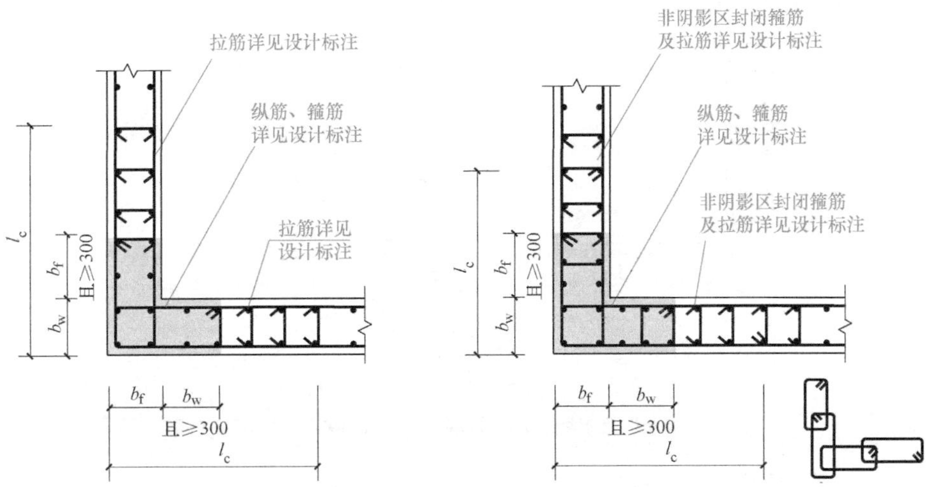

(非阴影区设置拉筋)　　(非阴影区外圈设置封闭箍筋)

a)　　b)

图 6-29　约束边缘转角墙的构造

a）约束边缘转角墙 1　b）约束边缘转角墙 2

1. 约束边缘暗柱水平分布钢筋的构造（图 6-30）

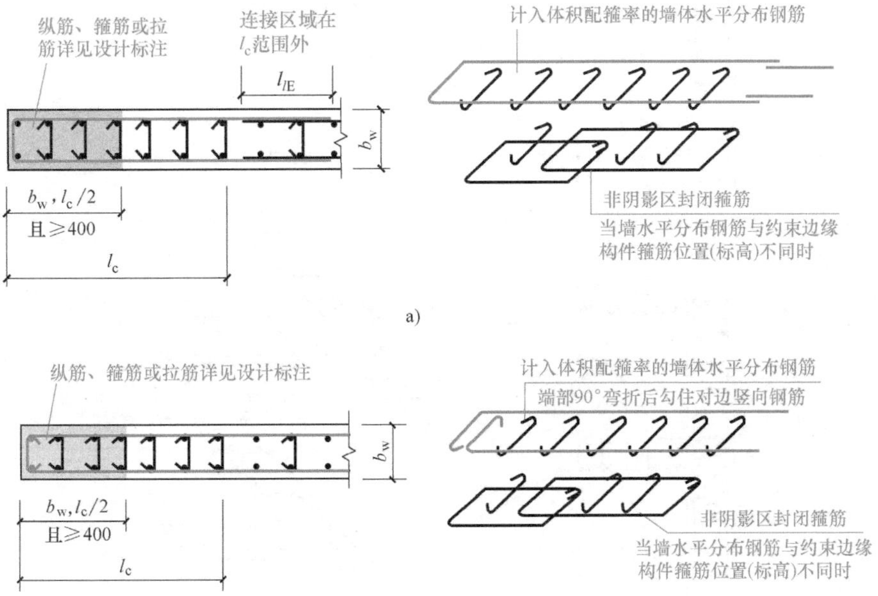

a)

b)

图 6-30　约束边缘暗柱水平分布钢筋的构造

a）约束边缘暗柱 1　b）约束边缘暗柱 2

2. 约束边缘转角墙水平分布钢筋构造（图 6-31）

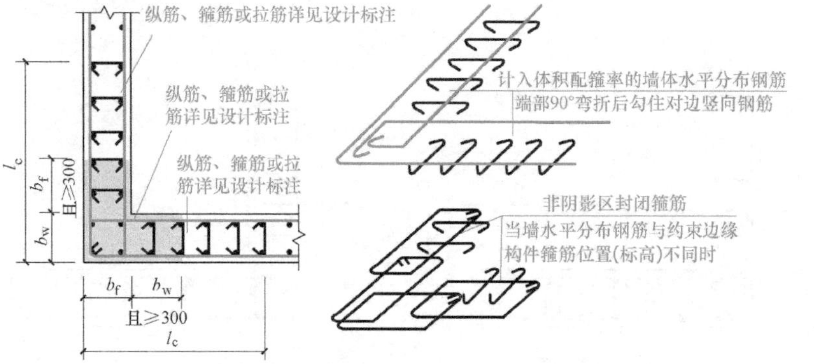

图 6-31　约束边缘转角墙水平分布钢筋的构造

3. 约束边缘翼墙水平分布钢筋构造（图 6-32）

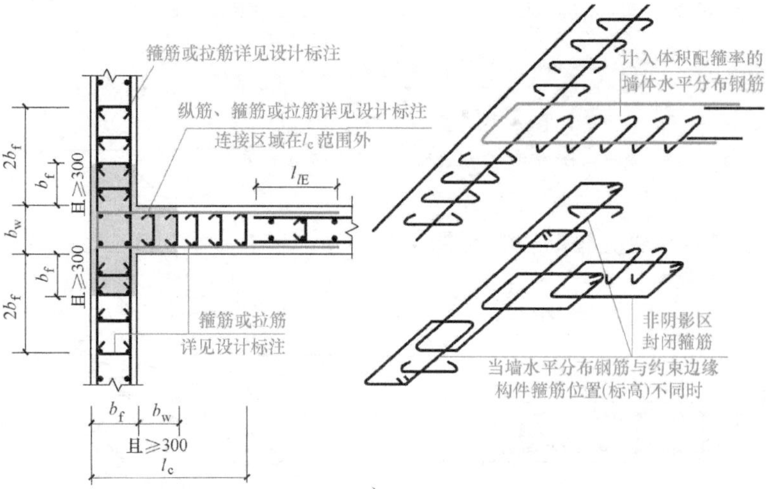

a)

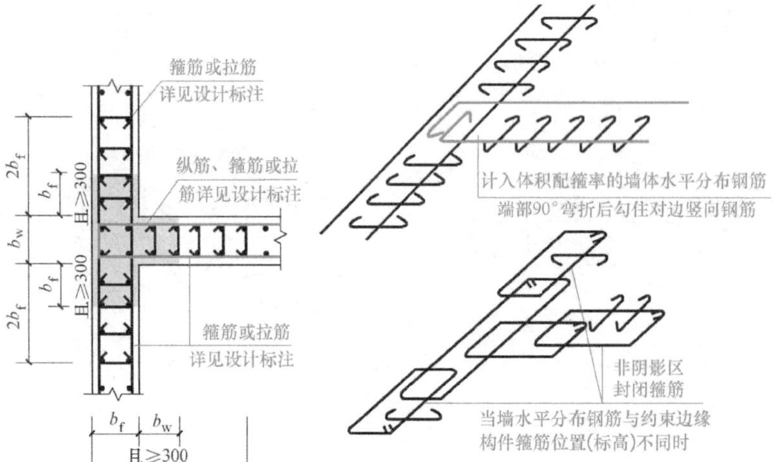

b)

图 6-32　约束边缘翼墙水平分布钢筋的构造

a）约束边缘翼墙 1　b）约束边缘翼墙 2

（三）构造边缘构件构造

墙体水平分布钢筋宜错开搭接，当施工条件受限时，构造边缘暗柱、构造边缘翼墙中墙体水平分布钢筋可在同一截面搭接，搭接长度不应小于 l_{lE}。

1. 构造边缘暗柱的构造

构造边缘暗柱的构造如图 6-33 所示，其中构造边缘暗柱 2、3 用于非底部加强部位。

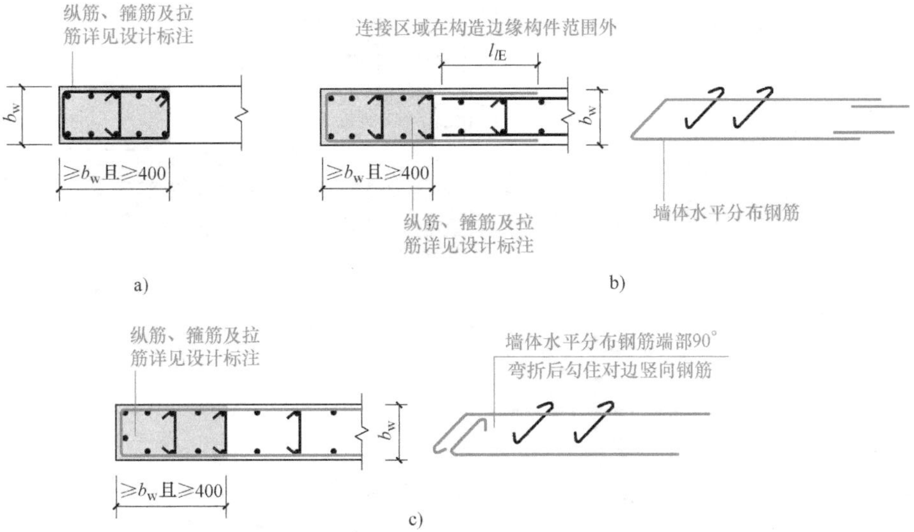

图 6-33　构造边缘暗柱的构造

a）构造边缘暗柱 1　b）构造边缘暗柱 2　c）构造边缘暗柱 3

2. 构造边缘端柱、扶壁柱、非边缘暗柱的构造

在剪力墙中有时也设有扶壁柱和非边缘暗柱，此类柱为剪力墙的非边缘构件。研究表明，剪力墙的特点是平面内的刚度和承载力较大，而平面外的刚度和承载力相对较小，当剪力墙与平面外方向的梁相连时，会产生墙肢平面外的弯矩。当梁高大于 2 倍墙厚时，剪力墙承受平面外弯矩。因此，墙与梁交接处宜设置扶壁柱，当不能设置扶壁柱时，应设置暗柱；在非正交的剪力墙中和十字交叉的剪力墙中，除在端部设置边缘构件外，在非正交墙的转角处及十字交叉处也设有暗柱。FBZ 表示扶壁柱，AZ 表示非边缘暗柱，要求注明阴影部分尺寸、纵筋及箍筋，并要求给出截面配筋图。当施工图未注明具体的构造要求时，扶壁柱采取框架柱，暗柱采取构造边缘构件的构造措施，如图 6-34～图 6-36 所示。

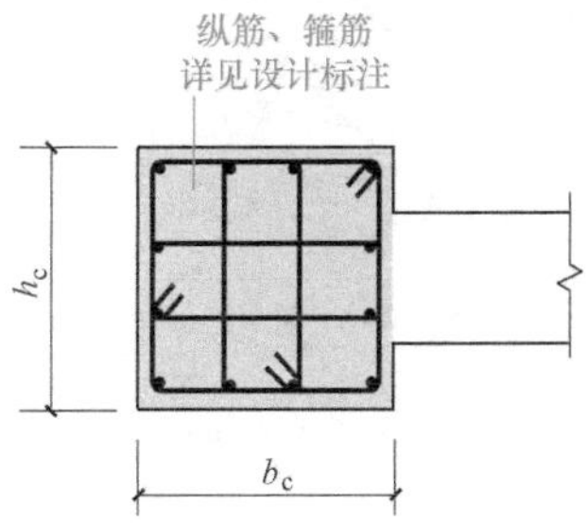

图 6-34　构造边缘端柱构造

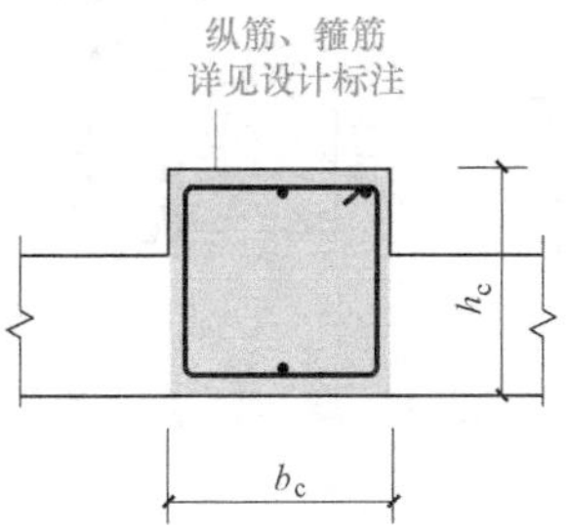

图 6-35　扶壁柱构造

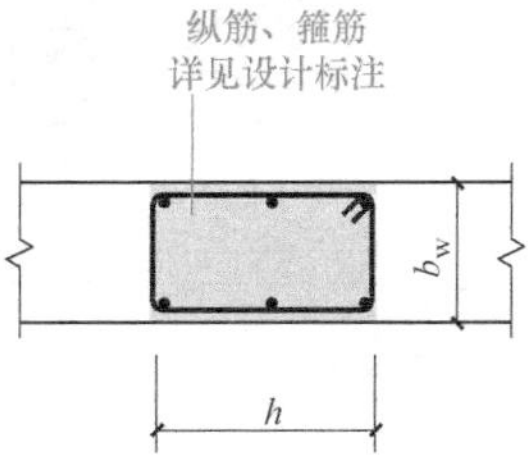

图 6-36　非边缘暗柱构造

3. 构造边缘翼墙的构造

构造边缘翼墙构造如图 6-37 所示，其中图 6-37b、c 用于非底部加强部位，括号里的数字用于高层建筑。

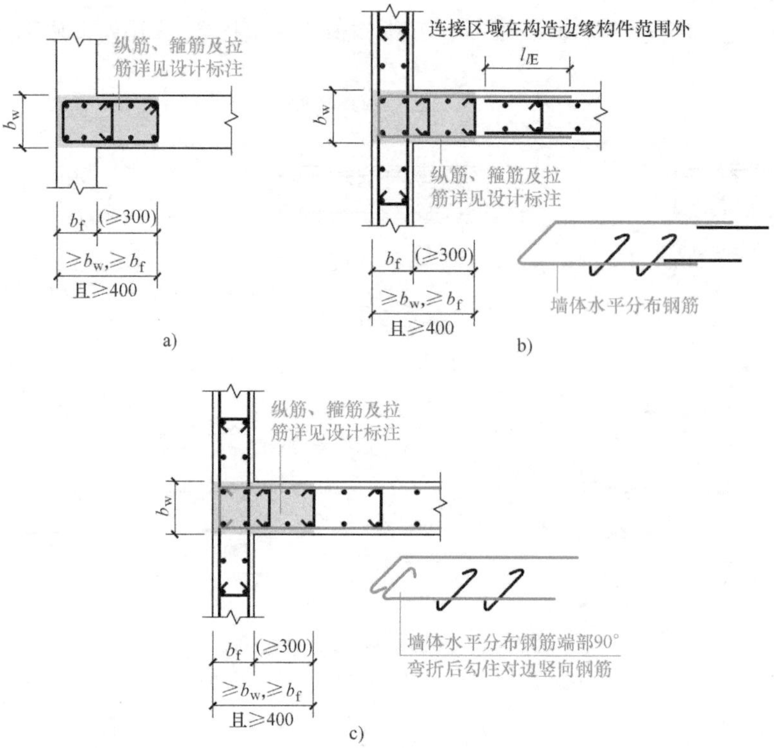

图 6-37　构造边缘翼墙的构造

a）构造边缘翼墙 1　b）构造边缘翼墙 2　c）构造边缘翼墙 3

4. 构造边缘转角墙的构造

构造边缘转角墙构造如图 6-38 所示，其中图 6-38b 用于非底部加强部位，括号里的数字用于高层建筑。

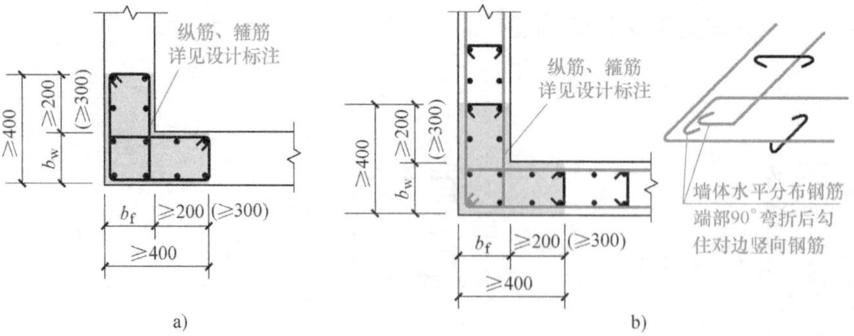

图 6-38　构造边缘转角墙的构造

a）构造边缘转角墙 1　b）构造边缘转角墙 2

（四）边缘构件纵筋构造

1. 边缘构件纵筋在基础中的构造

当边缘构件纵筋在基础中保护层厚度不一致（如纵筋部分位于梁中，部分位于板内）时，保护层厚度≤5d（d 为边缘构件纵筋直径）的部分应设置锚固区横向箍筋。伸至钢筋网上的边缘构件角部纵筋（不包含端柱）之间间距不应大于 500mm，不满足时应将边缘构件其他纵筋伸至钢筋网上，如图 6-39 所示。

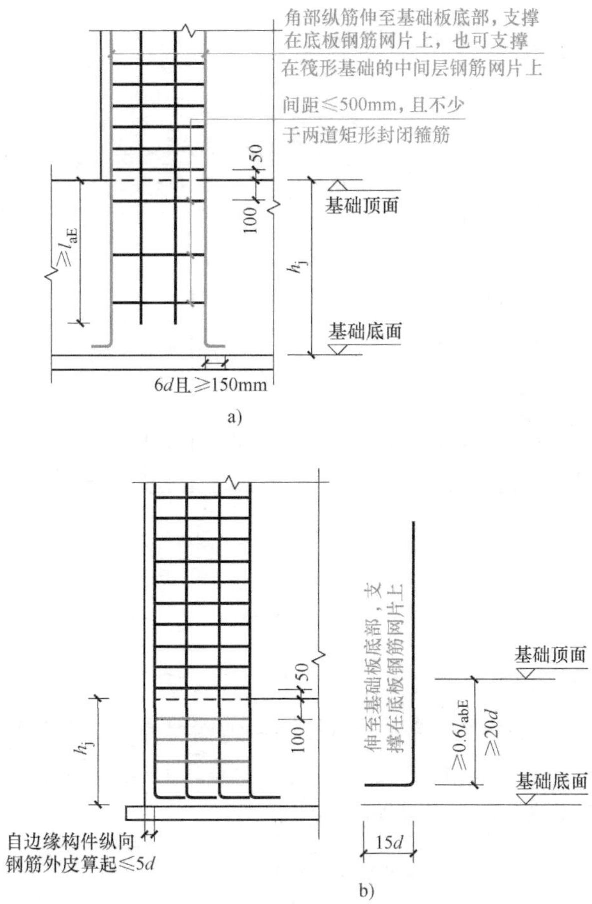

图 6-39　边缘构件纵筋在基础中的构造

a）保护层厚度>5d；基础高度满足直锚　b）保护层厚度≤5d；基础高度不满足直锚

2. 端柱竖向钢筋和箍筋的构造

矩形截面独立墙肢，当截面高度不大于截面厚度的 4 倍时，其竖向钢筋和箍筋的构造要求与框架柱相同或按设计要求设置。

3. 边缘构件纵筋连接的构造

适用于约束边缘构件阴影部分和构造边缘构件的纵筋连接如图 6-40 所示。约束边缘构件阴影部分、构造边缘构件、扶壁柱及非边缘暗柱的纵筋搭接长度范围内，箍筋直径应不小于纵向搭接钢筋最大直径的 1/4，箍筋间距不大于 100mm。

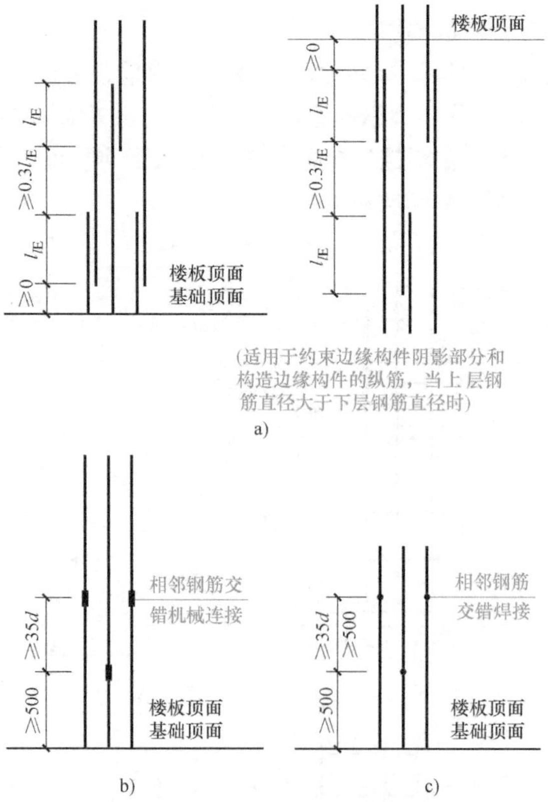

图 6-40　边缘构件纵筋连接构造

a）绑扎搭接　b）机械连接　c）焊接

4. 剪力墙边缘构件中纵筋在顶层楼板处的构造

剪力墙边缘构件中纵筋在顶层楼板处做法同剪力墙墙身中竖向分布钢筋，在基础中的构造同框架柱在基础中的构造；框架-剪力墙结构中，有端柱的墙体在楼盖处宜设置边框梁或暗梁，端柱纵筋构造按框架柱在顶层的构造连接做法。

三、剪力墙梁（LL、AL、BKL）配筋构造

连梁 LL 用于所有剪力墙中洞口位置，连接两片墙肢。当连梁的跨高比<5 时，竖向荷载作用下产生的弯矩所占的比例较小，水平荷载作用下产生的反弯矩使它对剪切变形十分敏感，容易出现剪切裂缝。当连梁的跨高比≥5 时，竖向荷载作用下的弯矩所占比例较大，在剪力墙上由于开洞而形成上部的梁，全部标注为连梁（LLK），不应标注为框架梁（KL）。《高层建筑混凝土结构技术规程》（JGJ 3—2010）规定，剪力墙中由于开洞而形成的上部连梁，当连梁的跨高比≥5 时，宜按框架梁进行设计，具体由设计人员决定。

1）连梁 LL 配筋构造，能直锚，不必弯锚，端部洞口连梁的纵筋在端支座的直锚长度≥l_{aE}且≥600mm 时，可不必弯折。剪力墙的竖向钢筋连续贯穿边框梁和暗梁，如图 6-41 所示。

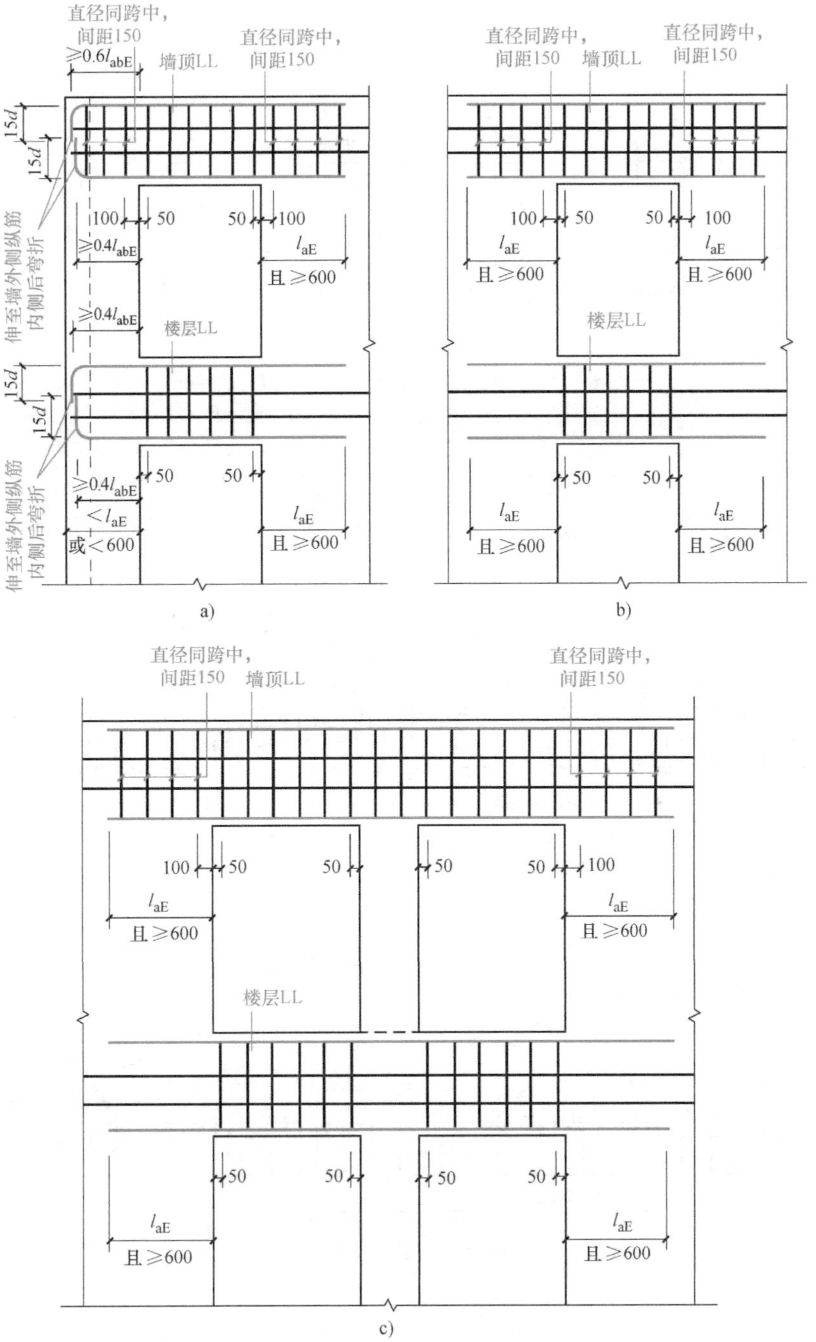

图 6-41　连梁 LL 配筋构造

a）小墙垛处洞口连梁（端部墙肢较短）　b）单洞口连梁（单跨）　c）双洞口连梁（双跨）

2）剪力墙梁（LL、AL、BKL）拉筋直径：当梁宽≤350mm 时为 6mm；梁宽>350mm 时为 8mm。拉筋间距为 2 倍箍筋间距，竖向沿侧面水平分布钢筋隔一拉一，如图 6-42 所示。

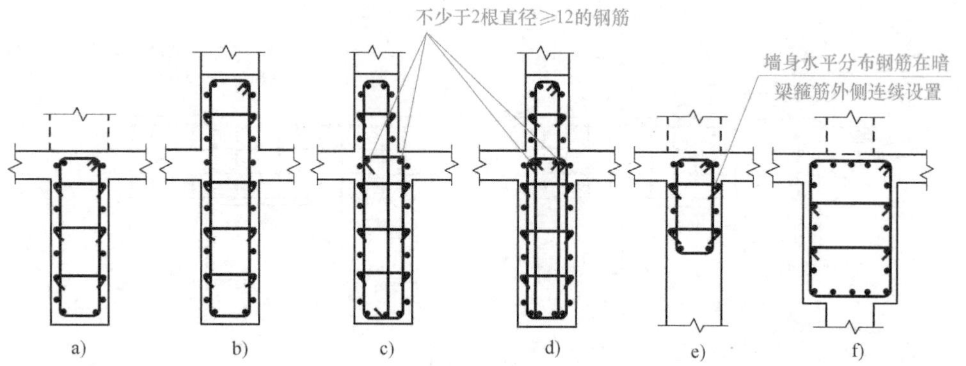

图 6-42　LL、AL、BKL 侧面纵筋与拉筋的构造

a）LL1　b）LL2　c）LL3　d）LL4　e）AL　f）BKL

3）剪力墙边框梁 BKL 或暗梁 AL 与连梁 LL 重叠时，顶层与一般楼层的配筋构造区别在于顶层连梁纵筋长度范围内箍筋全部加密，而一般楼层只在洞口上方箍筋加密，如图 6-43 所示。

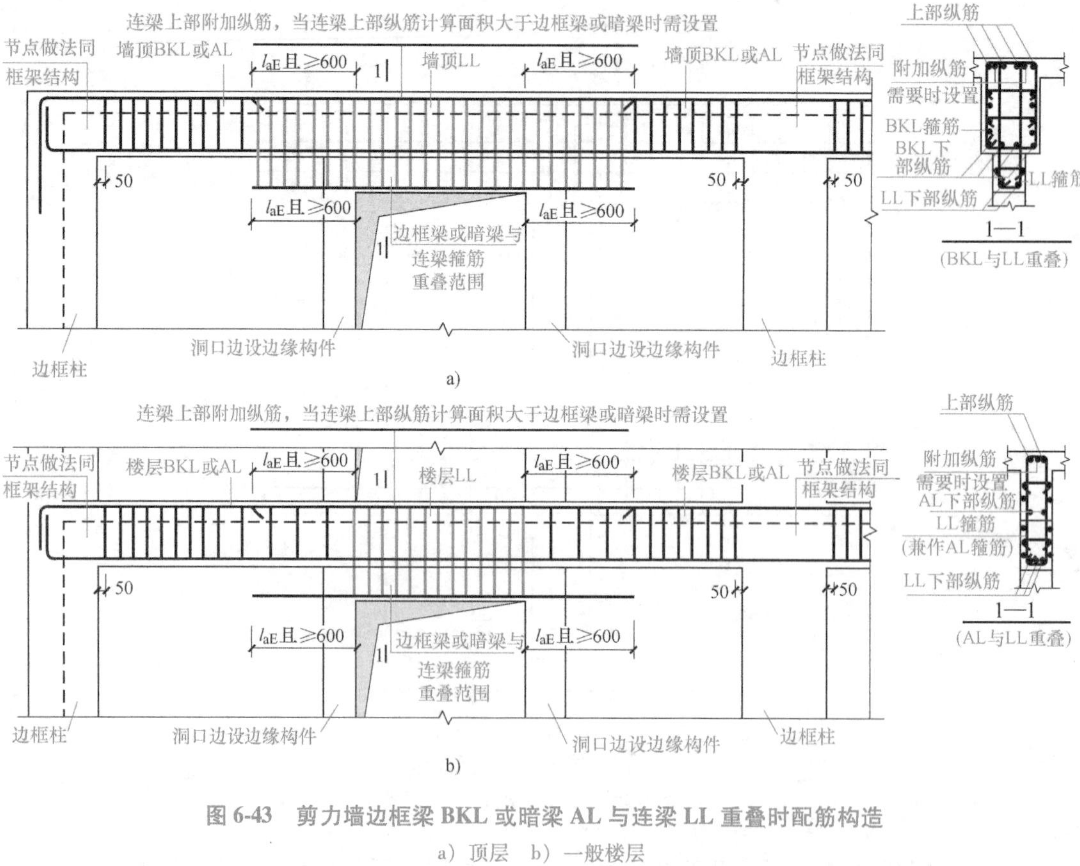

图 6-43　剪力墙边框梁 BKL 或暗梁 AL 与连梁 LL 重叠时配筋构造

a）顶层　b）一般楼层

4）连梁（跨高比≥5）LLK 性质同框架梁，上部贯通筋与连接位置在跨中 $l_n/3$ 范围内；梁下部钢筋连接位置宜位于支座 $l_n/3$ 范围内，且同一连接区段内钢筋接头面积百分率不宜大于 50%。其他构造如图 6-44 所示。

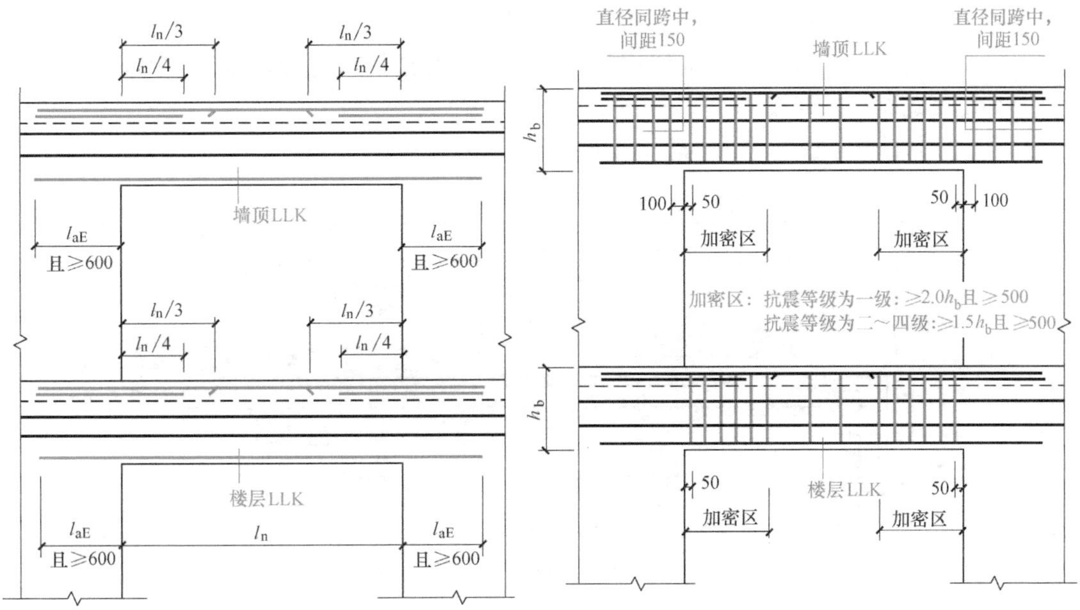

图 6-44　连梁（跨高比≥5）LLK 纵筋（含箍筋）构造

四、地下室外墙的配筋构造

地下室外墙水平钢筋与竖向钢筋的位置关系由设计确定。地下室外墙一般为平面外受弯构件，竖向钢筋设置在外侧，可充分利用截面有效高度，对受力有利；水平钢筋设置在外侧，可起到抵抗地下室外墙的温度收缩应力的作用，对裂缝的控制有利。

（一）地下室外墙外侧水平钢筋搭接连接构造

1. 当转角处不设置暗柱时

1）外侧水平钢筋宜在转角处连通。

2）当需要在转角处连接时，在转角处进行搭接连接，如图 6-45 所示。

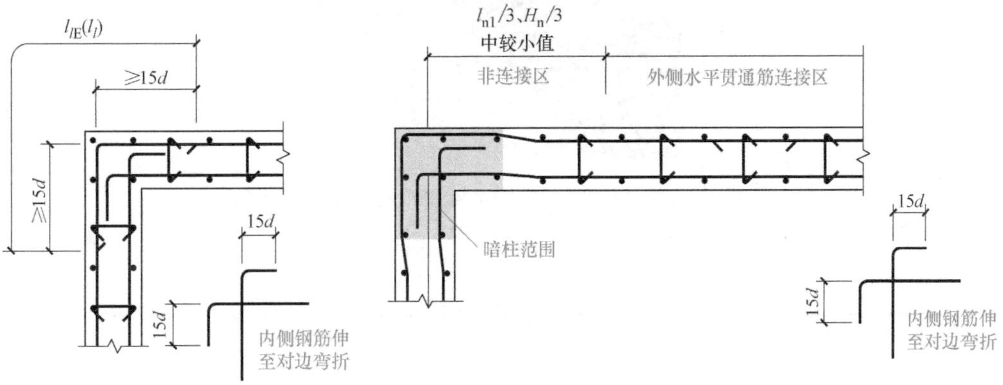

图 6-45　地下室外墙外侧水平钢筋搭接连接构造

2. 当转角处设置暗柱时

1）宜将水平钢筋设置在外侧，按上部剪力墙构造做法进行施工。

2）当设计文件要求将水平钢筋设置在内侧时，在暗柱范围以内，水平侧筋与暗柱箍筋同层，从暗柱范围以外以 1 ∶ 12 向墙内弯折，然后再在连接区进行连接，如图 6-45 所示；也在转角范围进行搭接连接。

（二）地下室外墙水平钢筋构造（图 6-46）

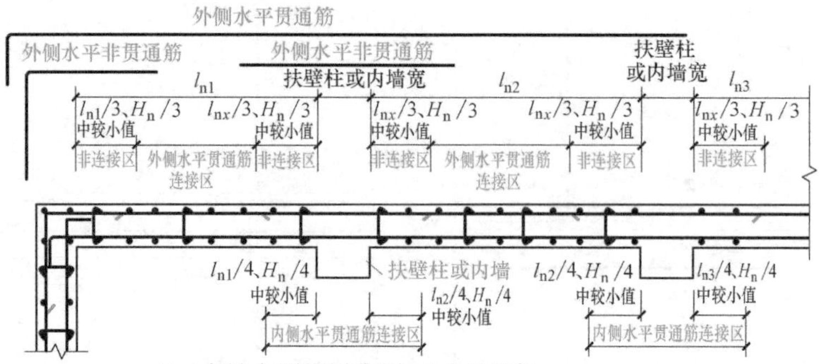

（$l_{nx}/3$为相邻水平跨的较大净跨值，H_n为本层净高）

图 6-46　地下室外墙水平钢筋构造

地下室外墙竖向钢筋与顶板的连接节点做法由设计人员确定，如图 6-47 所示。

图 6-47　地下室外墙竖向钢筋与顶板的连接节点做法

地下室外墙钢筋

自我检验

一、单选题

1. 下列钢筋不属于剪力墙墙身钢筋的是（　　）。

A. 箍筋　　B. 竖向分布钢筋　　C. 拉筋　　D. 水平分布钢筋

2. 下列编号不属于剪力墙墙梁编号的是（　　）。

A. BKL　　B. JZL　　C. AL　　D. LL

3. 下列说法不正确的是（　　）。

A. AZ表示剪力墙暗柱　　B. Q表示剪力墙墙身

C. FBZ表示剪力墙扶壁柱　　D. LL表示剪力墙连梁

4. 下列关于地下室外墙说法错误的是（　　）。

A. 地下室外墙的代号是DWQ　　B. h表示地下室外墙的厚度

C. OS表示外墙外侧贯通筋　　D. IS表示外墙内侧贯通筋

5. 转角墙外侧水平分布钢筋在转角处搭接，搭接长度为（　　）。

A. l_{lE}　　B. $1.2l_{aE}$　　C. $1.6l_{aE}$　　D. $1.6l_{lE}$

6. 楼层连梁LLK箍筋加密范围（　　）。

A. 同楼层框架梁加密范围　　B. 加密区为500mm

C. 加密$2.0h_b$且≥500mm　　D. 加密$1.5h_b$且≥500mm

7. 剪力墙水平变截面节点说法正确的是（　　）。

A. 变截面一侧钢筋必须断开　　B. 变截面一侧钢筋必须连续通过

C. 钢筋连续通过时允许偏差角度为10°　　D. 钢筋断开时弯折段长度为$15d$

8. 跨高比不小于5的连梁，按框架梁设计时，代号为（　　）。

A. LKL　　B. LL　　C. LLK　　D. BKL

9. 剪力墙端部有暗柱的，做法为（　　）。

A. 弯折$15d$　　B. 弯折$10d$　　C. 互相搭接　　D. 180°弯钩

10. 剪力墙连梁伸入墙身的长度为（　　）。

A. 600mm　　B. $15d$　　C. l_{aE}　　D. l_{aE}且≥600mm

11. 墙端为端柱时，外侧钢筋长度为（　　）。

A. 墙长−保护层厚度　　B. 墙净长+锚固长度（弯锚或直锚）

C. 墙长−保护层厚度$+0.65l_{aE}$　　D. 墙净长+支座宽度−保护层厚度$+15d$

12. 剪力墙竖向钢筋在顶部可弯锚，弯锚时伸至墙顶弯折（　　）。

A. $12d$　　B. $15d$　　C. 总长大于l_{aE}　　D. $5d$

13. 剪力墙转角墙内侧钢筋伸至对面墙弯折长度为（　　）。

A. $10d$　　B. $12d$　　C. 150mm　　D. $15d$

14. 对于剪力墙边缘构件纵筋连接构造说法错误的是（　　）。

A. 绑扎连接时，纵筋露出长度为≥0mm

B. 绑扎连接时，纵筋露出长度为≥500mm

C. 机械连接时，纵筋露出长度为500mm

D. 焊接连接时，纵筋露出长度为500mm

15. 下列说法不正确的是（　　）。

A. 双洞口楼层连梁，跨之间不设置箍筋

B. 顶层连梁锚固支座部分箍筋设置同跨中箍筋，间距为150mm

C. 双洞口顶层连梁，洞口之间不设置箍筋

D. 洞口上连梁箍筋起步距离洞口边 50mm

16. 构造边缘构件不包括（　　）。

A. 构造边缘暗柱　　B. 构造边缘框架柱

C. 构造边缘翼墙　　D. 构造边缘转角墙

17. 剪力墙端部为端柱时，水平钢筋伸至端柱内弯折（　　）。

A. $5d$　　B. $10d$　　C. $15d$　　D. l_{aE}

18. 剪力墙顶部为暗梁时，竖向分布钢筋伸到梁顶弯折（　　）。

A. $12d$　　B. $15d$

C. $10d$　　D. $5d$

二、简答题

1. 剪力墙由哪几类构件组成?
2. 剪力墙平法施工图有哪些注写方式?
3. 墙柱有哪几种类型?
4. 墙柱纵筋连接构造有哪些要求?
5. 墙身竖向分布钢筋连接构造是什么? 墙身变截面时怎么做?
6. 墙身水平分布钢筋是如何连接的?
7. 墙身水平分布钢筋进入边缘构件的构造做法是什么?
8. 剪力墙顶部连梁与非顶部连梁钢筋构造有何不同?
9. 约束边缘构件和构造边缘构件各包含哪四种?
10. Q2（3 排）含义是什么? 剪力墙钢筋网排数是如何规定的?
11. 矩形双向拉筋与梅花双向拉筋有什么特点?
12. 墙身插筋在基础内如何锚固?
13. 约束边缘构件 YBZ 的水平横截面配筋构造有哪些?
14. 什么是墙身水平分布钢筋计入约束边缘构件体积配箍筋率?
15. 剪力墙连梁 LL 配筋构造有哪些?

项目七

识读楼梯平法施工图

项目分析

脚踏实地，一步一个台阶。

楼梯间结构类似竖起来的桁架，主要构造和楼板差不多，实际上就是一个斜板，斜向梯板相当于竖向桁架的斜腹杆，随着地震横向力作用方向往复变化，侧向刚度高于框架，弱于剪力墙，故在框架结构中，楼梯间提高了建筑整体抗震能力，因此在经受强震后，往往房屋倒塌而楼梯间完好。但有些结构抗震能力较强，为避免楼梯局部影响整体抗震能力，会在楼层楼梯低端设置滑动支座。

知识目标

1. 理解楼梯平法施工图的表示方法。
2. 理解楼梯各种形式的标准构造详图。

技能目标

能够识读楼梯结构施工图，并进行楼梯钢筋的翻样。

素养目标

掌握扎实的专业知识，熟悉规范和标准，找到各种楼梯的钢筋布置规律，举一反三，从而找到学习楼梯平法施工图的方法。

知识准备

任务 1　掌握楼梯平法施工图的表示方法和标准构造详图

楼梯平法施工图包括平面注写、剖面注写和列表注写三种表示方法，由楼梯的平法施工图和标准构造详图两大部分组成。根据楼梯平台板所处位置，楼梯分为 14 种形式，见表 7-1。本项目主要讲述 AT、ATc、BT 型楼梯的平法施工图知识。除 ATc 型楼梯外，其他类型楼梯不参与结构整体抗震计算。

表 7-1 楼梯形式

楼板代号	抗震构造措施	梯板组成	楼梯形式	适用结构
AT	无	全部踏步段组成	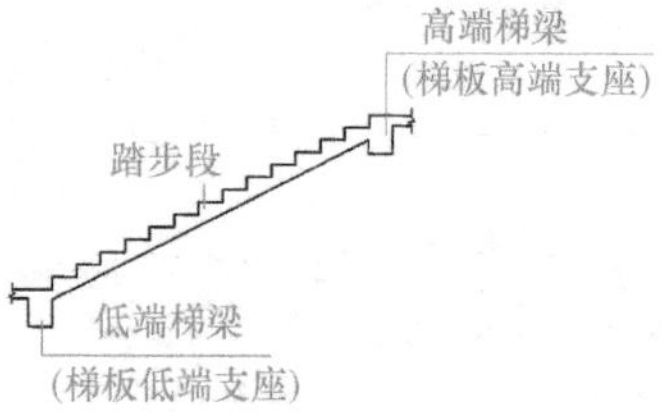	剪力墙、砌体结构
BT		踏步段+低端平板	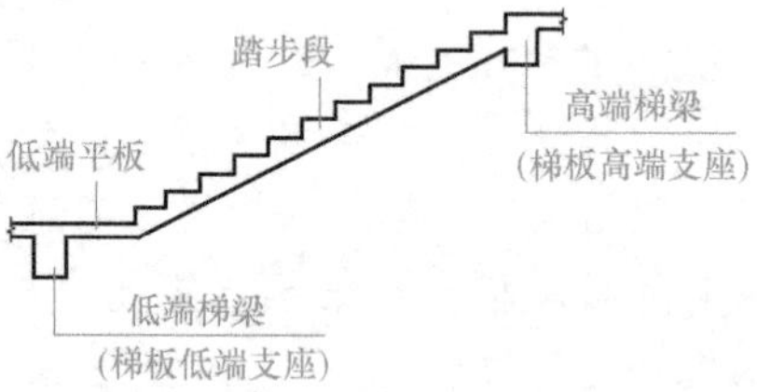	
CT		踏步段+高端平板	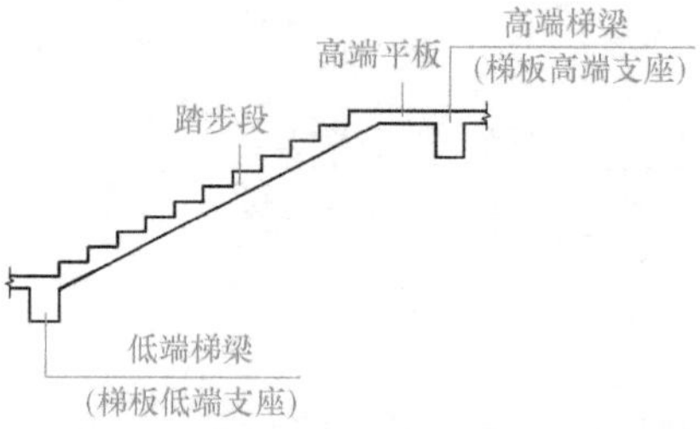	
DT		低端平板+踏步段+高端平板	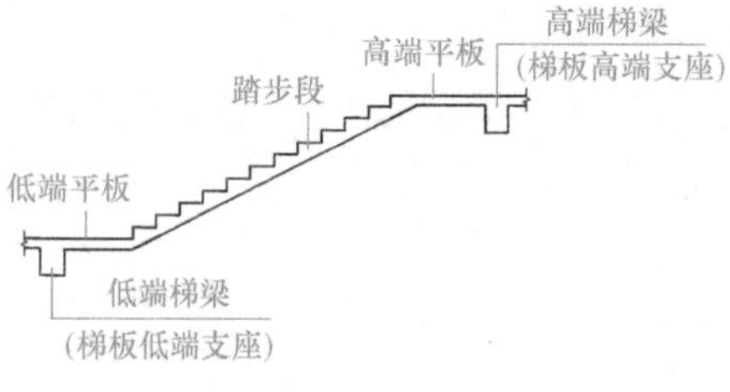	
ET		踏步段+中位平板	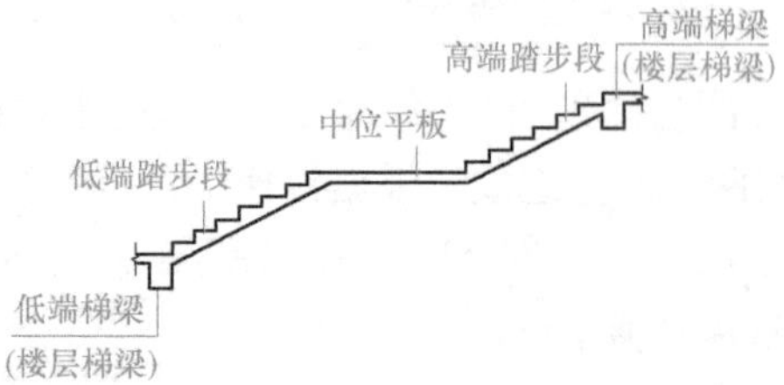	

（续）

楼板代号	抗震构造措施	梯板组成	楼梯形式	适用结构
FT	无	楼层平板+踏步段+层间平板	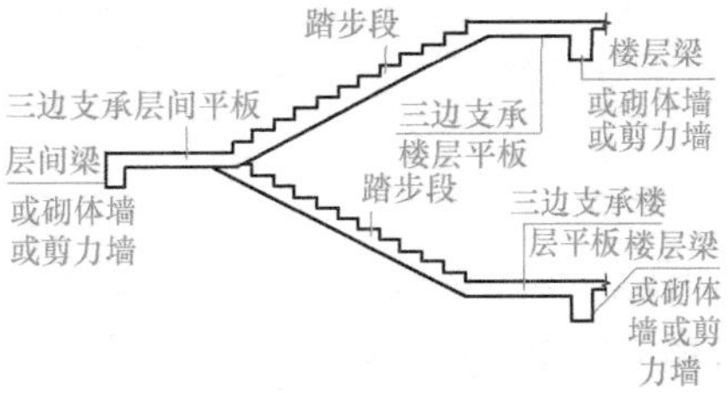	剪力墙、砌体结构
GT		踏步段+层间平板	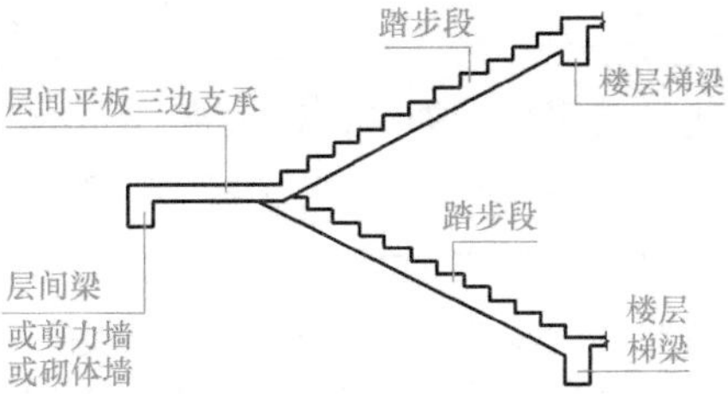	
ATa	有	全部踏步段组成	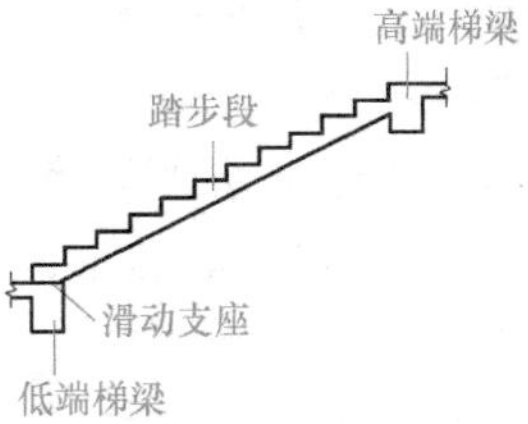	框架结构、框架-剪力墙结构中的框架部分
ATb			与 ATa 相比，滑动支座支承在低端挑板上	
ATc			与 AT 相比，参与结构整体抗震计算	
BTb		踏步段+低端平板	与 BTa 相比，滑动支座支承在低端挑板上	
CTa		踏步段+高端平板	与 CTb 相比，滑动支座支承在低端梯梁上	
CTb			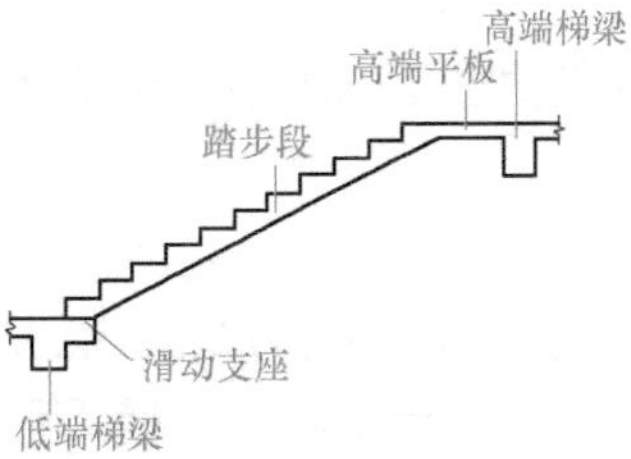	
DTb		低端平板+踏步段+高端平板	与 DT 相比，滑动支座支承在低端挑板上	

一、AT 型和 ATc 型楼梯的特征

1. AT 型楼梯特征

AT 型楼梯梯板由踏步段构成。

2. ATc 型楼梯特征

1）梯板全部由踏步段构成，其支撑方式为梯板两端均支承在梯梁上。

2）楼梯休息平台与主体结构可连接，也可脱开。

3）梯板厚度应按计算确定，且不宜小于 140mm；梯板采用双层配筋。

4）平台板按双层双向配筋。

二、平面注写方式

平面注写指在楼梯平面布置图上以注写楼梯截面尺寸和配筋具体数值的方式来表达楼梯施工图，主要包括集中标注和外围标注。

1. 集中标注

集中标注的内容如下：

1）梯板类型代号与序号，如 ATc1。

2）梯板厚度，注写为 h=×××：当平板的厚度与梯板的厚度不同时，可在梯板厚度后面括号里以“P”打头注写平板厚度。

3）踏步段总高度和踏步级数之间以“/”分隔。

4）梯板支座上部纵筋和下部纵筋之间以“;”分隔。

5）楼板分布钢筋，以“F”打头注写具体数值。

【例 7-1】 解释下列楼梯集中标注。

ATc1 h=120，表示梯板名为 1 号 ATc 楼梯，板厚 120mm。

1800/12，表示踏步段总高度 1800mm，踏步级数 12 级。

⌀10@200；⌀10@150，表示上部纵筋为⌀10@200，下部纵筋为⌀10@150。

F ⌀8@250，表示分布钢筋为⌀8@250。

2. 外围标注

楼梯外围标注的内容包括楼梯间的平面尺寸、楼层结构标高、层间结构标高、楼梯的上下方向、梯板的平面几何尺寸、平台板配筋、梯梁和梯柱配筋。

三、剖面注写方式

剖面注写指在楼梯平法施工图中绘制楼梯平面布置图和楼梯剖面图，注写方式分平面注写和剖面注写。

（1）平面注写

平面注写内容包括楼梯间的平面尺寸、楼层结构标高、层间结构标高、楼梯的上下方向、梯板的平面几何尺寸、平台板配筋、梯梁和梯柱配筋。

（2）剖面注写

剖面注写内容包括集中标注，梯柱、梯梁编号，梯板水平及竖向尺寸，楼层结构标高，层间结构标高。当为单向板时，分布钢筋可不必注写，在图中统一注明即可。

图 7-1 为 AT 型板截面形状与支座位置图。

（3）AT 型楼梯平面注写方式与适用条件

1）如图 7-2 所示，两梯梁之间的矩形梯板全部由踏步板构成，以梯梁为支座，可组成双跑楼梯、双分平行楼梯。平台板 PTB、梯梁 TL、梯柱 TZ 按照框架梁、板、剪力墙进行配筋。

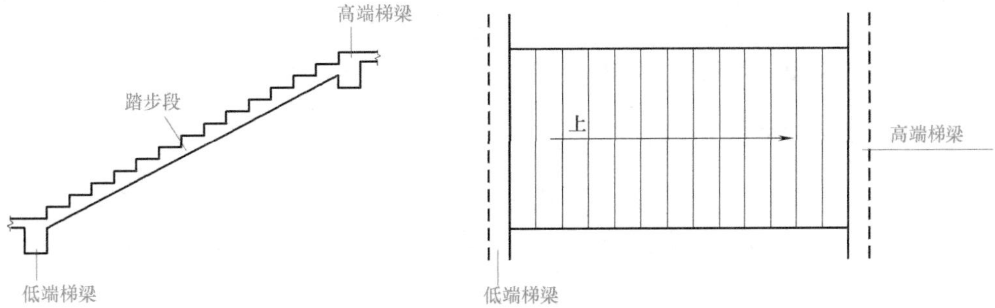

图 7-1　AT 型板截面形状与支座位置图

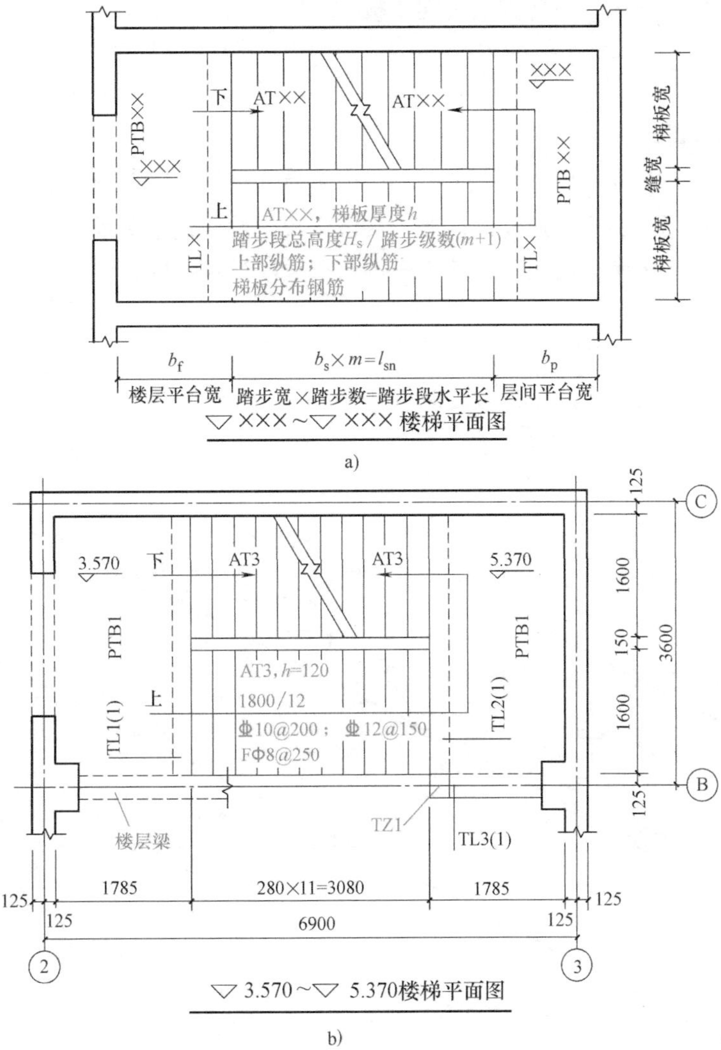

图 7-2　AT 型楼梯设计图例

a）注写方式　b）注写示例

2）AT 型楼梯平面注写方式如图 7-2a 所示。集中标注有 5 项：第一项为楼梯类型代号与序号 AT××，第二项为梯板厚度 h，第三项为踏步段总高度 H_s/踏步级数（m+1），第四项为上部纵筋及下部纵筋，第五项为梯板分布钢筋。具体示例如图 7-2b 所示。

四、列表注写方式

列表注写方式指用列表注写梯板截面尺寸和配筋具体数值的方式来表达楼梯施工图，具体要求同剖面注写方式，仅将剖面注写方式中的梯板配筋注写项改为列表注写项即可。

任务 2　识读楼梯标准构造详图

楼梯构造类似于斜板，翻样方法类同于板。

一、主要楼梯构造

1. AT 型楼梯配筋构造

如图 7-3 所示，上部纵筋锚固长度 $0.35l_{ab}$用于设计按铰接的情况，括号内数据 $0.6l_{ab}$用于设计考虑充分利用钢筋抗拉强度的情况，具体工程中设计应指明采用何种情况。上部纵筋有条件时可直接伸入平台板内锚固，从支座内边算起应满足锚固长度 l_a，如图中虚线所示。

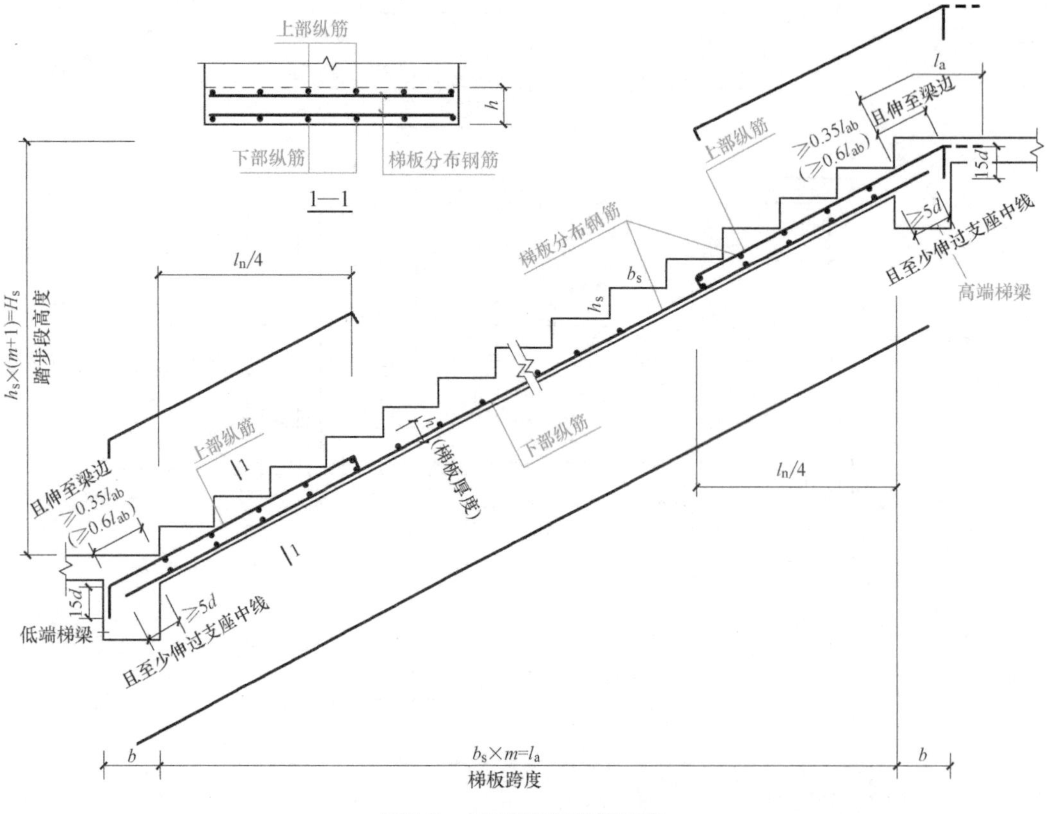

图 7-3　AT 型楼梯配筋构造

图 7-3　AT 型楼梯配筋构造（续）

2. ATc 型楼梯配筋构造

ATc 是抗震板式楼梯，厚度按计算确定，且≥140mm，双层配筋。梯板两侧设置边缘构件（暗梁），边缘构件的宽度取 1.5 倍板厚；边缘构件纵筋数量，当抗震等级为一、二级时不少于 6 根，当抗震等级为三、四级时不少于 4 根；纵筋直径不小于 12mm 且不小于梯板纵筋的直径；箍筋直径不小于 6mm，间距不大于 200mm，如图 7-4 所示。

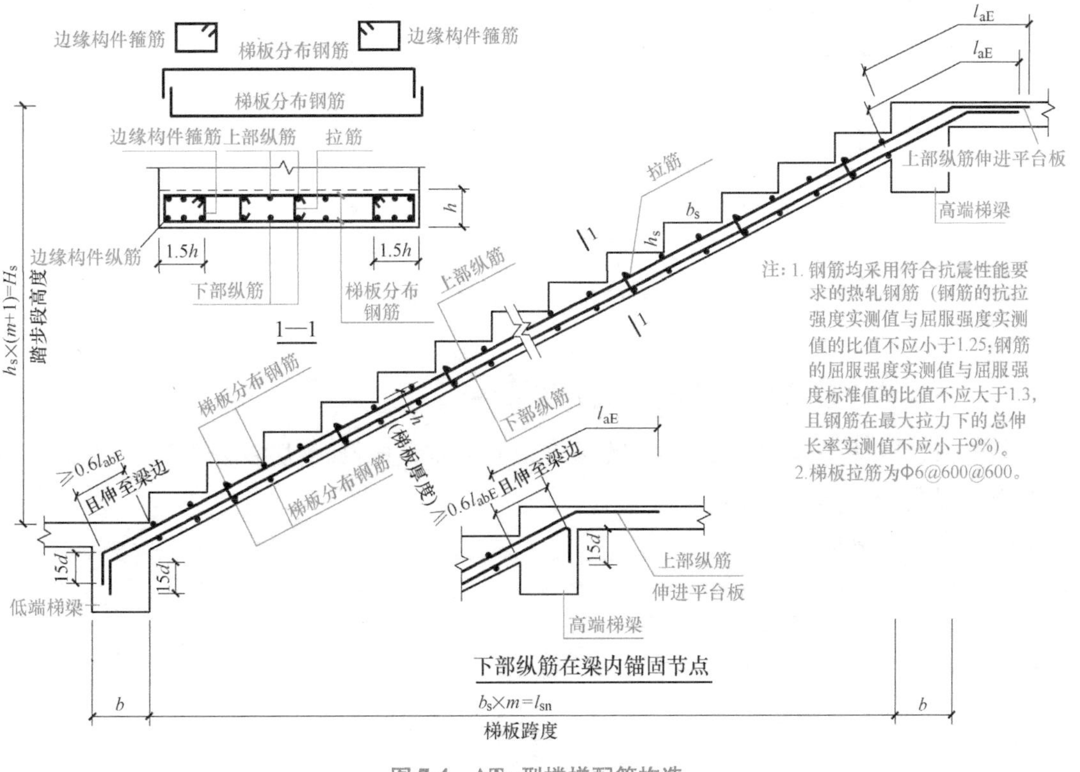

图 7-4　ATc 型楼梯配筋构造

3. BT 型楼梯配筋构造

如图 7-5 所示，上部纵筋锚固长度 $0.35l_{ab}$ 用于设计按铰接的情况，括号内数据 $0.6l_{ab}$ 用于设计考虑充分利用钢筋抗拉强度的情况。上部纵筋需伸至支座对边再向下弯折 15d，上部纵筋有条件时可直接伸入平台板内锚固，从支座内边算起总锚固长度不小于 l_a，如图中虚线所示。梯板与平台交界处，钢筋在内折角内侧断开，伸到底板分别锚固 l_a。

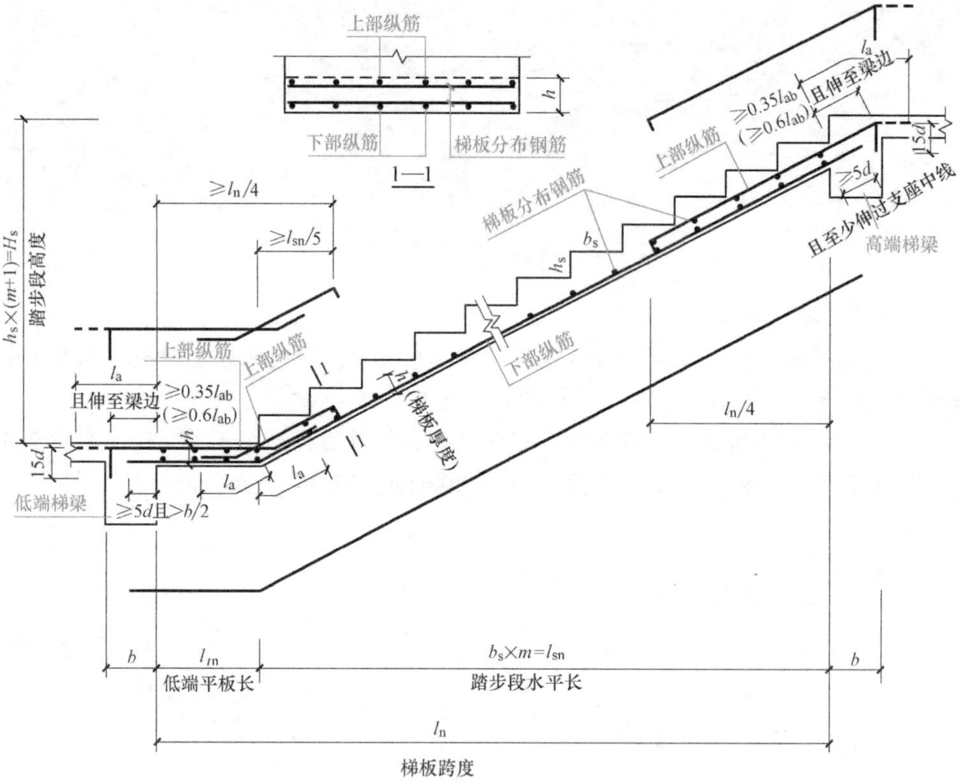

图 7-5　BT 型楼梯配筋构造

二、不同踏步位置推高与高度减小构造

当第一级踏步根部面层厚度与中间踏步及最上一级踏步建筑面层做法厚度不一致时，需调整踏步混凝土浇筑高度，调整后的混凝土踏步高度 = 该踏步踢面高度+下部面层做法厚度−上部面层做法厚度，如图 7-6 所示。例如，楼梯踢面高度 150mm，下层楼面装饰做法厚度 Δ_1 = 60mm，楼梯装饰做法厚度 Δ_2 = 30mm，上层楼面装饰做法厚度 Δ_3 = 50mm，第一步踏步应推高

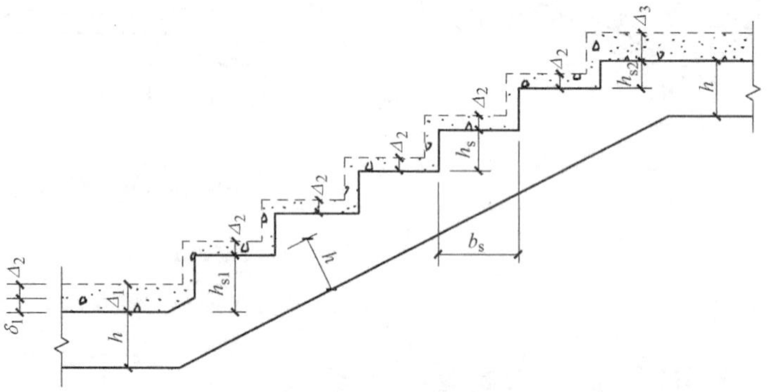

图 7-6　不同踏步位置推高与高度减小构造

δ_1，$\delta_1=\Delta_1-\Delta_2=60\text{mm}-30\text{mm}=30\text{mm}$，第一个台阶高度应为 $h_{s1}=h_s+(\Delta_1-\Delta_2)+30\text{mm}=150\text{mm}+30\text{mm}=180\text{mm}$，而最上一个踏步高度 $\Delta_2-\Delta_3=30\text{mm}-50\text{mm}=-20\text{mm}$，最后一个台阶实际高度应为 $h_{s2}=h_s-20\text{mm}=150\text{mm}-20\text{mm}=130\text{mm}$。当楼梯及楼面做法一致时，不会存在这种问题。

图 7-6 中 δ_1 为第一级与中间各级踏步整体竖向推高，h_{s1}为第一级（推高后）踏步的结构高度，h_{s2}为最上一级（减小后）踏步的结构高度，Δ_1 为第一级踏步根部面层厚度，Δ_2 为中间各级踏步的面层厚度，Δ_3 为最上一级踏步（板）面层厚度。

【例 7-2】 某楼梯第一级踏步根部面层厚度为 60mm，楼梯踏步每阶高 150mm，楼梯踏步面层厚度为 50mm，最上一级踏步建筑面层厚度为 60mm，则第一级和最上一级踏步高各为多少？

答：第一级踏步高 $h_{s1}=150\text{mm}+60\text{mm}-50\text{mm}=160\text{mm}$

最上一级踏步高 $h_{s2}=150\text{mm}+50\text{mm}-60\text{mm}=140\text{mm}$

三、楼梯第一跑与基础连接构造

楼梯第一跑与基础连接构造如图 7-7 所示。当为 ATc 型楼梯时，锚固长度 l_{ab}应改为 l_{abE}。对于其他类型的楼梯应慎重使用滑动支座连接构造。

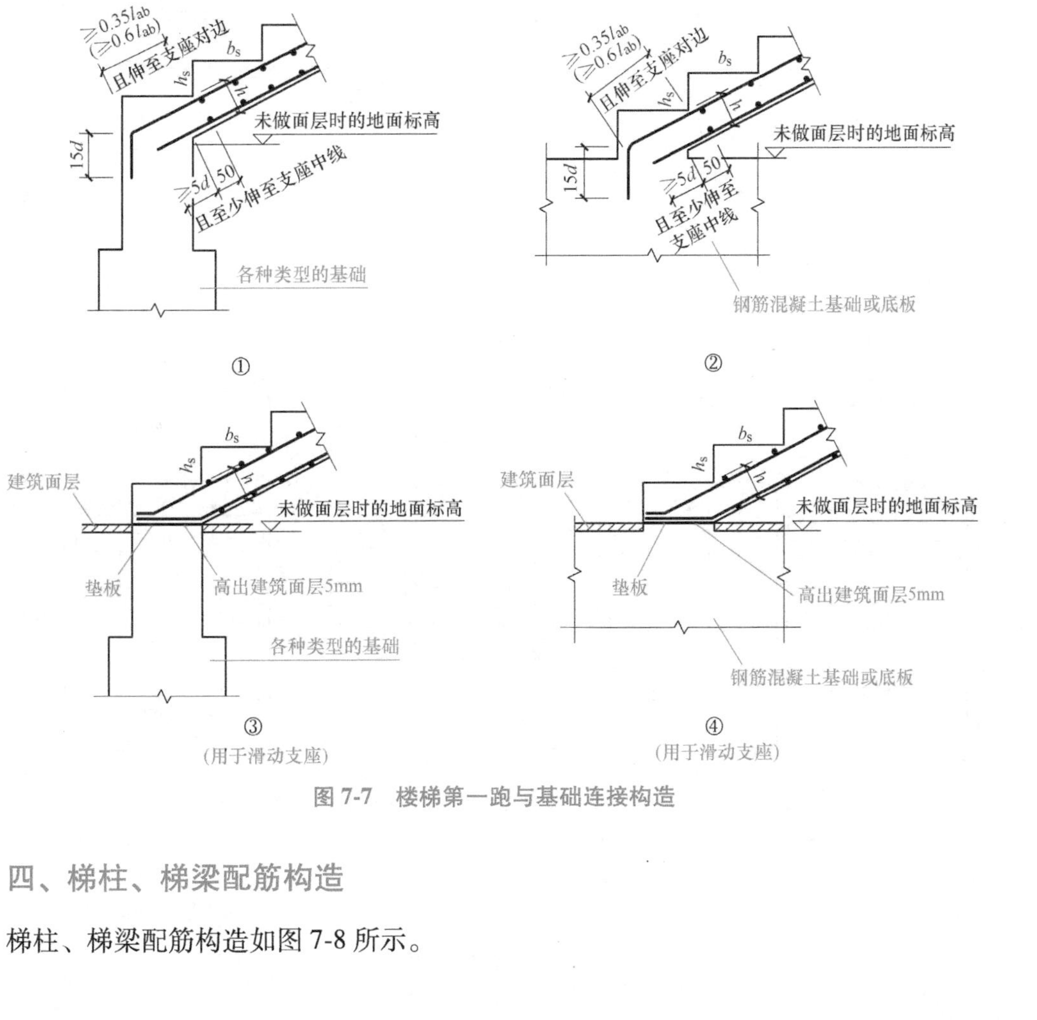

图 7-7　楼梯第一跑与基础连接构造

四、梯柱、梯梁配筋构造

梯柱、梯梁配筋构造如图 7-8 所示。

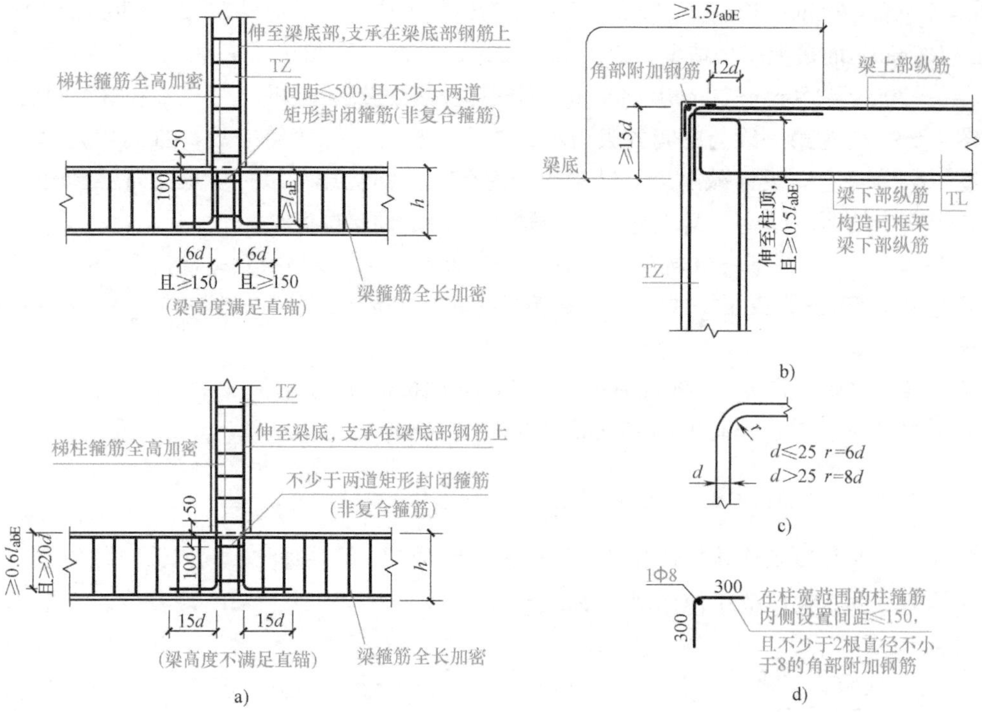

图 7-8　梯柱、梯梁配筋构造

a）梁上立梯柱配筋构造　b）梯柱与梯梁纵筋连接构造　c）节点纵筋弯折要求　d）角部附加钢筋

五、楼梯示例

楼梯示例如图 7-9 所示。

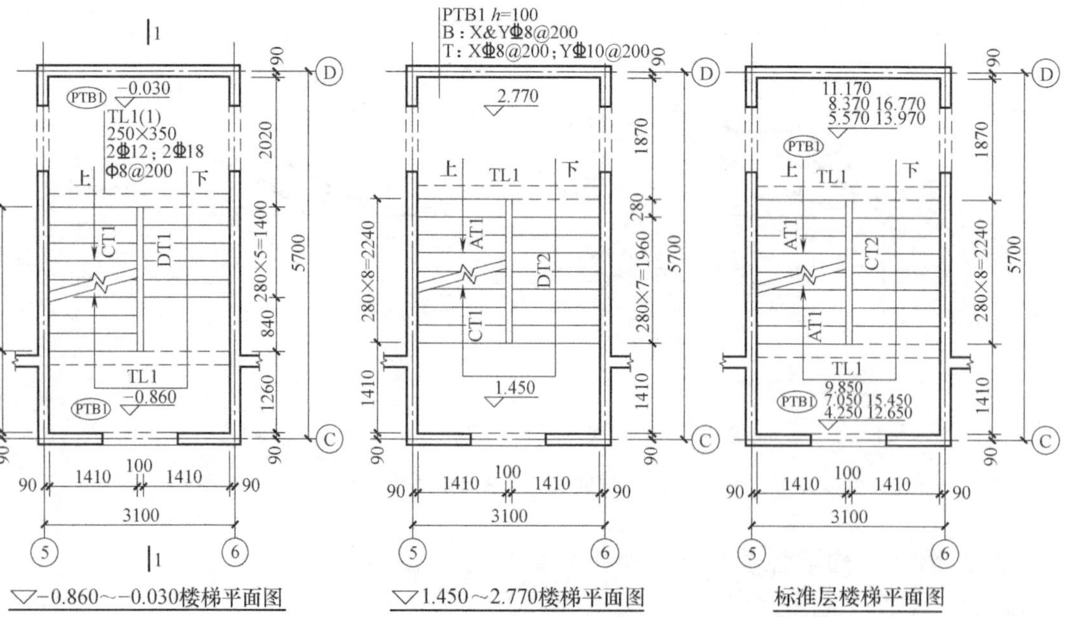

图 7-9　楼梯示例

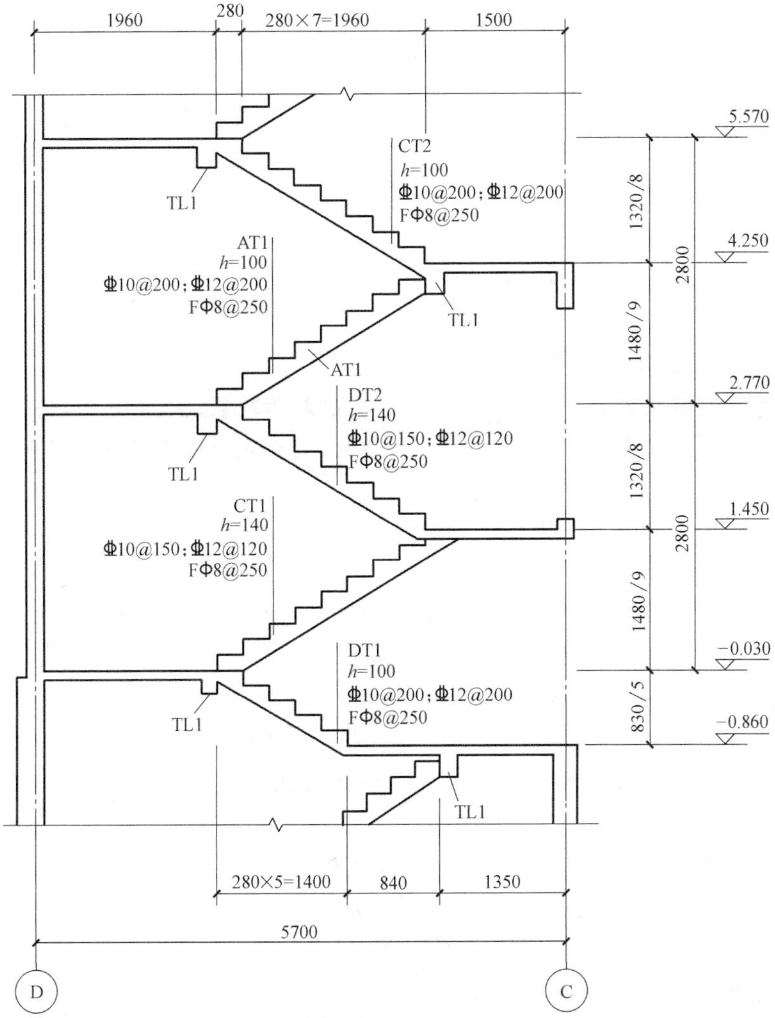

1—1剖面图

局部示意

列表注写方式见下：

梯板类型编号	踏步高度(mm)/踏步级数	板厚h/mm	上部纵筋	下部纵筋	分布钢筋
AT1	1480/9	100	Φ10@200	Φ12@200	Φ8@250
CT1	1480/9	140	Φ10@150	Φ12@120	Φ8@250
CT2	1320/8	100	Φ10@200	Φ12@200	Φ8@250
DT1	830/5	100	Φ10@200	Φ12@200	Φ8@250
DT2	1320/8	140	Φ10@150	Φ12@120	Φ8@250

注：本示例中梯板上部钢筋在支座处考虑充分发挥钢筋抗拉强度作用进行锚固。

图 7-9　楼梯示例（续）

自我检验

一、单选题

1. 某楼梯集中标注 F ϕ 8@200 表示（　　）。

A. 梯板下部钢筋ϕ 8@200　　B. 梯板上部钢筋ϕ 8@200

C. 梯板分布钢筋ϕ 8@200　　D. 平台梁钢筋ϕ 8@200

2. 梯板上部纵筋的延伸长度为净跨的（　　）。

A. 1/2　　B. 1/3　　C. 1/4　　D. 1/5

3. 某楼梯集中标注 1800/13 表示（　　）。

A. 踏步段宽度及踏步级数　　B. 踏步段长度及踏步级数

C. 层间高度及踏步宽度　　D. 踏步段总高度及踏步级数

4. 下列说法正确的是（　　）。

A. CT3 $h=110$ 表示 3 号 CT 型梯板，板厚 110mm

B. F ϕ 8@200 表示梯板上部钢筋ϕ 8@200

C. 1800/13 表示踏步段宽度 1800mm 及踏步级数 13 级

D. PTB1 $h=100$ 表示 1 号踏步板，板厚 110mm

5. 下部纵筋伸入支座（　　）。

A. $\geqslant 10d$ 且至少伸过支座中线　　B. $\geqslant 15d$

C. $\geqslant 5d$ 且至少伸过支座中线　　D. $\geqslant 5d$

二、简答题

1. 平法施工图将板式楼梯分为哪几类？简述其主要特征。

2. 现浇混凝土板式楼梯平法施工图有哪三种表达方式？

3. 板式楼梯的平面注写方式包括哪两种标注？

4. 楼梯的剖面注写方式包括哪些内容？

5. 楼梯的列表注写方式包括哪些内容？

6. AT 型楼梯的适用条件是什么？

7. AT 型楼梯的平面注写包含哪些内容？

8. AT 型楼梯的标准配筋构造有什么特点？

9. 楼梯第一跑与基础或地板等的连接构造有哪些特点？

10. 楼梯不考虑抗震与考虑抗震时，楼板上部和下部钢筋在两端支座处的锚固有何不同？

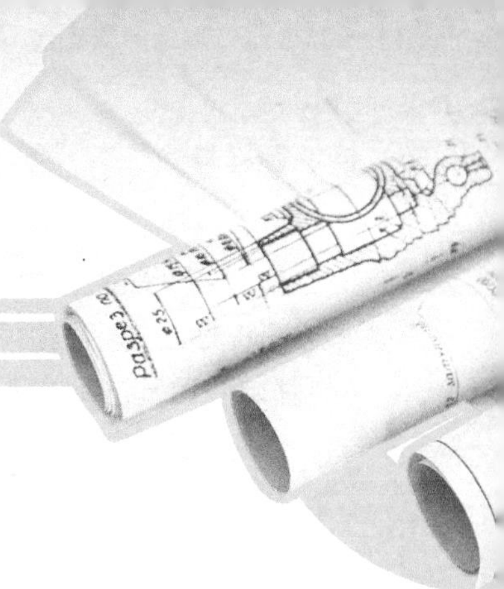

项目八

识读基础平法施工图

项目分析

钢筋混凝土基础具有良好的抗弯和抗剪能力，按构造形式的不同，可以分为独立基础、条形基础、筏形基础、桩基础等形式。本项目主要学习相对比较复杂的基础，实际上它们也可分解为简单的构件，学习基础部分更应该注意节点的学习，通过节点的学习串联起整个构件的学习。

知识目标

1. 了解基础相关构造，了解平板式筏形基础平法施工图的表示方法和标准构造图。
2. 理解条形基础、桩基础平法施工图的表示方法和构造详图。

技能目标

能够识读基础结构平法施工图，并进行基础钢筋的翻样。

素养目标

通过学习，寻找突破点，学会从关键节点入手，到线，再到面，找到各种基础的钢筋布置规律。

知识准备

任务1　识读条形基础平法施工图

条形基础是指呈连续的带形基础，包括墙下条形基础和柱下条形基础。条形基础整体上可分为梁板式条形基础和板式条形基础两类。梁板式条形基础适用于钢筋混凝土框架结构、框架-剪力墙结构、部分框支剪力墙结构和钢结构。板式条形基础适用于钢筋混凝土剪力墙和砌体结构。平法施工图将梁板式条形基础分为基础梁和条形基础底板并分别进行表达。

一、基础梁的平面注写的识读

基础梁的平面注写分为集中标注和原位标注两部分内容。

（一）基础梁的集中标注

集中标注内容包括基础梁编号、截面尺寸、配筋三项必注内容，以及基础梁底面标高（与基础底面基准标高不同时）和必要的文字注解两项选注内容。

1. 基础梁编号

基础梁编号见表 8-1。

表 8-1　梁板式条形基础编号

类型		代号	序号	跨数及有无悬挑
基础梁		JL	××	（××）端部无外伸 （××A）一端有外伸 （××B）两端有外伸
条形基础底板	坡形	TJBp	××	
	阶形	TJBj	××	

2. 截面尺寸

注写 $b \times h$，表示梁截面宽度与高度。当为加腋梁时，用 $b \times h$ Y$C_1 \times C_2$ 表示，其中 C_1 为腋长，C_2 为腋高。

3. 配筋

基础梁配筋注写内容包括基础梁箍筋，底部、顶部及侧面纵筋。

（1）基础梁箍筋

当具体设计仅采用一种箍筋间距时，注写钢筋级别、直径、间距与肢数；当具体设计采用两种箍筋时，用“/”分隔不同箍筋，按照从基础梁两端向跨中的顺序注写。当基础梁相交时，截面较高的梁箍筋贯通设置。

【例 8-1】 9Φ16@100/Φ16@200（6），表示配置两种 HRB300 箍筋，直径为 16mm，从梁两端起向跨内按间距 100mm 各设置 9 道，梁其余部位的间距为 200mm，均为 6 肢箍。

（2）基础梁底部、顶部及侧面纵筋

以“B”打头表示梁底部贯通纵筋，少于箍筋肢数时，应设置架立筋，连接位置在跨中 1/3 净跨长度范围内；以“T”打头表示梁顶部贯通纵筋；当梁底部或顶部贯通纵筋多于一排时，用“/”将各排纵筋自上而下分开；以“G”打头表示梁两侧面对称设置的纵向构造钢筋的总配筋值。

4. 基础梁底面标高

当条形基础的基础梁底面标高与基础底面基准标高不同时，将条形基础底面标高注写在“( )”内。

（二）基础梁的原位标注

原位标注基础梁端或梁在柱下区域的底部全部纵筋（包括底部非贯通纵筋和已集中注写的底部贯通纵筋），当梁端或梁在柱下区域的底部纵筋多于一排时，用“/”将各排纵筋自上而下分开，当同排纵筋有两种直径时，用“+”将两种直径的纵筋相连。

二、条形基础底板平面注写的识读

条形基础底板平面注写分集中标注与原位标注。

（一）条形基础底板的集中标注

集中标注内容包括条形基础底板编号、截面竖向尺寸、配筋三项必注值，以及条形基础底板底面标高（与基础底面基准标高不同时）、必要的文字注解两项选注值。

1. 条形基础底板编号

条形基础底板编号见表 8-1。

2. 截面竖向尺寸

自下而上注写 h_1/h_2，如坡形基础截面尺寸注写为 300/250，表示 $h_1 = 300\text{mm}$，$h_2 = 250\text{mm}$，基础底板根部总厚度为 550mm，如图 8-1 所示。

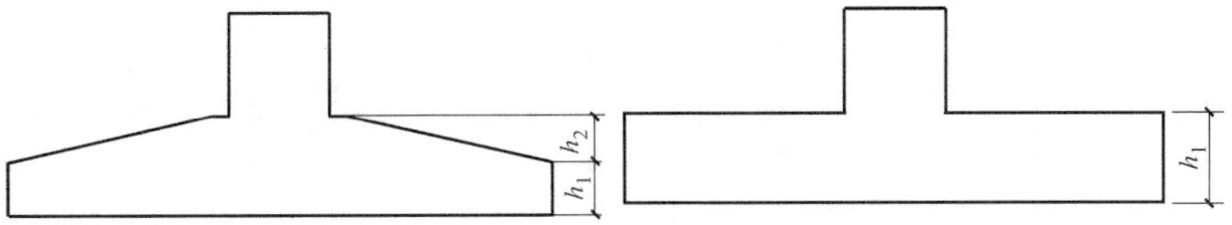

图 8-1　条形基础底板坡形和阶形截面竖向尺寸

3. 配筋

以“B”打头表示条形基础底板底部的横向受力钢筋；以“T”打头表示条形基础底板顶部的横向受力钢筋。“/”用于分割条形基础底板的横向受力钢筋与构造钢筋。两梁（墙）之间顶部配置钢筋时，受力钢筋的锚固从梁的内边缘起算，如图 8-2 所示。

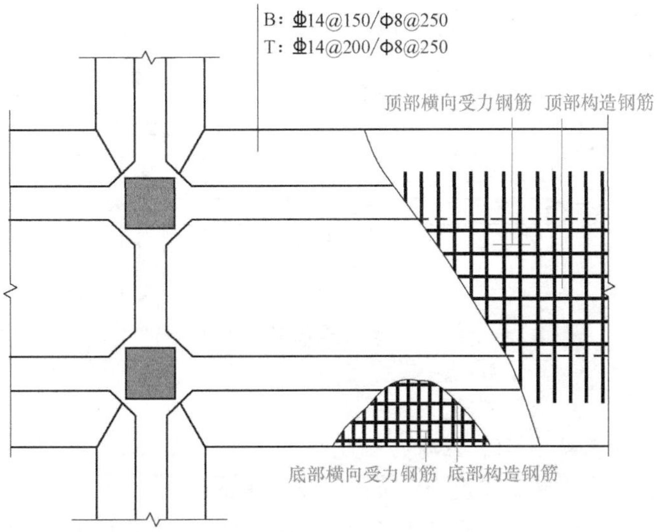

图 8-2　条形基础底板底部及顶部配筋

4. 条形基础底板底面标高

当条形基础的底板底面标高与基础底面基准标高不同时，将条形基础底板底面标高注写在“（ ）”内。

（二）条形基础底板的原位标注

原位标注主要在尺寸、配筋不同时，进行标注，如图 8-3 所示。

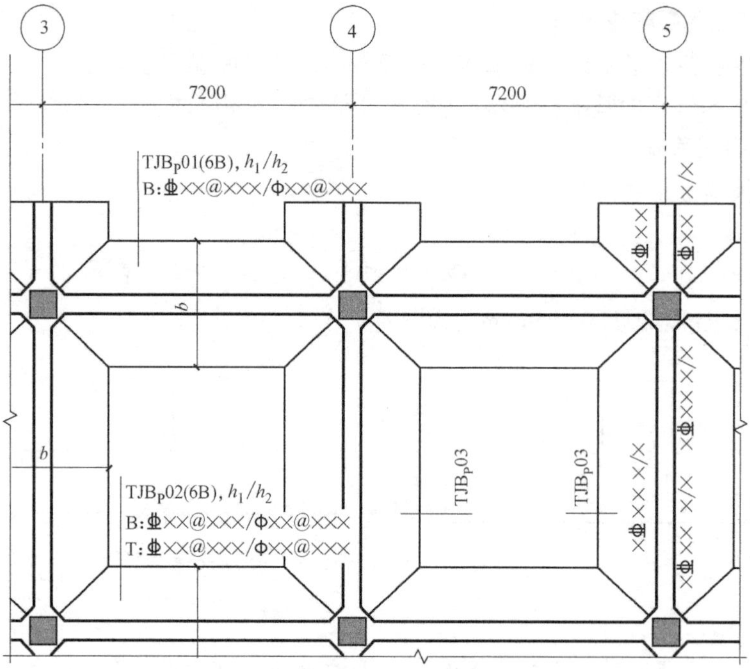

钢筋条形基础

图 8-3　条形基础底板原位标注

(三) 标注实例 (图 8-4)

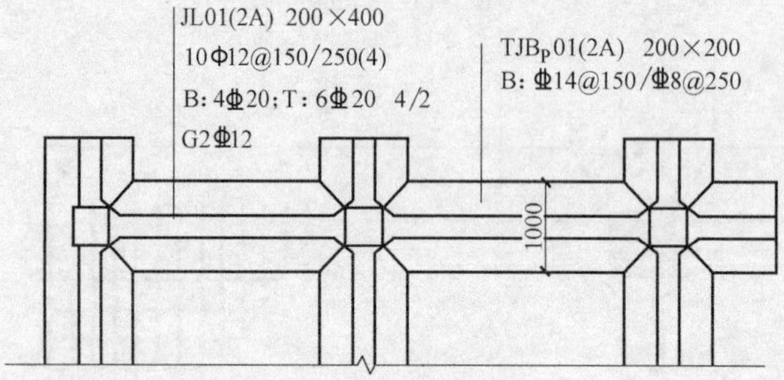

图 8-4　条形基础施工图

(1) 基础梁

JL01 (2A)，表示基础梁 01，两跨，一端外伸。

200×400，表示基础梁截面宽度 200mm，高度 400mm。

10 Φ 12@150/250 (4)，表示基础梁箍筋，两端向里先各布置 10 根直径为 12mm，间距为 150mm 的箍筋，中间剩余部位布置间距为 250mm 的箍筋，均为 4 肢箍。

B：4 Φ 20；T：6 Φ 20 4/2，表示梁底部配置 4 根Φ 20 的贯通纵筋；梁顶部配置 6 根Φ 20 的贯通纵筋，分两排，上排 4 根Φ 20 的钢筋，下排 2 根Φ 20 的钢筋。

G2 Φ 12，表示梁侧面配置共 2 根Φ 12 纵向构造钢筋，每侧 1 根。

(2) 基础底板

TJB_P01 (2A) 200×200，表示坡形条形基础底板 01，2 跨，一端外伸，基础底板竖向截面尺寸自下而上 $h_1=200\text{mm}$，$h_2=200\text{mm}$。

B：Φ14@150/Φ8@250，表示条形基础底板配置 HRB400 横向受力钢筋，直径为 14mm，间距为 150mm；配置 HRB400 构造钢筋，直径为 8mm，间距为 250mm。

1000，表示条形基础底板总宽度为 1000mm。

三、条形基础标准构造详图

（一）条形基础底板配筋构造

1. 基础底板交接处钢筋构造

除梁板端（无延伸）外，其余基础底板交接处受力钢筋均为一个方向梁受力钢筋全部通过，另一个方向梁受力钢筋伸进该梁底板宽 1/4 范围内布置。当有基础梁时，基础底板的分布钢筋在梁宽范围内不设置；在两向受力钢筋交接处的网状部位，分布钢筋与同向受力钢筋的构造搭接长度为 150mm，如图 8-5 所示。

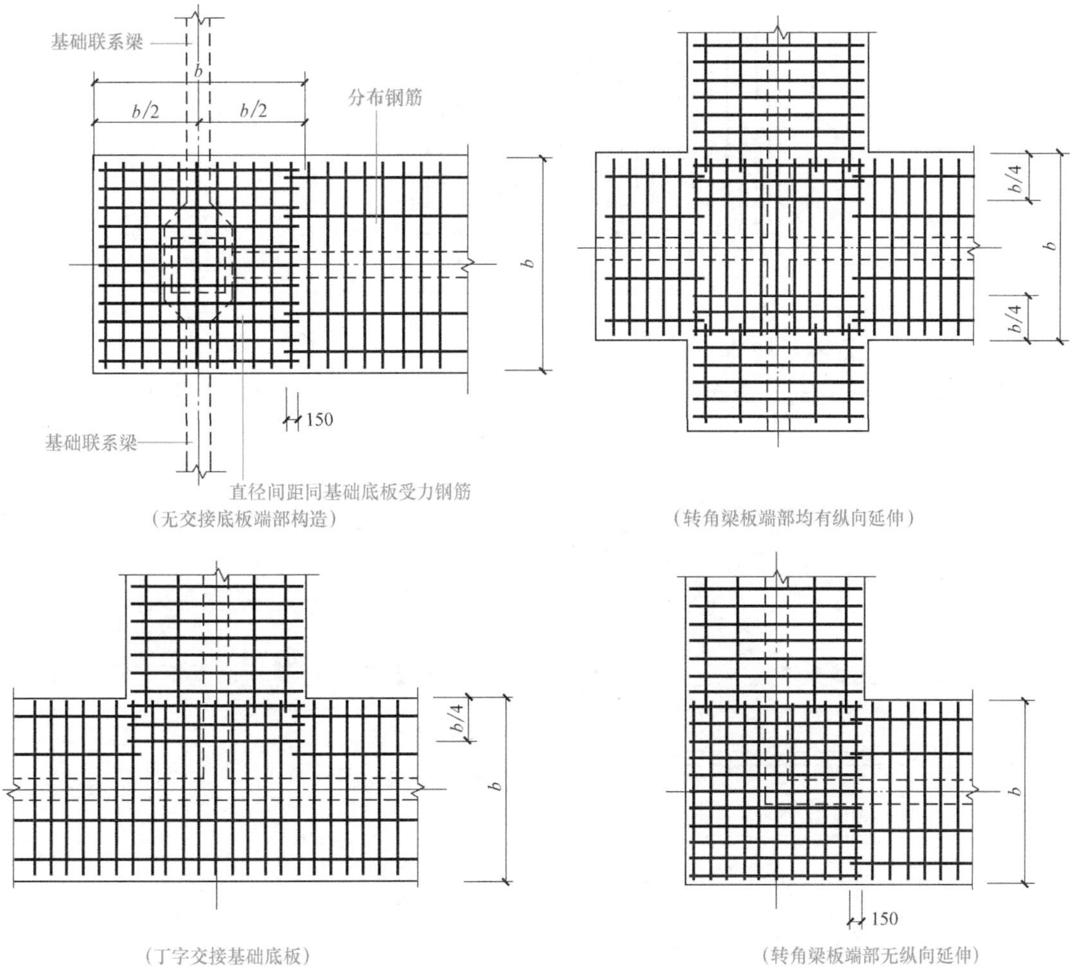

图 8-5　条形基础底板配筋构造

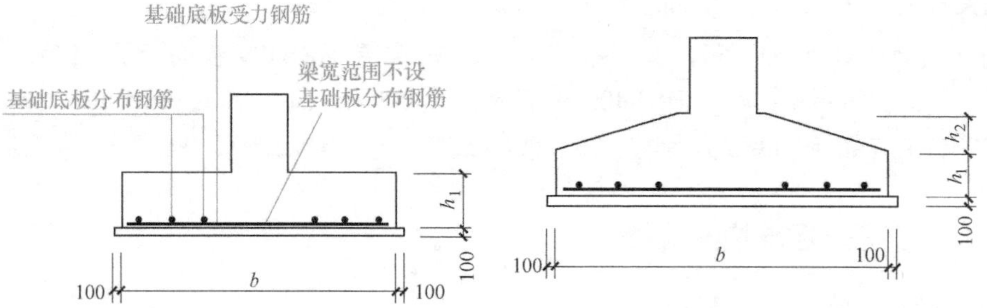

（阶形截面TJB_J）（坡形截面TJB_P）

图 8-5　条形基础底板配筋构造（续）

2. 条形基础底板配筋长度减短 10%构造

当条形基础底板配筋长度减短 10%后，板底交接区的受力钢筋和底板端部的第一根钢筋不减短，如图 8-6 所示。

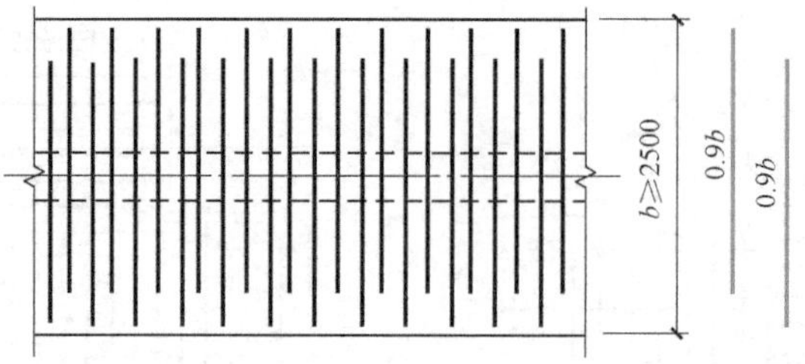

图 8-6　条形基础底板配筋长度减短 10%构造

3. 条形基础板底不平构造

钢筋在不平处交接时，分布钢筋转换为受力钢筋，锚固长度均为 l_a，如图 8-7 所示。

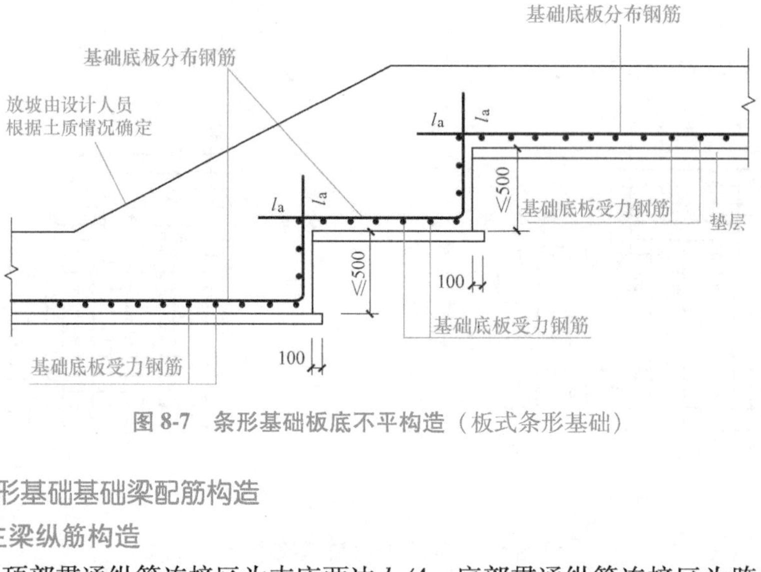

图 8-7　条形基础板底不平构造（板式条形基础）

（二）条形基础基础梁配筋构造

1. 基础主梁纵筋构造

基础主梁顶部贯通纵筋连接区为支座两边 $l_n/4$，底部贯通纵筋连接区为跨中 $l_n/3$；底部非贯通纵筋伸入跨内长度一二排均为 $l_n/3$，其中 l_n 为中间支座左右净跨的较大值，边跨边支座为本跨的净跨长度值。梁交接处的箍筋按截面高度较大的基础梁设置。底部贯通纵筋配置不同时，较大一跨的伸至较小一跨的跨中连接区进行连接，如图 8-8 所示。

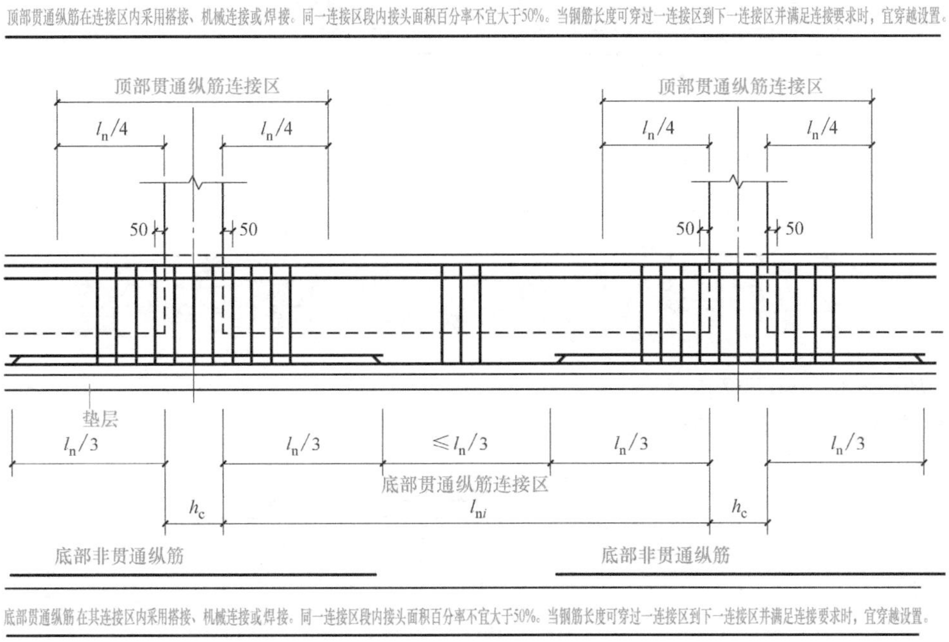

图 8-8　基础主梁纵筋构造

2. 基础次梁纵筋构造

端部无外伸构造，基础次梁上部纵筋伸入基础主梁内长度不小于 $12d$ 且至少到梁中线；下部纵筋伸入基础梁内水平段长度，设计按铰接时不小于 $0.35l_{ab}$，充分利用钢筋的抗拉强度时不小于 $0.6l_{ab}$，弯折长度 $15d$，如图 8-9 所示。

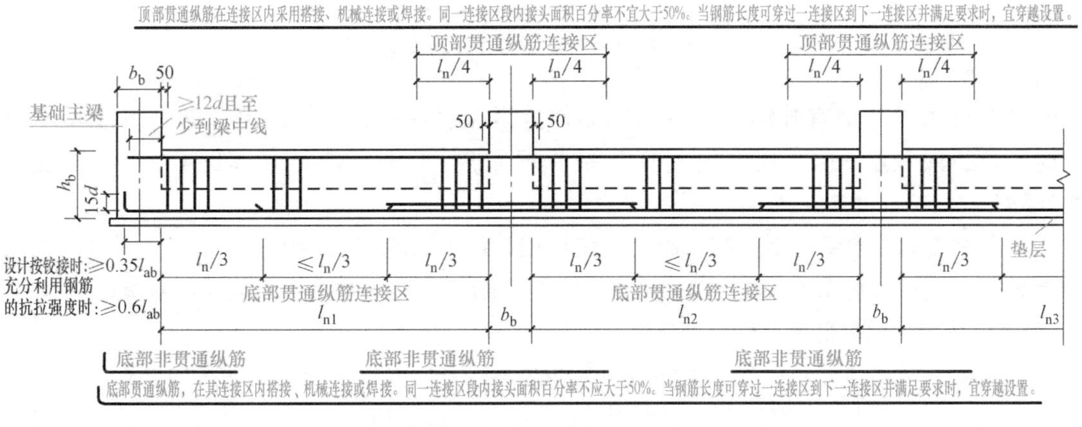

图 8-9　基础次梁纵筋构造

3. 附加箍筋、附加（反扣）吊筋构造

附加箍筋、附加（反扣）吊筋构造如图 8-10 所示。

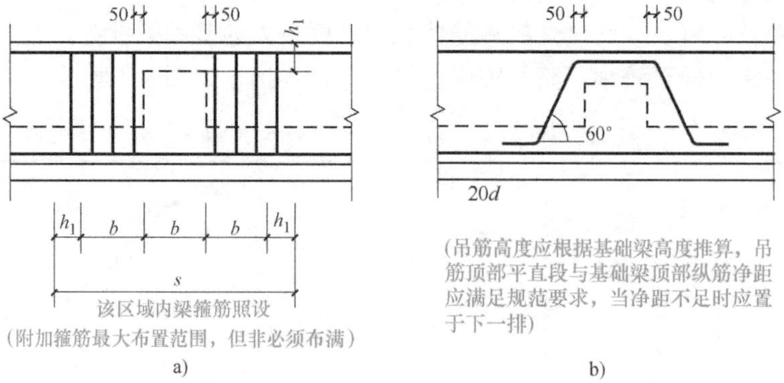

图 8-10　附加箍筋、附加（反扣）吊筋构造

a）附加箍筋构造　b）附加（反扣）吊筋构造

4. 基础主梁端部钢筋构造

（1）基础主梁端部有外伸（图 8-11）

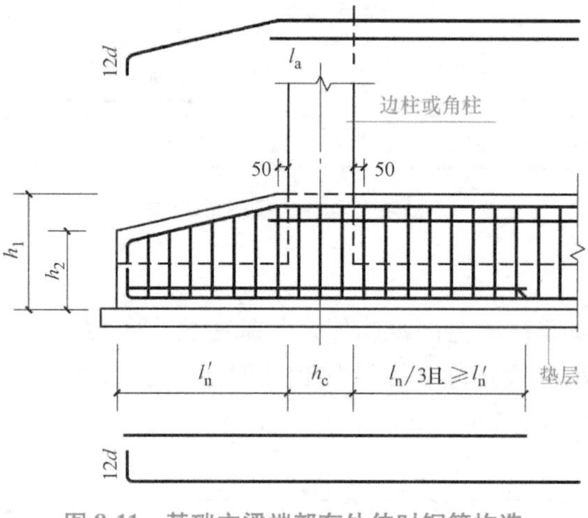

图 8-11　基础主梁端部有外伸时钢筋构造

当基础主梁端部有外伸时，下部钢筋伸至尽端后弯折，从柱内侧算起平直段长度$\geqslant l_a$时，弯折段长度 12d；从柱内侧算起平直段长度$<l_a$时，应满足$\geqslant 0.4l_{ab}$，弯折段长度 15d。

上部钢筋无须全部伸至尽端，施工单位根据设计平法施工图标注施工。连续通过的钢筋伸至外伸尽端后弯折 12d；第二排钢筋在支座处截断，从柱内侧算起直段长度应$\geqslant l_a$。

（2）基础主梁端部无外伸（图 8-12）

当基础主梁端部无外伸时，下部钢筋可伸至尽端基础底板中锚固，从柱内侧算起直段长度$\geqslant l_a$；当不能满足以上要求时，从柱内侧算起直段长度应$\geqslant 0.4l_{ab}$，并伸至板尽端弯折，弯折段长度 15d。

上部钢筋全部伸至尽端后弯折，从柱内侧算起直段长度应$\geqslant 0.4l_{ab}$，并伸至板尽端弯折，弯折段长度 15d。当直段长度$>l_a$时可不弯折。

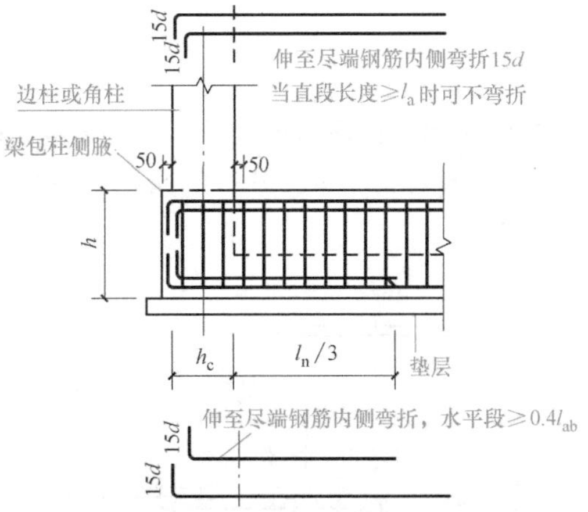

图 8-12　基础主梁端部无外伸时钢筋构造

5. 基础次梁端部构造

(1) 基础次梁端部有外伸

如图 8-13 所示，当基础次梁端部有外伸时，下部钢筋伸至尽端后弯折，从支座内侧算起直段长度≥l_a 时，弯折段长度 12d；从支座内侧算起直段长度<l_a 时，直段长度>0. 6l_{ab}，弯折段长度 15d。

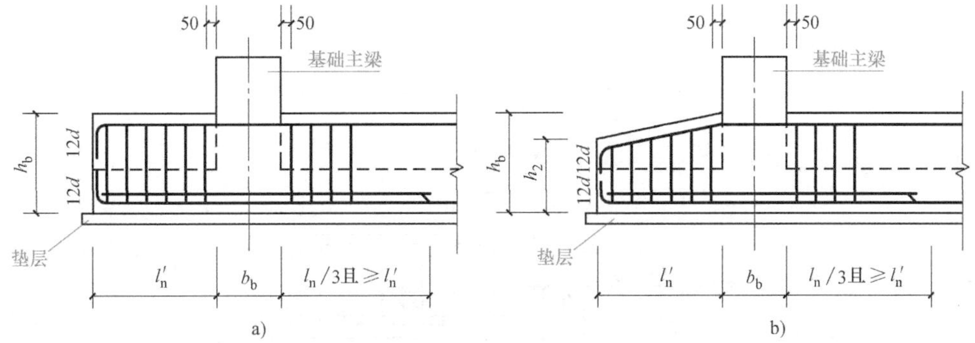

图 8-13　基础次梁端部构造
a）等截面　b）变截面

上部钢筋无须全部伸至尽端，连续通过的钢筋伸至外伸尽端后弯折 12d。

(2) 基础次梁端部无外伸

当基础次梁端部无外伸时，下部钢筋全部伸至尽端后弯折 15d，从支座内侧算起直段长度当设计按铰接时>0. 35l_{ab}，当充分利用钢筋的抗拉强度时>0. 6l_{ab}；上部钢筋伸入支座内 12d，且至少过支座中线。

6. 梁底、梁顶有高差钢筋构造

(1) 主梁顶和底均有高差钢筋构造

主梁底部钢筋无论第一排还是第二排，均从变截面钢筋交接处伸长 l_a；顶部钢筋第一排在高变截面处主梁的另一侧伸入另一截面 l_a，其余排当不能满足直锚时，则伸到尽端弯折 15d，如图 8-14 所示。

（2）次梁顶和底均有高差钢筋构造

次梁底部钢筋和主梁一样无论第一排还是第二排，均从变截面钢筋交接处伸长 l_a；高变截面处顶部钢筋伸到尽端钢筋内侧弯折 15d，另一截面则至少伸到主梁中线，且 $\geq l_a$，如图 8-15 所示。

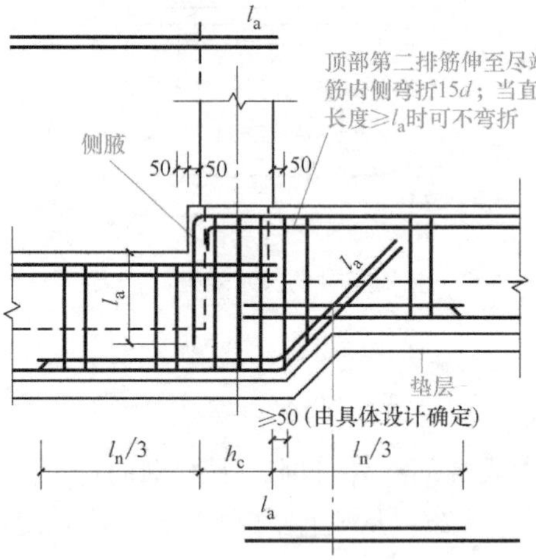

图 8-14　主梁顶和底均有高差钢筋构造

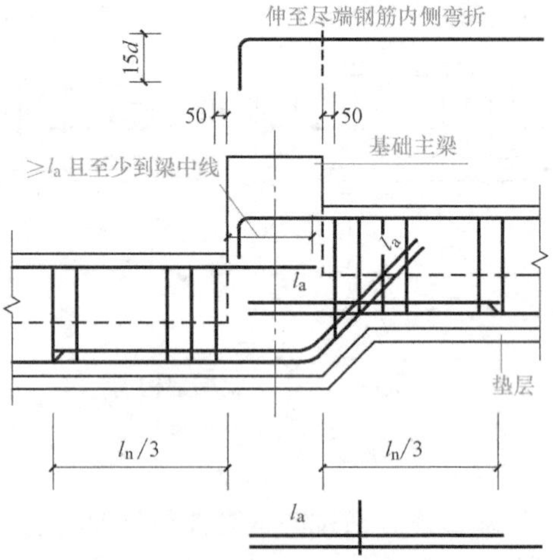

图 8-15　次梁顶和底均有高差钢筋构造

7. 支座边梁宽不同钢筋构造

当主梁两边梁宽不同时，基础主梁上部纵筋伸至尽端弯折 15d，当直锚长度 $\geq l_a$ 时可不弯折；下部纵筋伸至尽端弯折 15d（次梁下部钢筋直段长度 $\geq l_a$ 时可不弯折），如图 8-16 所示。当柱两边梁宽不同时，钢筋构造如图 8-17 所示。

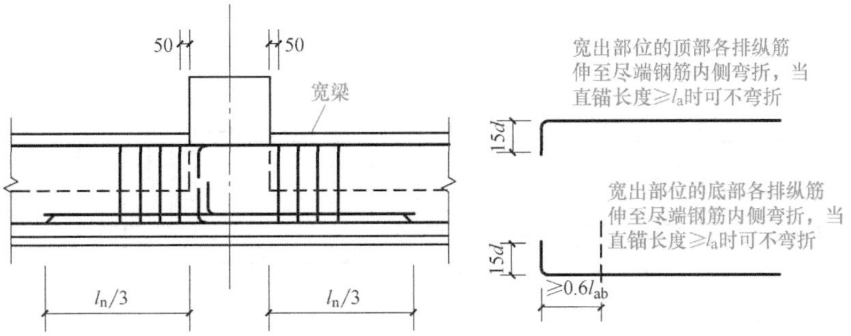

图 8-16　主梁两边梁宽不同钢筋构造

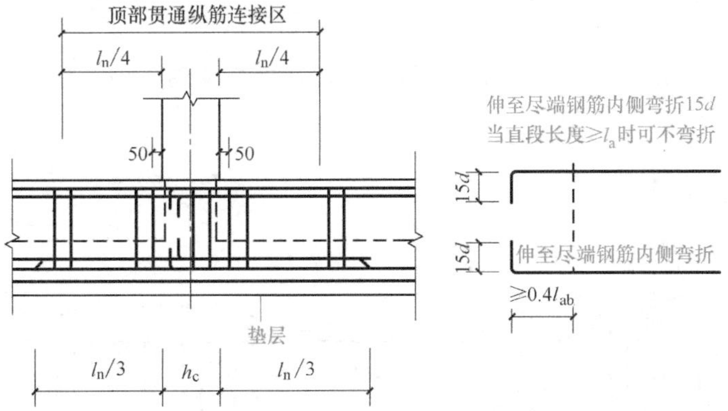

图 8-17　柱两边梁宽不同钢筋构造

8. 基础梁配置两种箍筋构造

主梁与次梁箍筋基本相同，只是注意主梁与次梁交接处，主梁配置箍筋，按梁端第一种箍筋增加设置，如图 8-18 和图 8-19 所示。

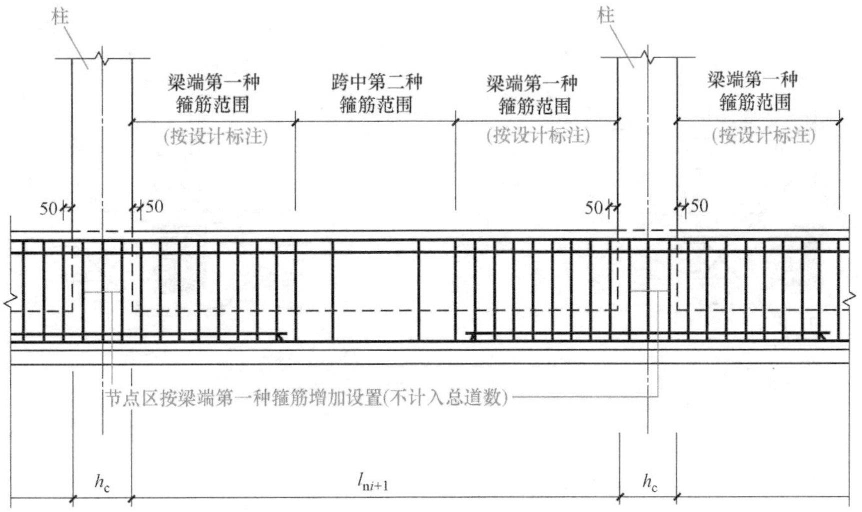

图 8-18　基础主梁配置两种箍筋构造

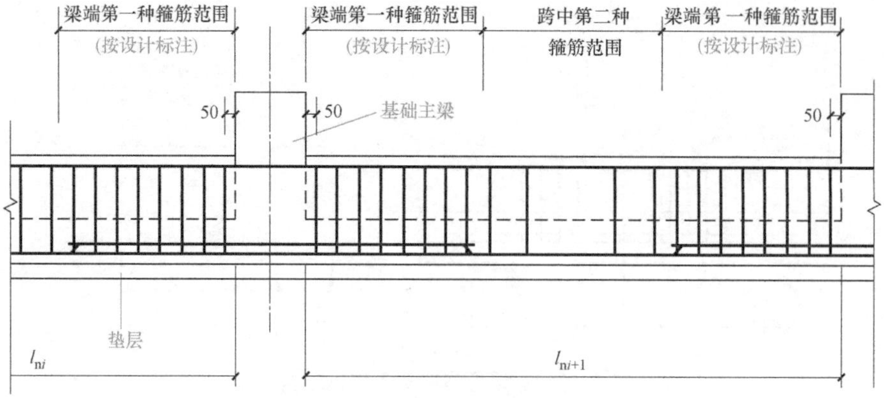

图 8-19 基础次梁配置两种箍筋构造

9. 基础梁竖向加腋处钢筋构造

主梁和次梁加腋处钢筋从变截面处均延长 l_a，箍筋高度为变值，如图 8-20 所示。

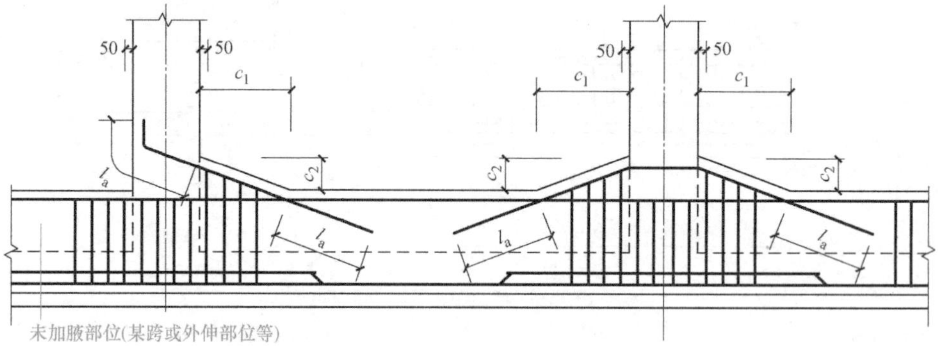

图 8-20 基础梁竖向加腋处钢筋构造

10. 基础梁与柱结合部位侧腋构造

各边侧腋宽处尺寸与配筋均相同。腋宽出柱边 50mm，钢筋在变截面处外伸 l_a，如图 8-21 所示。

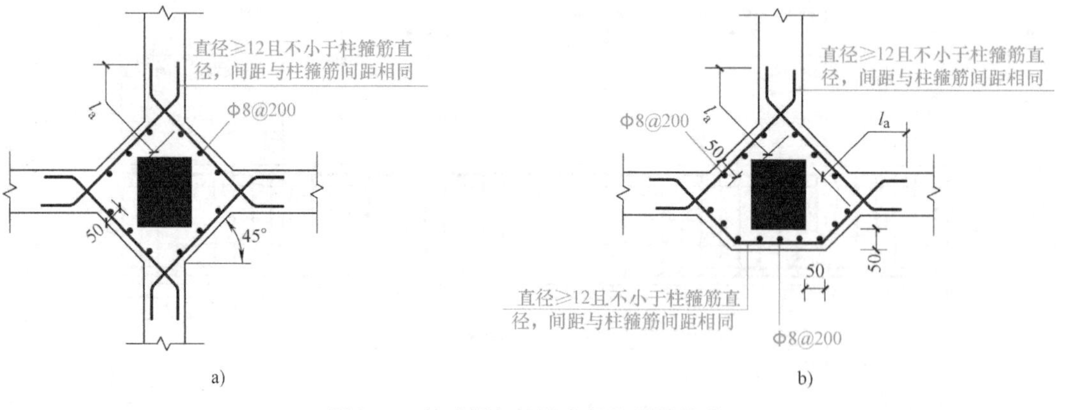

图 8-21 基础梁与柱结合部位侧腋构造

a）十字交叉 b）丁字交叉

11. 基础梁侧面钢筋构造

基础梁侧钢筋的拉筋间距为箍筋间距的 2 倍，设有多排时，竖向错开设置；侧面纵向构造钢筋搭接和锚固长度均为 15d，侧面受扭钢筋搭接为 l_l 和锚固长度 l_a，如图 8-22 所示。

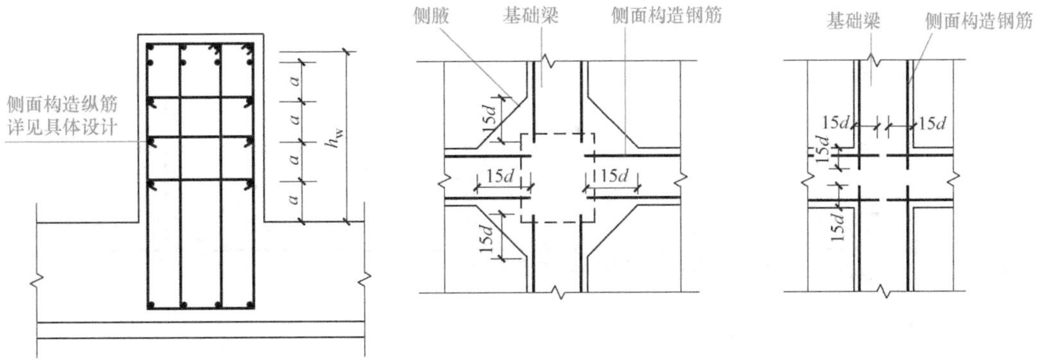

图 8-22　基础梁侧面钢筋构造

任务 2　识读平板式筏形基础平法施工图

柱下或墙下连续的钢筋混凝土板式基础称为筏形基础。筏形基础分为梁板式筏形基础和平板式筏形基础，如图 8-23 和图 8-24 所示。本任务主要介绍平板式筏形基础。

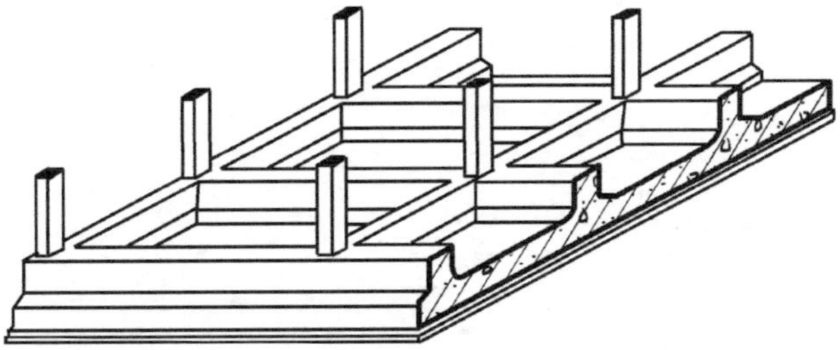

图 8-23　梁板式筏形基础

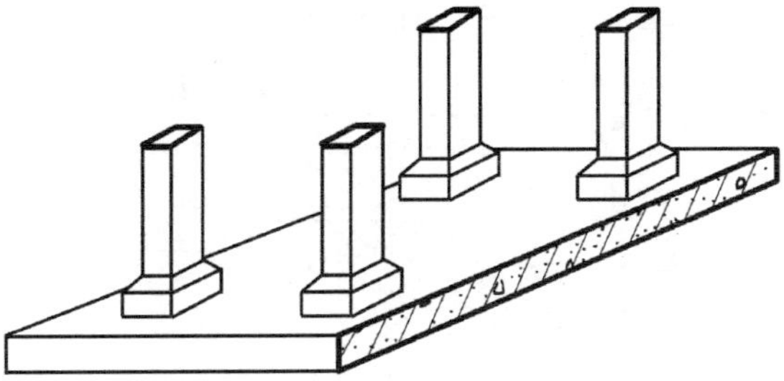

图 8-24　平板式筏形基础

一、平板式筏形基础的识读

平板式筏形基础的识读可划分为柱下板带和跨中板带，如图 8-25 所示；也可不分板带，按基础平板进行表达，如图 8-26 所示。柱下板带 ZXB 与跨中板带 KZB 识读、平板式筏形基础平板 BPB 识读说明见表 8-2 和表 8-3。

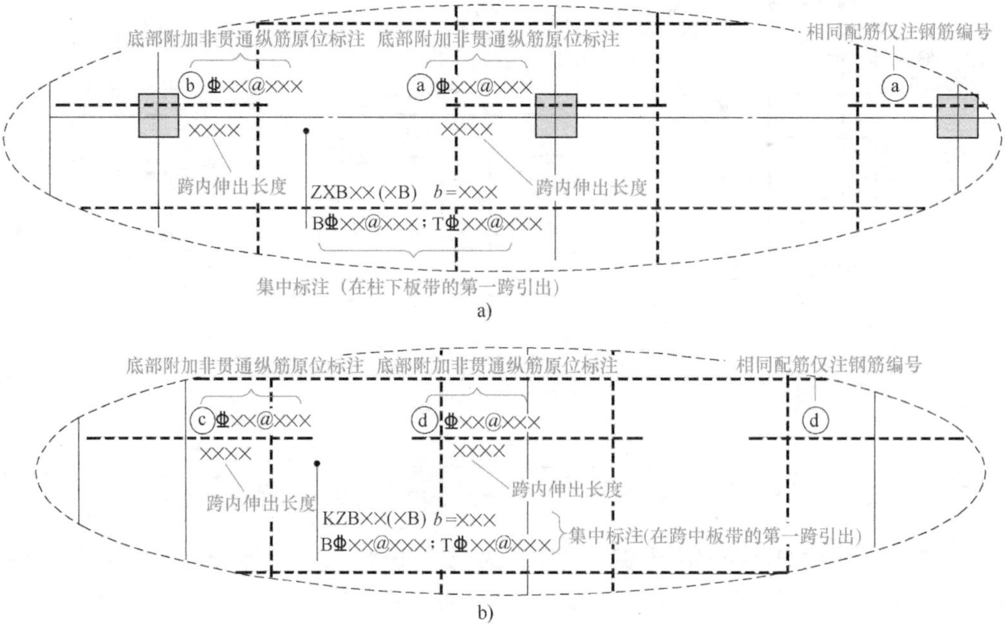

图 8-25　柱下板带和跨中板带钢筋标注

a）柱下板带　b）跨中板带

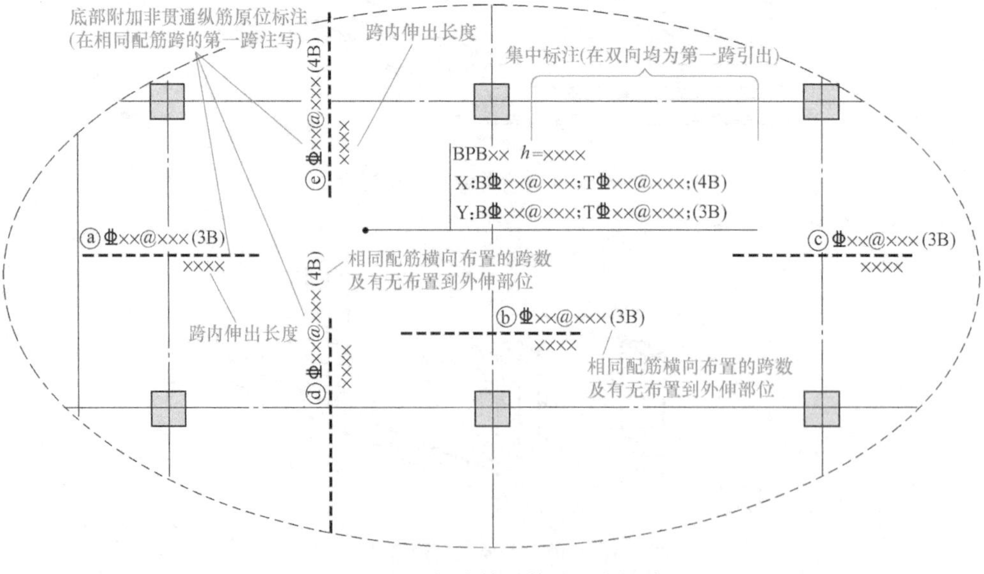

图 8-26　平板式筏形基础平法标注

表 8-2　柱下板带 ZXB 与跨中板带 KZB 识读说明

注写形式		表达内容	附加说明
集中标注	ZXB××（×B）或 KZB××（×B）	柱下板带或跨中板带编号，具体包括：代号、序号，括号中表示跨数及外伸情况	（×）无外伸 （×A）一端外伸 （×B）两端外伸
	b=×××	板带宽度	
	B Φ××@ ×××； T Φ××@ ×××	B 底部贯通纵筋等级+直径+间距； T 顶部贯通纵筋等级+直径+间距	底部贯通纵筋应有不少于 1/3 贯通全跨
板底部附加非贯通纵筋原位标注	××××Φ××××@ ××××	底部非贯通筋编号、强度等级、直径、间距；自中线分别向两边跨内的伸出长度	向两侧对称伸出时，可只在一侧注写伸出长度

注：1. 集中标注应在第一跨引出。

2. 若某部位与集中标注的内容不同时，则原位标注的内容取值优先。

表 8-3　平板式筏形基础平板 BPB 识读说明

注写形式		表达内容	附加说明
集中标注	BPB××	基础平板编号，包括代号及编号	
	h=××××	基础平板厚度	
	X：B Φ××@ ×××； T Φ××@ ×××； （×、×A、×B） Y：B Φ××@ ×××； T Φ××@ ×××； （×、×A、×B）	X 向、Y 向底部与顶部贯通纵筋等级、直径、间距括号中表示跨数及外伸状况	底部贯通纵筋应有不少于 1/3 贯通全跨（图面从左至右为 X 向，从下至上为 Y 向）
板底部附加非贯通纵筋原位标注	××××Φ××××@ ××××（××××B）	底部非贯通筋编号、强度等级、直径、间距；自（梁）中线分别向两边跨内的伸出长度	向两侧对称伸出时，可只在一侧注写伸出长度

注：1. 集中标注应在第一跨引出。

2. 某部位与集中标注的内容不同时，则原位标注的内容取值优先。

二、平板式筏形基础的构造

1. 纵筋构造

不同配置的底部贯通纵筋在毗邻较小跨的跨中连接区连接；柱下板带与跨中板带的底部贯通纵筋在跨中 1/3 净跨范围内连接；顶部贯通纵筋在柱网轴线附近 1/4 净跨范围内连接。底部贯通纵筋与非贯通纵筋宜采用隔一布一的方式进行布置，如图 8-27、图 8-28 所示。柱下和跨中平板钢筋构造如图 8-29～图 8-31 所示，平板式筏形基础平板跨中区域上部钢筋构造同柱下区域。

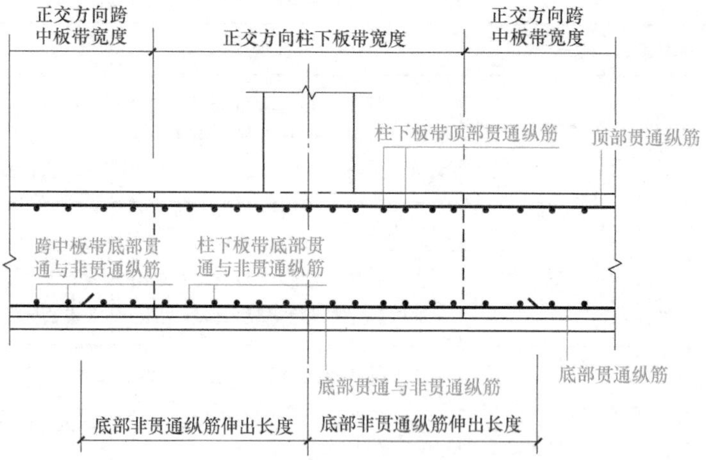

图 8-27　平板式筏形基础柱下板带纵筋构造

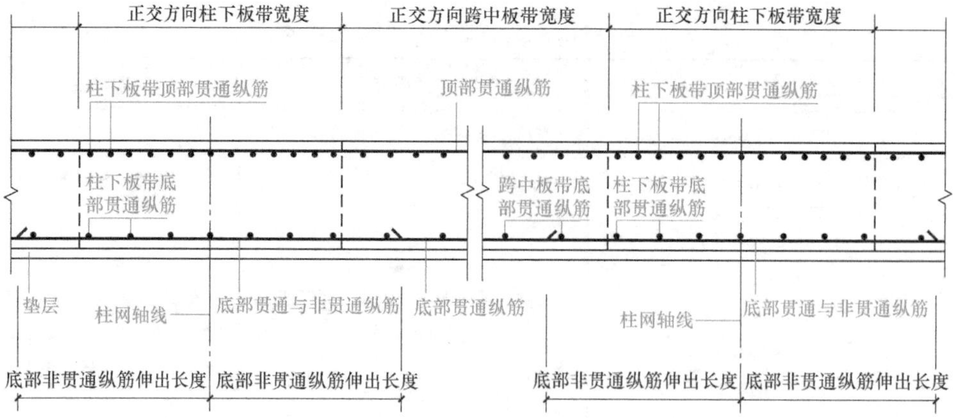

图 8-28　平板式筏形基础跨中板带纵筋构造

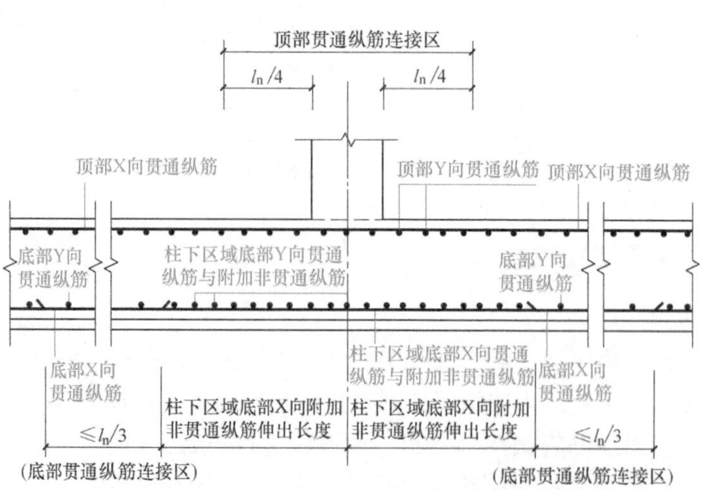

图 8-29　平板式筏形基础平板钢筋构造（柱下区域）

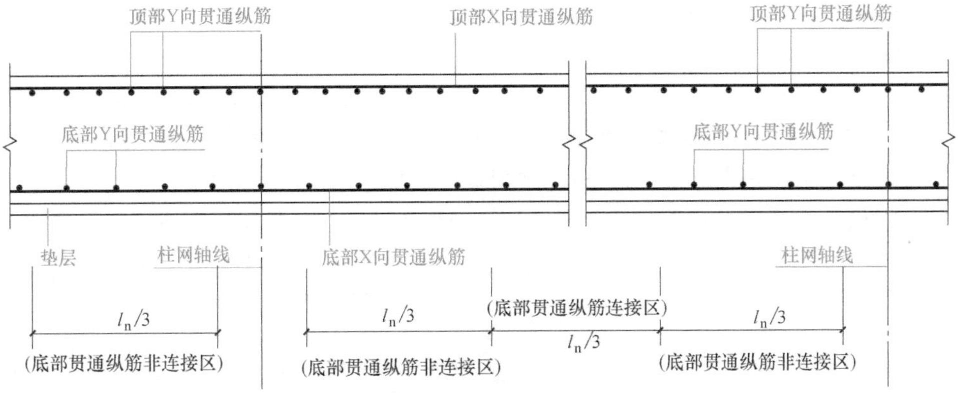

图 8-30　平板式筏形基础平板钢筋构造（跨中区域）

筏板基础钢筋

图 8-31　平板式筏型基础平板钢筋构造实物图

2. 变截面钢筋构造

下部钢筋从变截面钢筋交接处伸长 l_a；顶部钢筋在高变截面处柱的另一侧伸入另一截面 l_a，低截面钢筋则直锚 l_a。当板厚度≥2000mm 时，应设置中层双向钢筋网，直径≥12mm，间距≤300mm，端部弯折 12d，如图 8-32 所示。

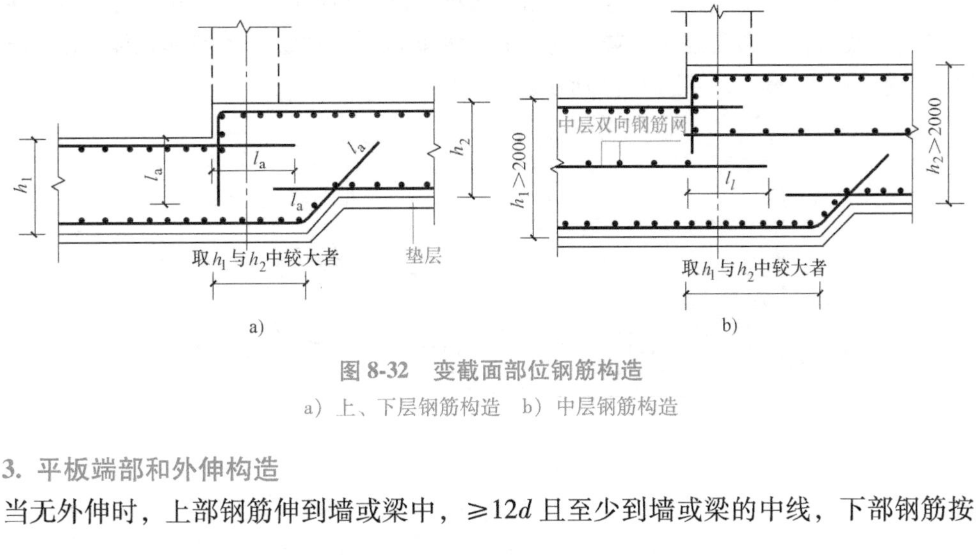

图 8-32　变截面部位钢筋构造

a）上、下层钢筋构造　b）中层钢筋构造

3. 平板端部和外伸构造

当无外伸时，上部钢筋伸到墙或梁中，≥12d 且至少到墙或梁的中线，下部钢筋按照设计要求伸到端部边后弯折 15d；端部等截面外伸，上下钢筋伸到端部后，均弯折 12d。

4. 板的封边构造

筏形基础平板厚度一般均不小于 400mm，因此筏形基础边缘部位应采取构造措施进行封边；当板边缘部位设置了边梁、布置了墙体时，可不再进行板封边。

1）封边钢筋可采用 U 形钢筋，间距宜与板中纵筋一致。

2）可将板上、下纵筋弯折搭接 150mm 作为封边钢筋，如图 8-33 所示。

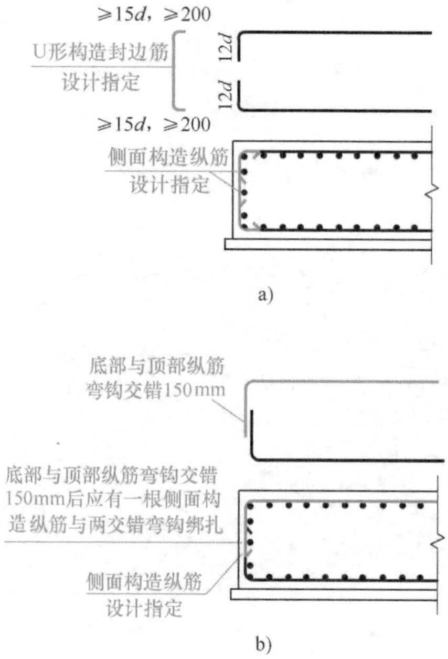

图 8-33 板的封边构造

a）U 形筋构造封边方式 b）纵筋弯钩交错封边方式

5. 底板剪力墙洞口位置设置过梁构造

当筏形基础上为剪力墙结构时，剪力墙下没有设置基础梁，应在剪力墙洞口位置下设置过梁，承受基底反力引起的剪力、弯矩作用。过梁宽度可与墙厚一致，也可大于墙厚，在墙厚加两倍底板截面有效高度范围设置，过梁上下纵筋自洞口边缘伸入墙体长度≥l_a，锚固长度范围内箍筋间距同跨内，如图 8-34 所示。

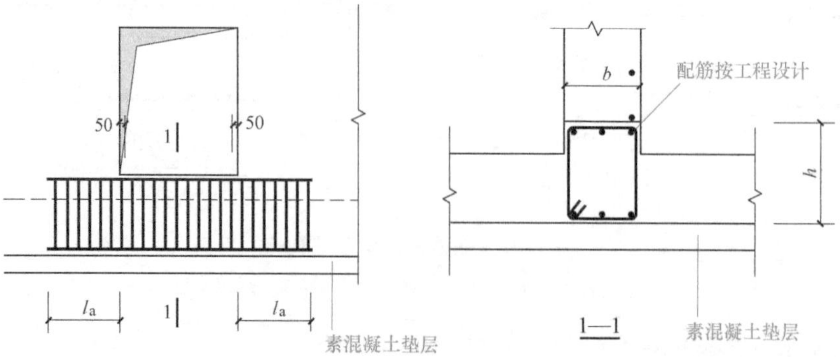

图 8-34 底板剪力墙洞口位置设置过梁构造

任务3　识读桩基础平法施工图

一、灌注桩平法施工图识读

1. 灌注桩平法施工图表示方法

灌注桩平法施工图主要采用列表注写方式。列表注写方式指在灌注桩平面布置图上，分别标注定位尺寸，在桩表中注写桩编号、桩尺寸、纵筋、螺旋箍筋、桩顶标高、单桩竖向承载力特征值。

1）注写桩编号：桩编号由类型和序号组成，灌注桩用“GZH”表示，扩底灌注桩用“GZH_K”表示。

2）注写桩尺寸：桩尺寸注写内容包括桩径 D×桩长 L，若为扩底灌注桩，则还应注写扩底端尺寸。

3）注写桩纵筋：桩纵筋注写内容包括桩周均布的纵筋根数、钢筋强度级别、从桩顶起算的纵筋配置长度。

① 通长等截面配筋：注写全部纵筋，如××⌀××。

② 部分长度配筋：注写桩纵筋，如××⌀××/$L1$，其中 $L1$ 表示从桩顶起算的入桩长度。

③ 通长变截面配筋：注写桩纵筋，包括贯通纵筋××⌀××，非贯通纵筋××⌀××/$L1$，其中 $L1$ 表示从桩顶起算的入桩长度。贯通纵筋与非贯通纵筋沿桩周间隔均匀布置。

【例 8-2】 15⌀20，15⌀18/6000，表示桩贯通纵筋为 15⌀20；桩非贯通纵筋为 15⌀18，从桩顶起算的入桩长度为 6000mm。实际桩上段纵筋为 15⌀20+15⌀18，贯通纵筋与非贯通纵筋间隔均匀布置于桩周。

4）注写桩螺旋箍筋：以大写字母“L”打头，包括钢筋强度级别、直径与间距。

① 用“/”区分桩顶箍筋加密区与桩身箍筋非加密区长度范围内箍筋的间距。图集中箍筋加密区为桩顶以下 $5D$（D 为桩身直径）。

② 当桩身位于液化土层范围内时，箍筋加密区长度应由设计根据具体工程情况注明，或者箍筋全长加密。

【例 8-3】 L⌀8@100/200，表示箍筋强度级别为 HRB400 钢筋，直径为 8mm，加密区间距为 100mm，非加密区间距为 200mm，“L”表示螺旋箍筋。

2. 灌注桩配筋构造

1）灌注桩通长等截面和部分长度配筋构造，如图 8-35 所示。

2）灌注桩通长变截面配筋构造，如图 8-36 所示。

3）灌注桩顶与承台的连接构造，如图 8-37 所示。

二、桩承台平法施工图识读

（一）桩承台平法施工图表示方法

桩承台分为独立承台和承台梁。独立承台分为阶形（CTJ）和坡形（CTP）两种形式。承台梁（CTL）的平面注写方式分为集中标注和原位标注两部分内容。集中标注内容包括承

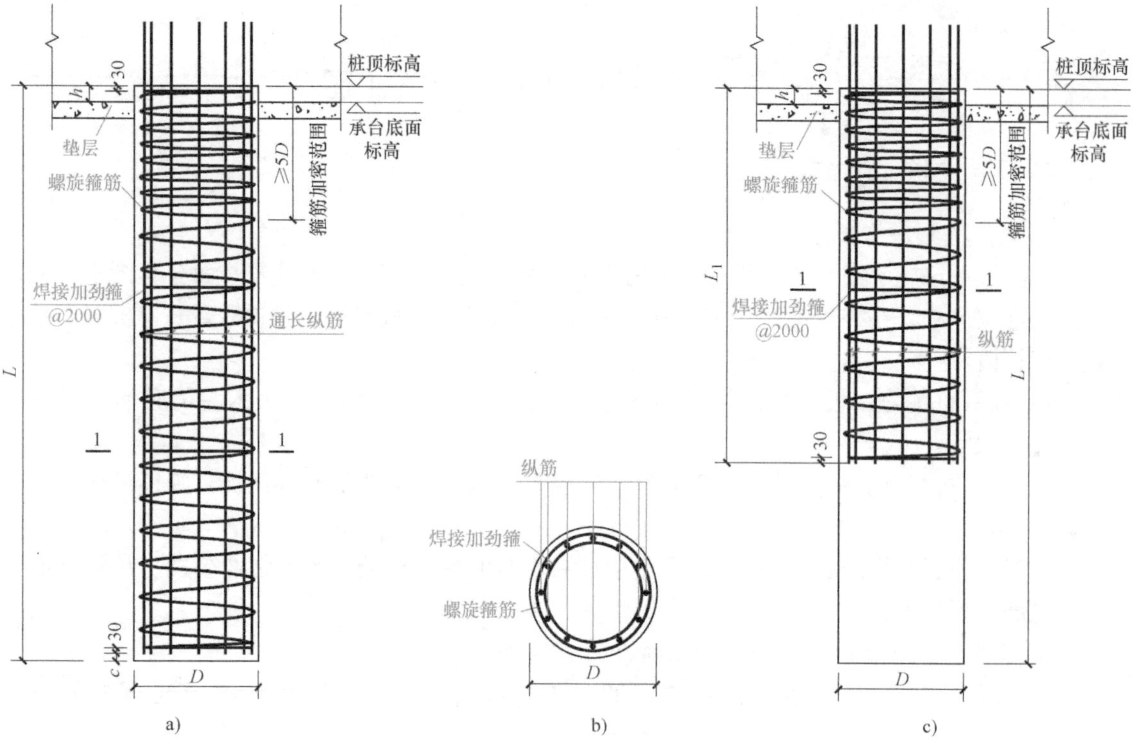

图 8-35　灌注桩通长等截面和部分长度配筋构造

a）灌注桩通长等截面配筋构造　b）1—1 剖面图　c）灌注桩部分长度配筋构造

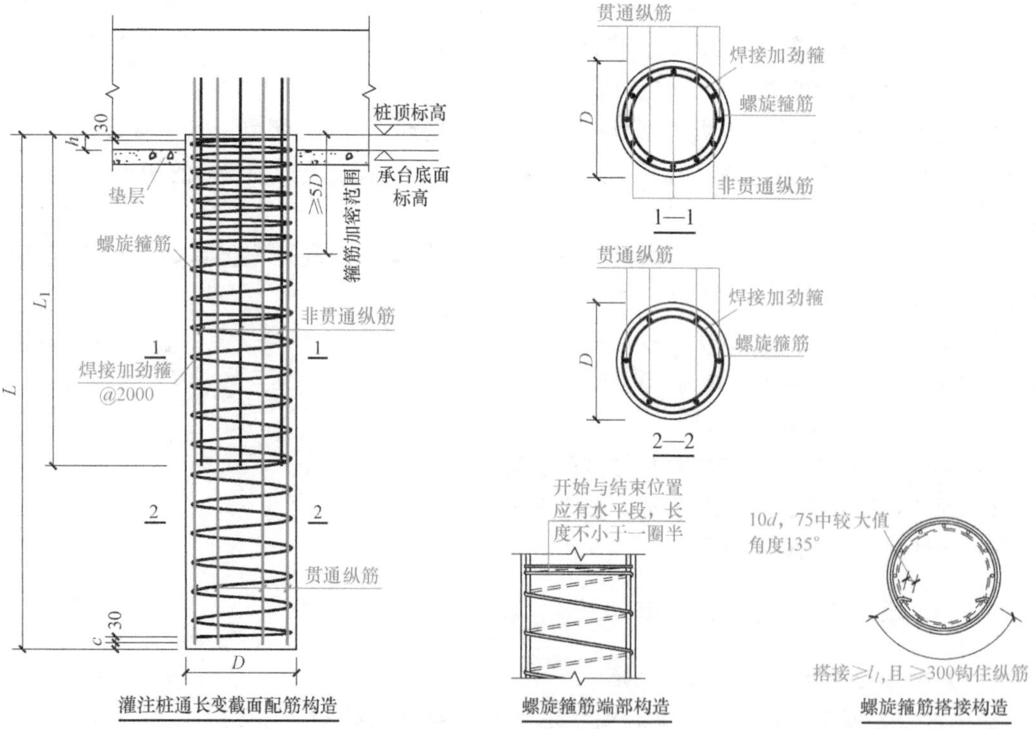

图 8-36　灌注桩通长变截面配筋构造

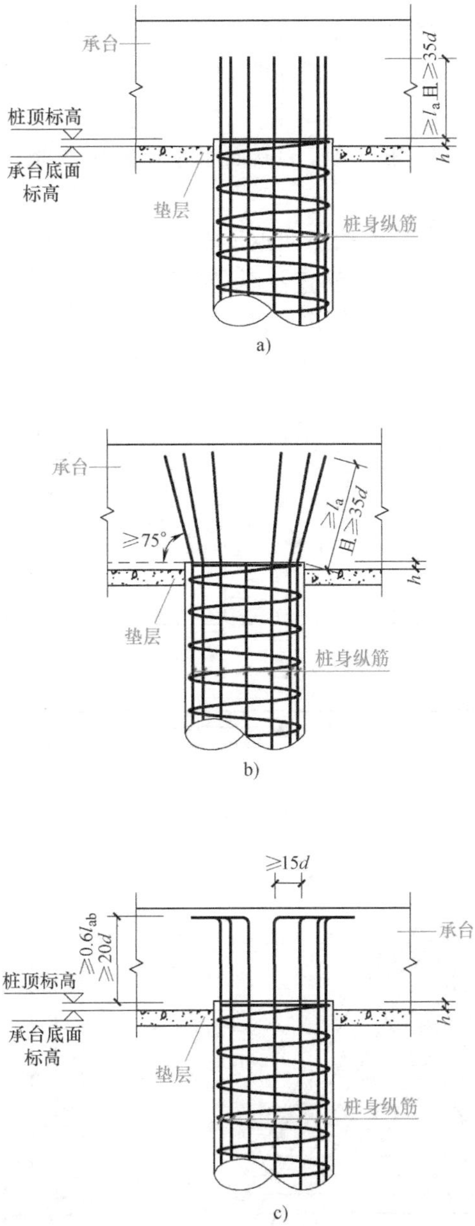

图 8-37　灌注桩顶与承台的连接构造

a）连接构造 1　b）连接构造 2　c）连接构造 3

桩基础螺旋箍筋加工

台梁编号、截面尺寸、配筋三项必注内容，以及承台梁底面标高（与承台底面基准标高不同时）、必要的文字注解两项选注内容；原位标注内容包括承台梁的附加箍筋或（反扣）吊筋标注。

（二）桩承台配筋构造

1. 桩承台配筋构造要求

1）当桩直径或桩截面边长<800mm，桩顶嵌入承台 50mm；当桩直径或桩截面边长≥

800mm，桩顶嵌入承台 100mm。

2）桩中纵筋伸入承台或承台梁内的长度不宜小于 35 倍钢筋直径，且不小于 l_a。

3）拉筋直径一般为 8mm，间距为箍筋的 2 倍，当设有多排拉筋时，上下两排拉筋竖向错开设置。

4）当柱下采用大直径的单桩，且柱的截面小于桩的截面时，也可以取消承台，将柱中的纵筋锚固在大直径桩内。

5）以三桩承台为例，受力钢筋按三向板带均匀布置，钢筋按三向咬合布置，最里面的三根钢筋应在柱截面范围内。承台纵筋直径不宜小于 12mm，间距不宜大于 200mm，其最小配筋率≥0. 15%，板带上宜布置分布钢筋，施工按设计文件标注的钢筋进行施工，如图 8-38 所示。

三桩承台

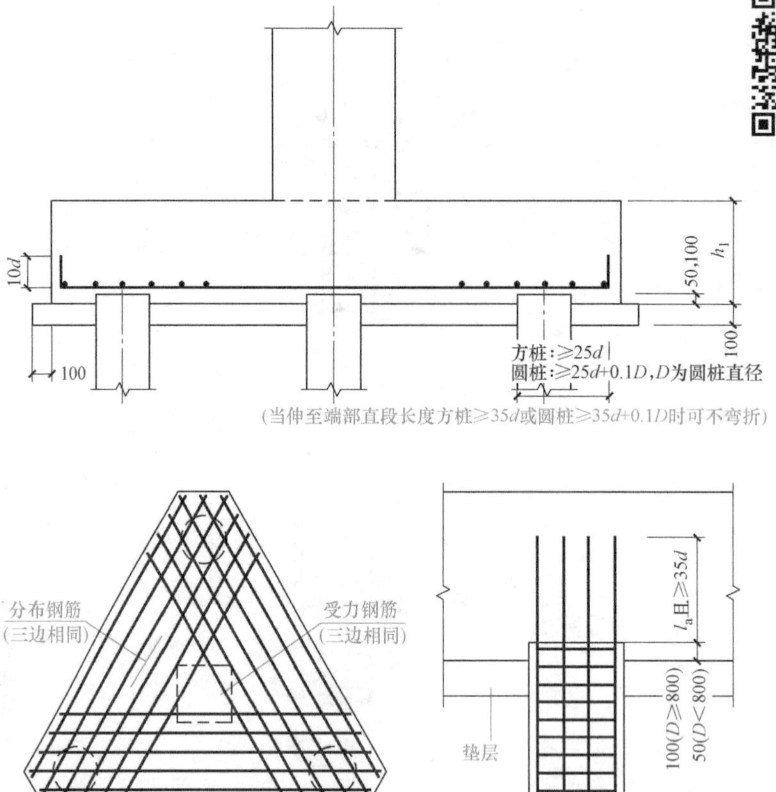

图 8-38　三桩承台钢筋布置

2. 矩形承台配筋构造

矩形承台配筋构造如图 8-39 所示。

3. 墙下单排桩承台梁配筋构造

墙下单排桩承台梁配筋构造如图 8-40 所示。拉筋直径为 8mm，间距为箍筋的 2 倍。当设有多排拉筋时，上下两排拉筋竖向错开设置。

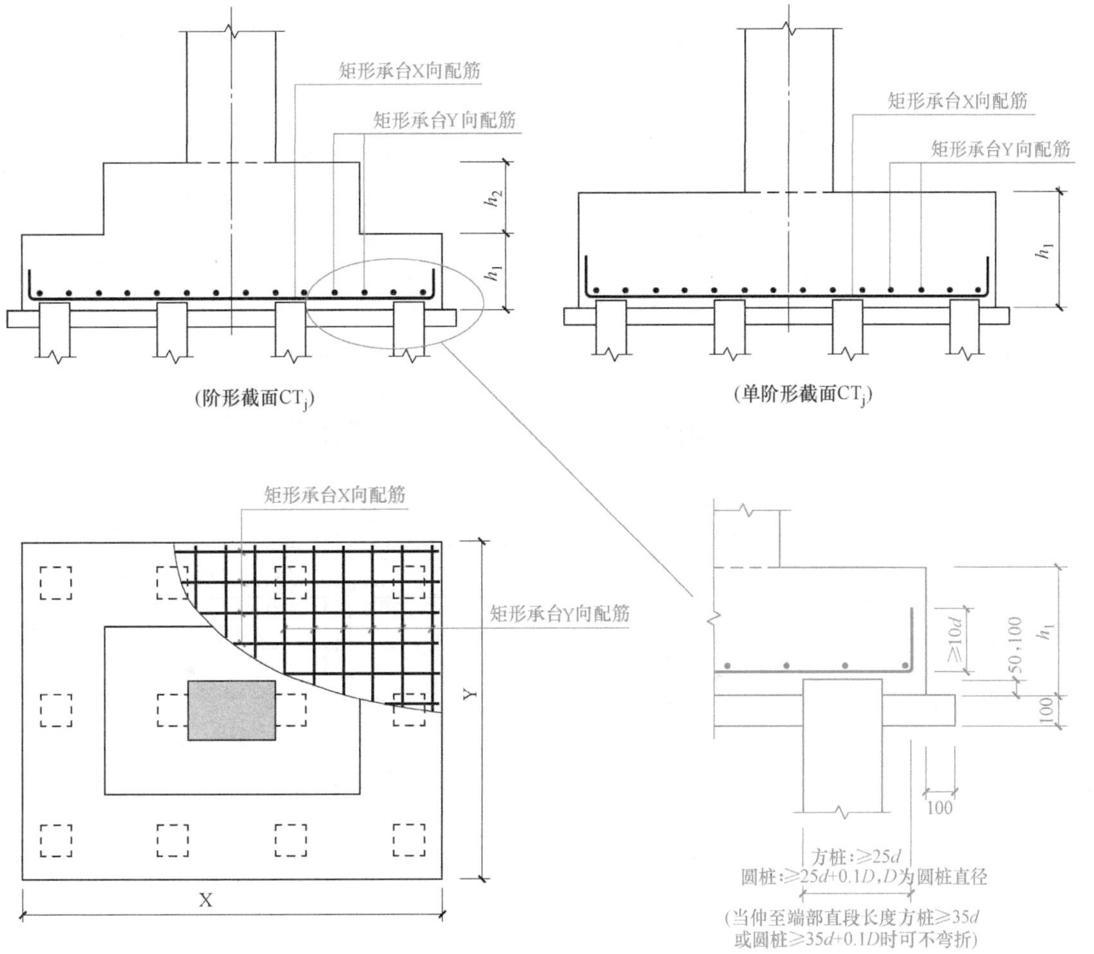

图 8-39 矩形承台配筋构造

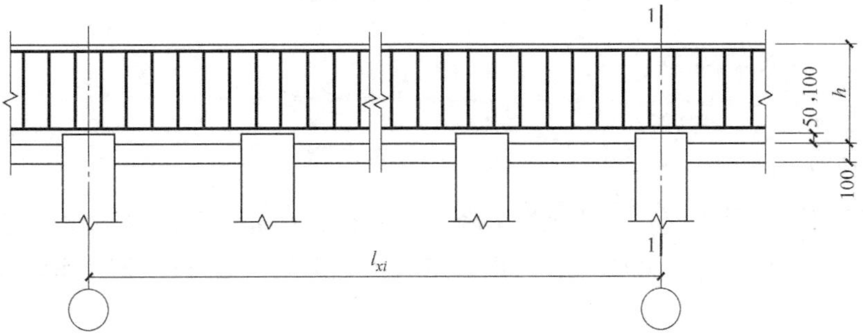

图 8-40 墙下单排桩承台梁配筋构造

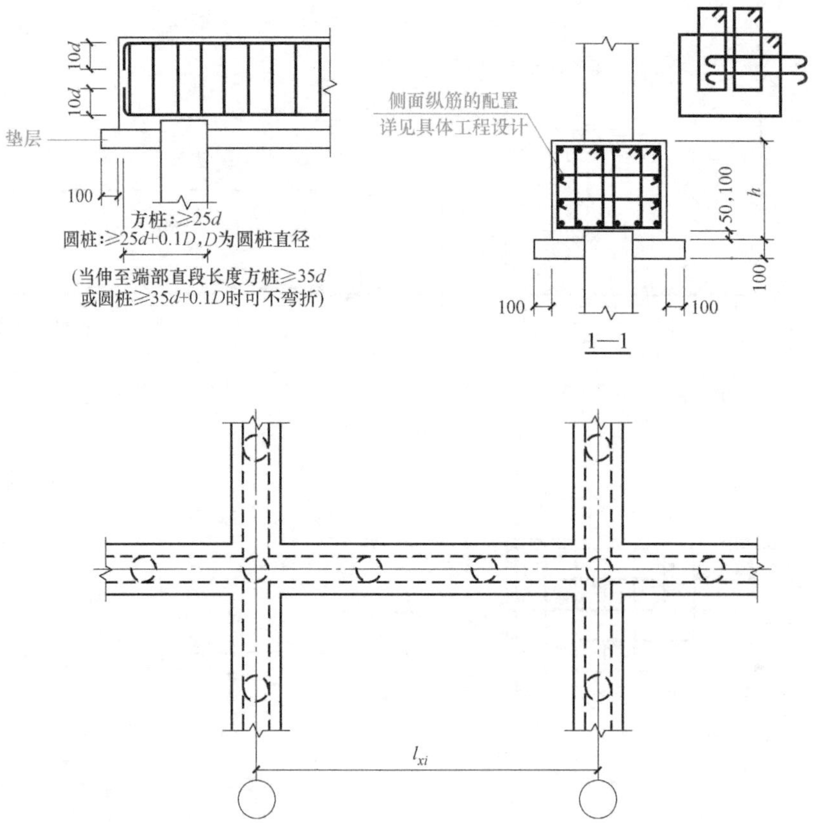

图 8-40 墙下单排桩承台梁配筋构造（续）

任务 4　掌握基础相关构造

一、柱下筏板局部增加板厚构造

柱下筏板局部增加板厚构造如图 8-41 和图 8-42 所示。

二、基础连系梁构造

1. 基础中各种梁的区别

（1）框架梁 KL

当独立基础埋置深度较大，设计为了降低底层柱的计算高度，也会设置与柱相连的梁（不同时作为连系梁设计），此时设计将该梁定义为框架梁 KL，按框架梁 KL 的构造要求进行施工。

（2）非框架梁 L

有些情况下，设计为了布置上部墙体而设置了一些梁（不同时作为连系梁设计），可视为直接以独立基础或桩承台为支座的非框架梁，设计标注为 L，按非框架梁进行施工。

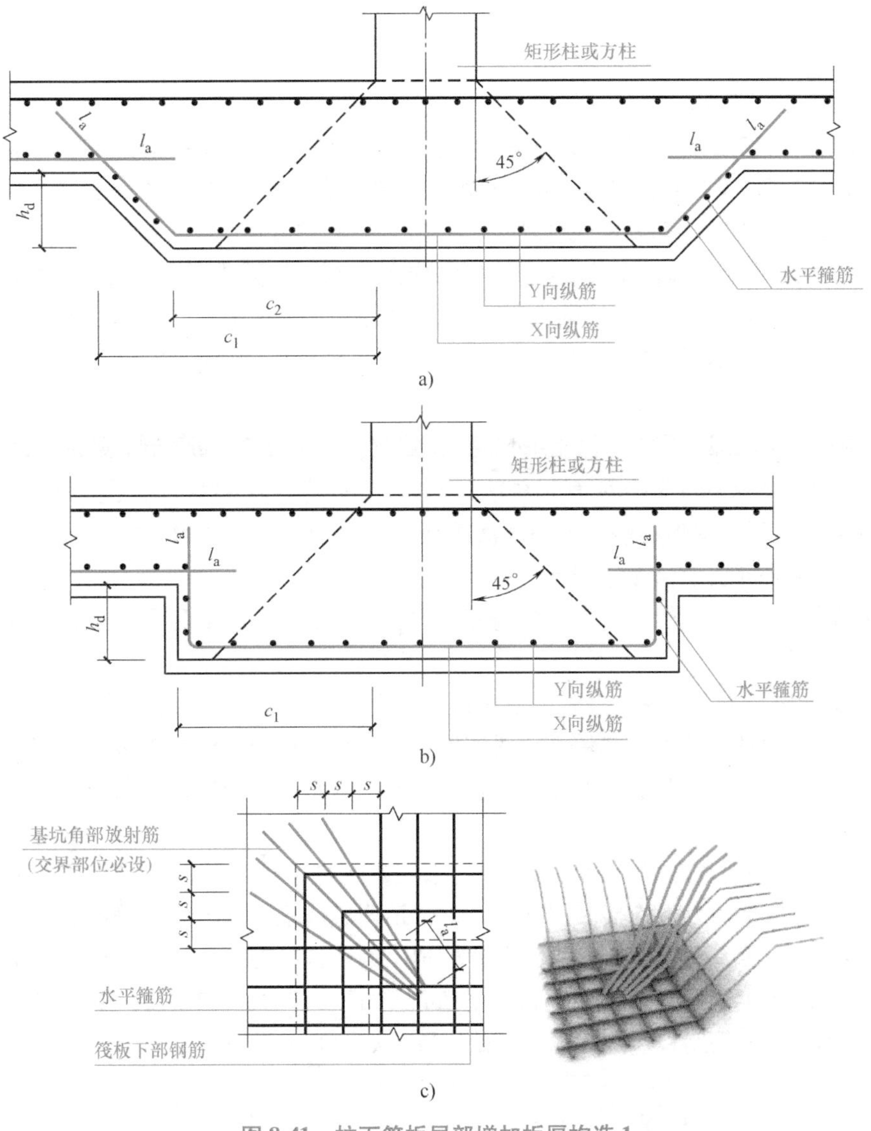

图 8-41　柱下筏板局部增加板厚构造 1

a）局部增加板厚构造 1　b）局部增加板厚构造 2　c）局部增加板厚角部放射筋

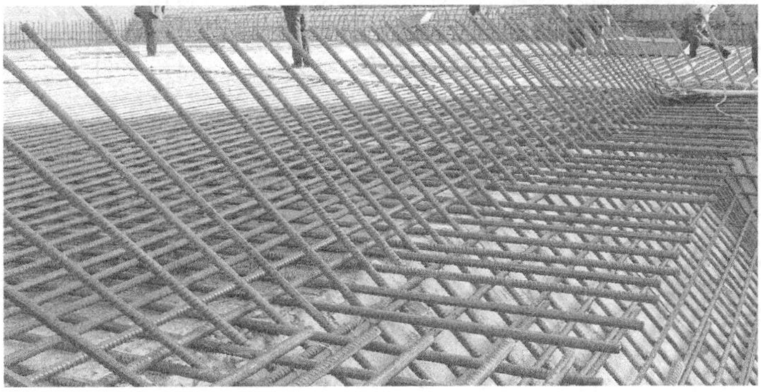

图 8-42　柱下筏板局部增加板厚构造 2

(3) 基础梁 JL

基础梁属于基础的重要组成部分。

(4) 基础连系梁 JLL

基础连系梁指连接独立基础、条形基础或柱基承台的梁。当建筑基础形式采用桩基础时，桩基承台间设置连系梁能够起到传递并分布水平荷载、减小上部结构传至承台弯矩的作用，增强各桩基之间的共同作用和基础的整体性。当建筑基础形式采用柱下独立基础时，为了增强基础的整体性，调节相邻基础的不均匀沉降也会设置连系梁。连系梁顶面宜与独立基础顶面位于同一标高。有些工程中，基础连系梁设置在基础顶面以上，也可能兼作其他的功用。配筋构造中，基础连系梁顶面与基础顶面平齐时，基础顶面为嵌固部位，连系梁伸入支座内长度 l_a。

2. 基础连系梁应满足的构造要求

1) 纵筋在跨内连通，钢筋长度不足时锚入支座内，从柱边缘开始锚固，其锚固长度应≥l_a。

2) 当基础连系梁位于基础顶面上方时，上部柱底部箍筋加密区范围从连系梁顶面起算。

3) 一般情况下，基础连系梁第一道箍筋从柱边缘 50mm 处开始布置；当承台配有钢筋笼时，第一道箍筋可从承台边缘开始布置。

4) 上部结构按抗震设计时，为平衡柱底弯矩而设置的基础连系梁应按抗震设计，抗震等级同上部框架。

5) 桩基础连系梁，一柱一桩时，应在桩顶两个主轴方向上设置连系梁。当桩与柱的截面直径之比大于 2 时，可不设连系梁。两桩桩基的承台应在短向设置连系梁。有抗震设防要求的柱下桩基承台，宜沿两个主轴方向设置连系梁。桩基承台间的连系梁顶面宜与承台顶面位于同一标高。

6) 上部结构底层地面以下设置的基础连系梁称为地下框架梁，构造形式同框架梁。地下框架梁位于基础顶面以下连接底层柱时，上部结构底层框架柱下端的箍筋加密高度从地下框架梁顶面开始计算，地下框架梁顶面至基础顶面为短柱时见具体设计。地下框架梁端支座纵筋水平段长度不小于 $0.4l_{ab}$，弯折长度为 $15d$，中间支座顶部筋贯通，下部筋锚固 l_a，地下框架梁的第一道箍筋距柱边缘 50mm 开始设置，如图 8-43 所示。

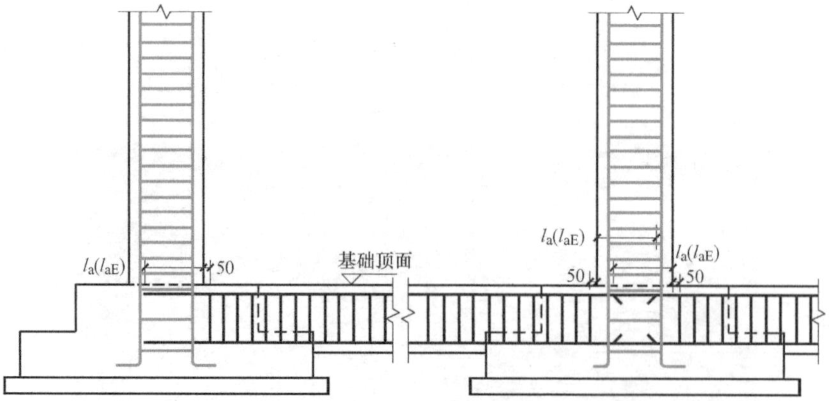

a)

图 8-43 基础连系梁 JLL 配筋构造

a) 配筋构造 1

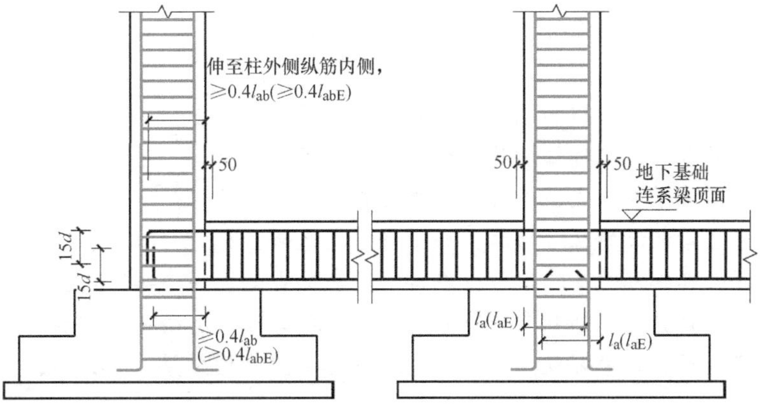

b)

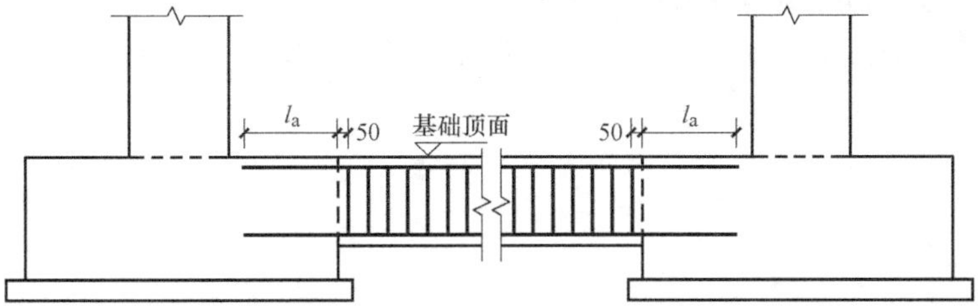

不作为基础连系梁；梁上部纵筋保护层厚度≤5d时，
锚固长度范围内应设横向钢筋

c)

图 8-43　基础连系梁 JLL 配筋构造（续）

b）配筋构造 2　c）搁置在基础上的非框架梁

自我检验

一、单选题

1. 条形基础底板配筋构造中，在两向受力钢筋交接处的网状部位，分布钢筋与同向受力钢筋的搭接长度为（　　）。

A. l_{lE}　　B. 150mm　　C. $b/4$　　D. l_l

2. 下列关于灌注桩纵筋的表示方法叙述错误的是（　　）。

A. 通长等截面配筋，注写全部纵筋，如 16Φ25

B. 部分长度配筋，注写桩纵筋，如 16Φ20/15000

C. 通长变截面配筋，注写桩纵筋，包括贯通纵筋 12Φ25，8Φ22/10000，表示桩贯通纵筋为 12Φ25；桩非贯通纵筋为 8Φ22，从桩顶伸入桩内长度为 10000mm，桩顶范围 10000mm 内钢筋为 12Φ25+8Φ22

D. 通长变截面配筋，注写桩纵筋，包括贯通纵筋 12Φ25+8Φ22/10000，表示桩贯通纵筋为 8Φ22；桩非贯通纵筋为 12Φ25，从桩顶伸入桩内长度为 10000mm，桩顶范围 10000mm 内钢筋为 12Φ25+8Φ22

3. 平板式筏形基础平板端部等截面外伸时，节点做法正确的是（　　）。

A. 上下部弯折 12d　　　　B. 上下部弯折

C. 上部弯折 12d，下部弯折 15d　　　　D. 必须封闭

二、简答题

1. 条形基础梁的集中标注和原位标注的内容有哪些？

2. 条形基础底板的集中标注和原位标注的内容有哪些？

3. 条形基础基础梁端部变截面外伸的钢筋构造要点是什么？

4. 两向基础主梁相交的柱下区域，梁中箍筋怎么布置？

5. 基础主梁上部钢筋的连接区位置在哪里？底部贯通纵筋连接区位置在哪里？

6. 基础主梁（JL）与基础次梁（JCL）梁顶（或梁底）有高差时钢筋构造有何不同？

7. 基础主梁（JL）与基础次梁（JCL）纵筋连接区与框架梁（KL）的纵筋连接区位置有何不同？

8. 平板式筏形基础可以划分为哪些板带？

9. 筏形基础中平板式基础的端部边缘侧面封边钢筋构造要点是什么？

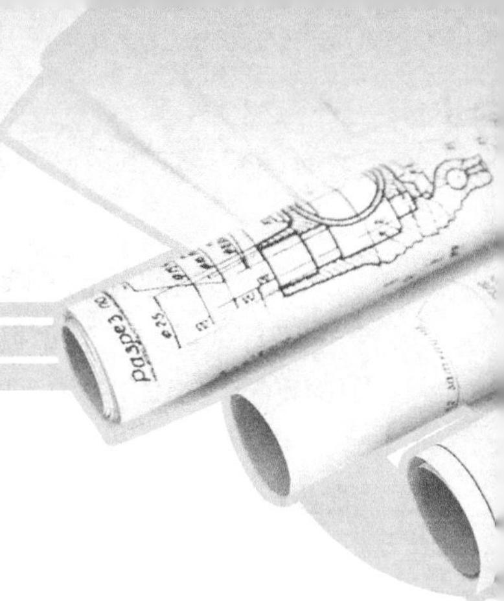

项目九

钢筋加工、连接及安装

项目分析

钢筋加工和安装是将图纸落到实处的关键环节。在加工过程中，根据加工单要求，结合实际，厉行节约，同时要根据图纸和加工单要求，保证钢筋位置准确，确保结构安全，争创结构优良工程。

知识目标

1. 了解钢筋加工机械的工作原理和工作流程。
2. 理解钢筋加工的要求和标准。
3. 理解钢筋连接的要求和标准。

技能目标

能够根据钢筋下料图和结构施工图，正确进行钢筋加工和安装，并符合规范要求。

素养目标

通过学习钢筋加工、安装，培养精益求精的工匠精神。

知识准备

任务1　钢筋的加工

所有钢筋在加工前都要进行材质检验。钢筋加工工艺通常包括钢筋的调直、除锈、切断、弯曲成形等。钢筋工程的施工工艺为审查图纸→绘制钢筋翻样图和填写配料单→钢筋购入、检验→钢筋加工→钢筋连接与安装→隐蔽工程检查与验收。

一、钢筋的分类与检验

（一）钢筋的分类

普通混凝土结构用钢筋分为热轧钢筋和冷轧带肋钢筋。

1. 热轧钢筋

热轧钢筋一般包括普通热轧钢筋和细晶粒热轧钢筋。

1）普通热轧钢筋牌号有 HPB300、HRB400、HRB500、HRB600、HRB400E、HRB500E。

2）细晶粒热轧钢筋（在热轧过程中，通过控轧和控冷工艺形成的细晶粒钢筋）牌号有 HRBF400、HRBF500、HRBF400E、HRBF500E。

牌号带“E”的钢筋和普通钢筋的本质区别就是带“E”的钢筋具有更好的延性，从而能够更好地保证重要结构构件在地震时具有足够的塑性变形能力和耗能能力。

2. 冷轧带肋钢筋

冷轧带肋钢筋（图 9-1）按照延性高低分为普通冷轧带肋钢筋（CRB+抗拉强度特征值）和高延性冷轧带肋钢筋（CRB+抗拉强度特征值+H），C、R、B、H 分别为冷轧（Cold rolled）、带肋（Ribbed）、钢筋（Bar）、高延性（High elongation）四个词的英文首字母。

图 9-1　冷轧带肋钢筋

高延性冷轧带肋钢筋是国内近年来研制开发的新型冷轧带肋钢筋，其生产工艺增加了回火热处理过程，有明显的屈服点，强度和伸长率指标均有显著提高。外形与细直径热轧带肋钢筋相似，为沿长度方向均匀分布的二面横肋，可加工性能良好。

冷轧带肋钢筋分为 CRB550、CRB650、CRB800、CRB600H、CRB680H、CRB800H 六个牌号。CRB550、CRB600H 为普通钢筋混凝土用钢筋，用于钢筋混凝土板类构件和墙中的受力钢筋，梁、柱中的箍筋以及构造钢筋等；CRB650、CRB800、CRB800H 为预应力混凝土用钢筋。

CRB550、CRB600H、CRB680H 冷轧带肋钢筋的公称直径范围为 4 ~ 12mm，CRB650、CRB800、CRB800H 公称直径分别为 4mm、5mm、6mm。

目前工程大量使用 HRB400、HRB500、HRB600 钢筋，逐步淘汰 HPB300、HRB335 钢筋，推广使用高延性冷轧带肋钢筋，因为其节约资源、降低造价、方便施工，社会效益和经济效益十分显著。

（二）钢筋的表面标志

钢筋的表面标志规定如下：

1）钢筋应在其表面轧上牌号标志、生产企业序号（许可证后 3 位数字）和公称直径毫米数字，还可轧上经注册的厂名或商标。

2）钢筋牌号以阿拉伯数字或阿拉伯数字加英文字母表示，HRB400、HRB500、HRB600 分别以 4、5、6 表示，HRBF400、HRBF500 分别以 C4、C5 表示，HRB400E、HRB500E 分

别以 4E、5E 表示，HRBF400E、HRBF500E 分别以 C4E、C5E 表示。厂名以汉语拼音字头表示。公称直径毫米数以阿拉伯数字表示，如图 9-2 所示。

3）标志应清晰明了，标志的尺寸由供方按钢筋直径大小做适当规定，与标志相交的横肋可以取消。

图 9-2　钢筋牌号

（三）钢筋检查项目及方法

1. 主控项目

1）钢筋进场时，先检查产品合格证、出厂检验报告和进场复验报告，并应按国家现行相关标准的规定，抽取试件（含钢筋连接试件）做力学性能和质量偏差检验，检验结果必须符合有关标准的规定。

2）对有抗震设防要求的结构，其纵筋的性能应满足设计要求；当设计无具体要求时，按一、二、三级抗震等级设计的框架和斜撑构件（含梯段）中的纵筋应采用 HRB400E、HRB500E、HRBF400E 或 HRBF500E 钢筋，其强度和最大力下总伸长率的实测值应符合下列规定：

① 钢筋的抗拉强度实测值与屈服强度实测值的比值不应小于 1. 25。

② 钢筋的屈服强度实测值与强度标准值的比值不应大于 1. 30。

③ 钢筋的最大力下总伸长率不应小于 9%。

3）当发现钢筋脆断、焊接性能不良或力学性能显著不正常时，应对该批钢筋进行化学成分检验或其他专项检验。

2. 一般项目

钢筋进场时和使用前应全数检查，所用钢筋应平直、无损伤，表面不得有裂纹、油污、颗粒状或片状老锈。

（四）钢筋拉伸、弯曲、质量偏差试样检验

钢筋检验主要进行钢筋拉伸（指标：下屈服强度、抗拉强度、断后伸长率、最大力下总延伸率，不同根或盘钢筋切取 2 个试样）、弯曲（不同根或盘钢筋切取 2 个试样，对牌号带 E 的钢筋应取 1 个试样进行反向弯曲试验，可代替弯曲试验）、质量偏差（切取 5 个试样，每个长度≥500mm）项目检验。钢筋检验按批进行，每批由同一牌号、同一炉罐号、同一规格的钢筋组成；每批质量通常不大于 60t；超过 60t 的部分，每增加 40t（或不足 40t 的余数），各增加一个拉伸和弯曲试样。

盘卷供货的钢筋调直后应抽样检验力学性能和单位长度质量偏差，应符合国家现行有关产品标准和验收规范的规定。

二、钢筋的加工过程

钢筋加工宜在专业化加工厂常温状态下进行，加工过程中不应加热钢筋。钢筋弯折应一次完成，不得反复弯折。

1. 钢筋除锈

《混凝土结构工程施工质量验收规范》（GB 50204—2015）规定：钢筋应平直、无损伤，表面不得有裂纹、油污、颗粒状或片状老锈。

钢筋除锈工作应在调直后、弯曲前进行，并应尽量利用冷拉和调直工序进行除锈。常用的有人工除锈、酸洗除锈和机械除锈。

（1）人工除锈

利用人力，使用刮刀、钢丝刷等工具，对钢筋锈斑进行处理。先把钢筋锈斑敲松，然后用刮刀、钢丝刷去除。

（2）酸洗除锈

将专业去除钢筋锈斑的除锈剂喷涂到钢筋表面，除锈剂与钢筋锈斑发生化学反应，使钢筋锈斑脱落，清洗后能还原钢筋原色。

（3）机械除锈

一般通过圆盘钢丝刷转动去除钢筋表面的锈斑。直径小的盘条钢筋可以通过调直过程自动去锈。

2. 钢筋调直

弯曲不直的钢筋受力后容易导致混凝土出现裂缝，以致产生不应有的破坏，同时造成钢筋下料不准确，影响钢筋的成形、绑扎、安装。对于盘圆钢筋，调直更是钢筋加工中不可缺少的工序。

（1）钢筋调直的要求

钢筋宜采用无延伸功能的机械设备进行调直，也可采用冷拉方法调直。当采用冷拉方法调直时，HPB300 光圆钢筋的冷拉率、不宜大于 4%，HRB400、HRB500、HRBF400、HRBF500、RRB400 带肋钢筋的冷拉率不宜大于 1%，钢筋调直过程中，不应损伤带肋钢筋的横肋。调直后的钢筋应平直，无局部曲折。目前钢筋主要采用机械调直方法进行调直，如图 9-3 所示。

图 9-3 钢筋集中加工厂数控调直切断机

数控调直切断机安全操作规程如下：

1）开机前应认真检查设备各部位是否完整，安全防护装置及紧固件是否可靠，电气线路有无漏电破损，传动部分是否正常，液压及润滑系统是否畅通正常，确认无误后方可开机。

2）根据加工钢筋直径，选择适当的调直块、电引轮槽及运转速度，调整调直块直至满足加工要求。

3）打开电源开关，设备空运转6min，确认无异常后，盖好防护罩，方可正式生产。

4）设备运行中应经常观察液压站的工作状态是否良好，设备运行是否正常，有无异常声响，发现异常立即停车检修。

5）工作结束或下班前，关闭电源，清理设备及周边的氧化皮、尘土、杂物及料头，清理工作场地及责任区域卫生，做好设备运行记录或交接班记录。

（2）钢筋调直的操作要点

1）试运转：首先从空载开始，确认运转可靠之后才可以进料、试验调直和切断。

2）试断筋：为保证断料长度合适，应在机器开动后试断3~4根钢筋检查，以便出现偏差能得到及时纠正。

3. 钢筋切断

钢筋切断常见有人工切断和机械切断两种方式。在切断过程中，将同规格钢筋根据不同长度搭配，一般应先断长料，后断短料，以减少断头接头和损耗；如发现钢筋有劈裂、缩头或严重的弯头等，则必须切除；如发现钢筋的硬度与该钢种有较大的出入，应及时向有关人员反映，查明情况。图9-4为便携式手动钢筋切断机，图9-5为大型钢筋切断机。

图9-4　便携式手动钢筋切断机

图9-5　大型钢筋切断机

大型钢筋切断机安全操作规程如下：

1）接送料的工作台面应和切刀下部保持水平，工作台长度可根据加工材料长度确定。

2）启动前应检查并确认切刀无裂纹，刀架螺栓紧固，防护罩牢靠，然后用手转动轮子，检查齿轮啮合间隙，调整切刀间隙。

3）启动后应先空载运转，检查各转动部分及轴承运转正常后方可作业。

4）机械未达到正常转速时不得切料。

5）不得剪切直径及强度超过机械规定的钢筋；一次切断多根钢筋时，其截面总面积应在规定范围内。

6）剪切低合金钢筋时，应更换高硬度切刀，剪切直径应符合机械铭牌规定。

7）切断短料时，手和切刀之间的距离应保持在150mm以上，当手握端小于400mm时，应用套管或夹具将钢筋头压住或夹牢。

8）运转中严禁用手直接清除切刀附近的断头和杂物，钢筋摆动周围和切刀周围，不得停留非操作人员。

9）当发现机械运转不正常、有异常响声或切刀歪斜时，应立即停机检修。

10）已切断的钢筋，堆放要整齐，防止切口突出，导致误踢割伤。作业后应切断电源，用钢刷清除切刀间的杂物，并进行整机清洁润滑。

4. 钢筋弯曲成形

钢筋弯曲成形是将已切断、配好的钢筋按照施工图的要求加工成规定的形状尺寸。钢筋弯曲成形的顺序：准备工作→画弯曲点→做样件→弯曲成形。弯曲分人工弯曲和机械弯曲两种。

（1）准备工作

依据钢筋配料单打印好料牌（工程名称、钢筋编号、根数、规格、式样及下料长度等），以便于将加工好的钢筋系上料牌。

（2）画弯曲点

在弯曲成形之前，熟悉待加工钢筋的规格、形状和各段长度尺寸，将钢筋的各段长度尺寸包括弯曲点画在钢筋上（在画钢筋的分段尺寸时，将不同角度的弯曲调整值在弯曲操作方向相反的一侧长度内扣除，画上弯曲点）。根据弯曲点按规定方向弯曲后得到的成形钢筋，应基本与设计图要求的尺寸相符。

（3）做样件

弯曲钢筋画线后，即可试弯一根，以检查画线的结果是否符合设计要求。如不符合，应对弯曲顺序、画线、弯曲点标志、扳距等进行调整，待调整合格后方可成批弯制。

（4）弯曲成形

钢筋弯曲机主要是利用工作盘的旋转对钢筋进行各种弯曲、弯钩、半箍、全箍等作业的设备，以满足钢筋混凝土结构中对各种钢筋形状的要求。

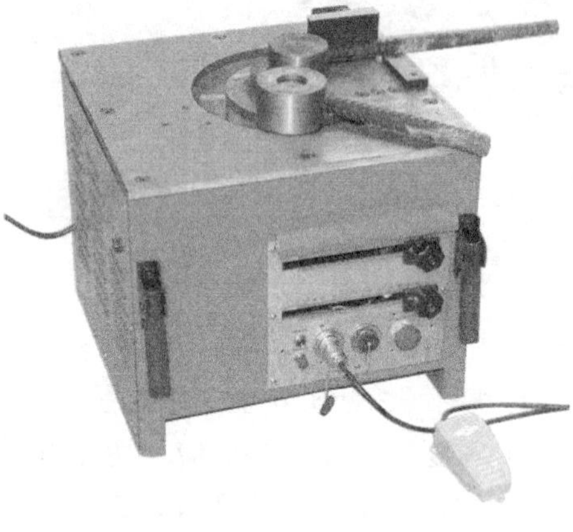
图 9-6　钢筋弯曲机

图 9-6 为 GW-40 型钢筋弯曲机的构造，弯曲机的工作盘安装在主轴的顶端，它是一个用铸铁加工成的圆盘，是弯曲机的工作部分。盘面共有 9 个孔位，中心孔用于安装芯轴。为了保证弯曲半径，必须选用不同直径的芯轴，工作过程如图 9-7 所示。

在不同的转速下，一次最多能弯曲的钢筋根数应根据其直径的大小按弯曲机的说明书执行。弯曲机的操作规程如下：

1）操作前要对机械各部件进行全面检查并试运转，检查齿轮、轴套等设备是否齐全。

2）要熟悉倒顺开关的使用方法以及所控制的工作盘旋转方向，使钢筋的放置与成形轴、挡铁轴的位置相配合。

3）使用钢筋弯曲机时，应先试弯，以摸索规律。

5. 质量检查

钢筋加工允许偏差应符合表 9-1 的规定。

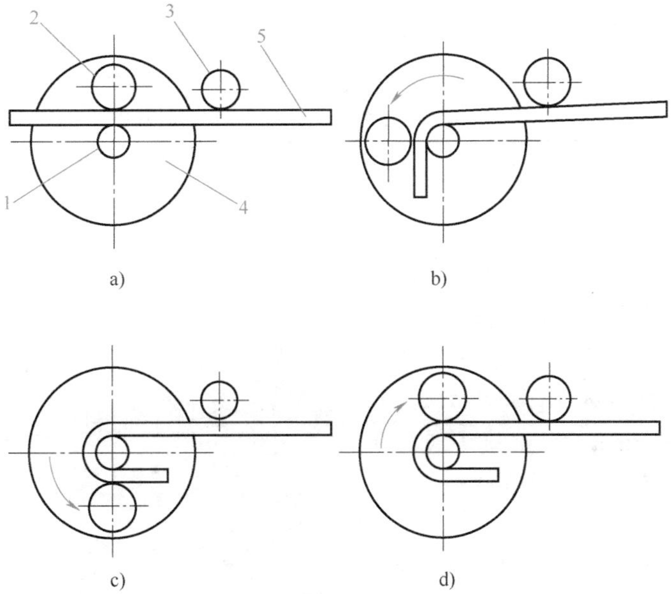

图 9-7　钢筋弯曲机工作过程示意图

a）装料　b）弯 90°　c）弯 180°　d）工作盘复位过程

1—心轴　2—成型轴　3—挡铁轴　4—工作盘　5—被弯钢筋

表 9-1　钢筋加工允许偏差

项目	允许偏差/mm	检验方法
受力钢筋沿长度方向的净尺寸	±10	钢直尺检查
钢直尺检查弯起钢筋的弯折位置	±20	
箍筋外廓尺寸	±5	

任务 2　钢筋的连接

工程中钢筋往往因长度不够或施工工艺要求等必须进行连接。钢筋常用的连接方式有焊接连接、机械连接和绑扎搭接三种，各种连接方式的特点见表 9-2。

表 9-2　绑扎搭接、机械连接、焊接连接的特点

类型	机理	优点	缺点
绑扎搭接	利用钢筋与混凝土之间的黏结锚固作用实现传力	应用广泛，连接形式简单	对于直径较粗的受力钢筋，绑扎搭接长度较长，施工不方便，且连接区域容易发生过宽的裂缝
机械连接	利用钢筋与连接件的机械咬合作用或钢筋端面的承压作用实现钢筋连接	比较简单，可靠	机械连接接头连接件的混凝土保护层厚度以及连接件间的横向净距离将减小

（续）

类型	机理	优点	缺点
焊接连接	利用热熔化金属实现钢筋连接	节省钢筋，接头成本低	焊接接头由于人工操作的差异，连接质量不稳定

一、焊接连接

焊接连接分为闪光对焊、电弧焊、电渣压力焊、电阻点焊、气压焊等。

两根同牌号、不同直径的钢筋可进行闪光对焊、电渣压力焊或气压焊。闪光对焊时钢筋径差不得超过4mm，电渣压力焊时，钢筋径差不得超过7mm，焊接接头应分批进行外观质量检查和力学性能检验。

1. 闪光对焊

闪光对焊原理是利用对焊机（图9-8），将两钢筋以对接形式水平安放在对焊机上，利用电阻热使接触点金属熔化，产生强烈闪光和飞溅，迅速施加顶锻力完成的一种压焊方法。一个闪光焊接接头会使钢筋缩短10~30mm。

图9-8　对焊机

（1）闪光对焊要求

1）当钢筋直径较小，钢筋牌号较低时，可采用连续闪光焊，连续闪光焊所能焊接的钢筋直径上限，应根据焊机容量、钢筋牌号等具体情况而定，见表9-3。

2）当钢筋直径超过连续闪光焊规定且钢筋端面较平整时，宜采用预热闪光焊。

3）当钢筋直径超过连续闪光焊规定且钢筋端面不平整时，应采用闪光预热闪光焊。

表9-3　连续闪光焊钢筋直径上限

焊机容量/kV·A	钢筋牌号	钢筋直径/mm
160 （150）	HPB300 HRB400、HRBF400	22 20
100	HPB300 HRB400、HRBF400	20 18
80 （75）	HPB300 HRB400、HRBF400	16 12

（2）闪光对焊接头外观质量要求

1）对焊接头表面应呈圆滑、带毛刺状，不得有肉眼可见的裂纹。

2）与电极接触处的钢筋表面不得有明显烧伤。

3）接头处的弯折角度不得大于2°。

4）接头处的轴线偏移不得大于钢筋直径的1/10，且不得大于1mm。

2. 电弧焊

电弧焊是以焊条（焊丝）作为一极，钢筋作为另一极，利用焊接电流通过产生的电弧热进行焊接的一种熔焊方法。电弧焊包括焊条电弧焊和二氧化碳气体保护电弧焊两种工艺方法。

电弧焊包括帮条焊、搭接焊（图9-9）、坡口焊（包括平焊和立焊，平焊如图9-10所示）、窄间隙焊、熔槽帮条焊等接头形式，其广泛用于钢筋接头与钢筋骨架焊接、钢筋与钢板焊接及各种钢结构焊接。各种电弧焊接接头形式如图9-11所示。

图9-9　搭接焊

图9-10　平焊

（1）电弧焊要求

1）应根据钢筋牌号、直径、接头形式和焊接位置，选择焊接材料，确定焊接工艺和焊接参数。

2）焊接时，引弧应在垫板、帮条或形成焊缝的部位进行，不得烧伤主筋。

3）焊接地线与钢筋应接触良好。

4）焊接过程中应及时清渣，焊缝表面应光滑，焊缝余高应平缓过渡，弧坑应填满。

5）当可采用帮条焊或双面焊时，宜优先采用双面焊。

（2）电弧焊接头外观质量要求

1）焊缝表面应平整，不得有凹陷或焊瘤。

2）焊接接头区域不得有肉眼可见的裂纹。

3）焊缝余高应为2~4mm。

4）咬边、气孔、夹渣等缺陷允许值及接头尺寸的允许偏差，应符合规范规定。

3. 电渣压力焊

电渣压力焊指将两根钢筋安放成竖向对接形式，通过直接引弧法或间接引弧法，利用焊接电流通过两根钢筋端面间隙，在焊剂层下形成电弧过程和电渣过程，产生电弧热和电阻热，熔化钢筋，加压完成的一种压焊方法。电渣压力焊机头和现场施工照片如图 9-12 所示。电渣压力焊适用于钢筋混凝土结构构件中竖向或斜向（倾斜度不大于 10°）钢筋焊接。

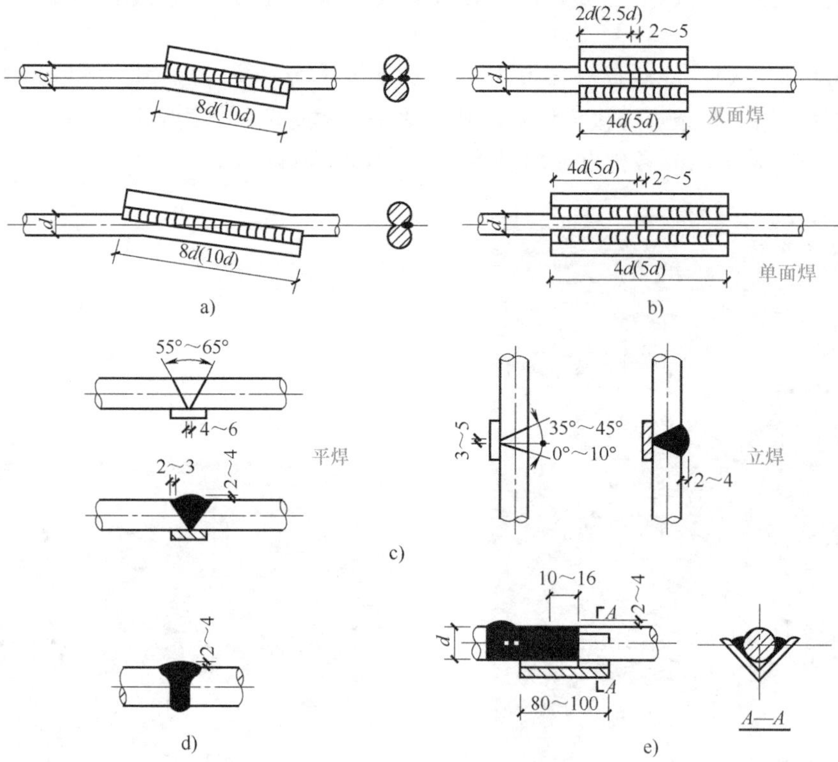

图 9-11　电弧焊接接头形式

a）搭接焊　b）帮条焊　c）坡口焊　d）窄间隙焊　e）熔槽帮条焊

注：括号外数据适用于 HPB300 钢筋，括号内数据适用于 HRB400 及以上钢筋。

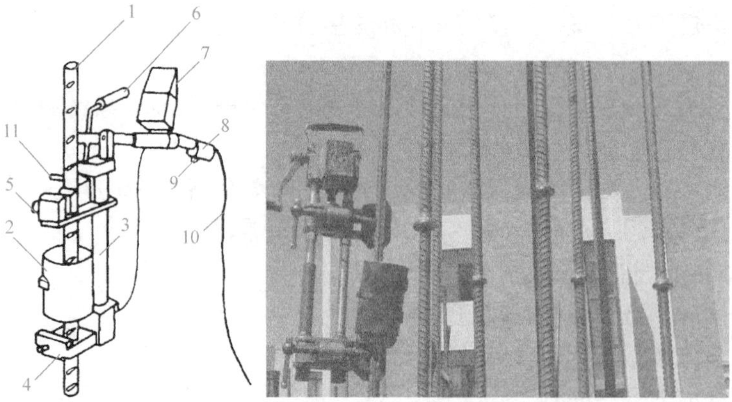

图 9-12　电渣压力焊机头和现场施工照片

1—钢筋　2—焊剂盒　3 —单导柱　4—下部固定夹钳　5—上部活动夹钳　6—手柄　7—监控仪表　8—操作把　9—开关　10—控制电缆　11—电缆插座

（1）电渣压力焊工艺过程

1）安装焊接夹具和钢筋。先将焊接夹具的下夹钳夹住下部钢筋端部，位置为1/2焊剂罐高度偏下5~10mm，以确保焊接处的焊剂有足够的掩埋深度，插入上部钢筋，用焊接夹具上夹钳夹紧，焊机负极线连接到钢筋上，调动夹头的起始点，使上下钢筋的焊接部位位于同轴状态，上下钢筋中心线对齐，连接电源即形成一个闭合的电路，钢筋一经夹紧，严防晃动，以免上下钢筋错位和夹具变形。在连接的端面部位套上焊剂盒，用小铁簸箕将焊剂装入焊剂盒，同时用棒条插捣，使焊剂盒中的焊剂均匀，以保证鼓包均匀。

2）引弧。通过操纵杆或操纵盒上的开关，接通焊机的焊接电流回路和电源的输入回路，在钢筋端面之间引燃电弧，开始焊接，摇动手柄，将上部钢筋略提起，稳定电弧，使上下钢筋两端面均匀烧化。

3）电渣连接。引燃电弧后，应控制电压值。借助操纵杆使上下钢筋端面之间保持一定的间距，进行电弧过程的延时，使焊剂不断熔化而形成必要深度的渣池。随后逐渐下送钢筋，使上部钢筋端插入渣池约2mm，电弧熄灭，进入电渣过程的延时，钢筋全断面加速熔化。电渣过程结束后，迅速送上部钢筋，使其端面与下部钢筋端面相互接触，趁热排除熔渣和熔化金属，同时切断焊接电源。当烧化达到时间要求后，迅速摇转手柄，将上部钢筋下压，两钢筋端面间熔化的铁水均匀外挤。

4）回收焊剂。接头焊毕，应停歇20~30s后（在寒冷地区施焊时，停歇时间应适当延长），回收焊剂和卸下焊接夹具。焊接完成后的接头被包围在渣壳中，让接头保温0.5h左右，待冷却后敲去渣壳，露出带金属光泽的鼓包接头。

（2）电渣压力焊接头外观质量要求

1）四周焊包凸出钢筋表面的高度，当钢筋直径为25mm及以下时，不得小于4mm；当钢筋直径为28mm及以上时，不得小于6mm。

2）钢筋与电极接触处，应无烧伤缺陷。

3）接头处的弯折角度不得大于2°。

4）接头处的轴线偏移不得大于1mm。

4. 电阻点焊

电阻点焊指将两根钢筋（丝）安放成交叉叠接形式，压紧于两电极之间，利用电阻热熔化母材金属，加压形成焊点的一种压焊方法，如图9-13所示。电阻点焊主要用于钢筋的交叉连接，如用于焊接钢筋网片、钢筋骨架等。

图9-13　电阻点焊

5. 气压焊

气压焊指采用氧-乙炔火焰或氧-液化石油气火焰（或其他火焰），对两钢筋对接处加热，使其达到热塑性状态（固态）或熔化状态（熔态）后，加压完成的一种压焊方法，如图 9-14 所示。气压焊可用于钢筋在垂直位置、水平位置或倾斜位置的对接焊接。气压焊按加热温度和工艺方法的不同，可分为固态气压焊和熔态气压焊两种。

图 9-14　气压焊

二、机械连接

机械连接常采用带肋钢筋套筒挤压接头、锥螺纹钢筋接头、直螺纹钢筋接头，常用直螺纹钢筋接头。直螺纹钢筋接头包括钢筋镦粗直螺纹接头和钢筋剥肋滚轧直螺纹接头。目前最常见、采用最多的方式是钢筋剥肋滚轧直螺纹接头。直螺纹钢筋套筒连接是指将钢筋端部用滚轧工艺加工成直螺纹，并用相应的连接套筒将两根钢筋相互连接，如图 9-15 所示，其通常适用的钢筋级别为 HRB400、RRB400，适用的钢筋直径范围通常为 16~50mm。

图 9-15　直螺纹钢筋套筒连接

钢筋剥肋滚轧直螺纹接头与钢筋搭接焊相比较具有强度高、易操作、施工速度快、不受气候影响等优点。但是直螺纹连接要有科学的施工工艺和严格的控制措施，才能保证其质量的稳定性。

1. 设备机具

钢筋剥肋滚轧直螺纹机床（图 9-16）、砂轮切割机、普通扳手、扭矩扳手及钢卷尺等。

图 9-16　钢筋剥肋滚轧直螺纹机床

2. 材料准备

准备钢筋原材料、连接套筒、丝头保护帽，钢筋和连接套筒要提前做好进场检验。

钢筋机械连接接头性能根据极限抗拉强度、残余变形、最大拉力下总伸长率，以及高应力和大变形条件下反复拉压性能，分为Ⅰ级、Ⅱ级、Ⅲ级三个等级，各级要求见表 9-4。

表 9-4　钢筋机械连接接头分类要求

分类	要求
Ⅰ级	接头抗拉强度等于被连接钢筋的实际拉断强度或不小于 1.10 倍钢筋抗拉强度标准值，残余变形小并具有高延性及反复拉压性能
Ⅱ级	接头抗拉强度不小于被连接钢筋抗拉强度标准值，残余变形较小并具有高延性及反复拉压性能
Ⅲ级	接头抗拉强度不小于被连接钢筋屈服强度标准值的 1.25 倍，残余变形较小并具有一定的延性及反复拉压性能

结构设计图纸中应列出设计选用的钢筋接头等级和应用部位。接头等级的选定应符合下列规定：

1）混凝土结构中要求充分发挥钢筋强度或对延性要求高的部位应优先选用Ⅱ级接头。当在同一连接区段内必须实施 100%钢筋接头的连接时，应采用Ⅰ级接头。

2）混凝土结构中钢筋应力较高但对延性要求不高的部位可采用Ⅲ级接头。

3）结构构件中纵向受力构件钢筋机械连接接头的位置应相互错开。在任一接头中心至长度为钢筋直径 35 倍的区段范围内，在同一连接区段内纵筋截面面积占受力钢筋总截面面积的百分率应符合下列规定：

① 接头宜设置在结构受拉钢筋应力较小部位，当需要在高应力部位设置接头时，在同一连接区段内Ⅲ级接头的接头面积百分率不应大于 25%，Ⅱ级接头的接头面积百分率不应大于 50%。Ⅰ级接头的接头面积百分率除下面②所列情况可不受限制。

② 接头宜避开有抗震设防要求的框架的梁端、柱端箍筋加密区；当无法避开时，应采用Ⅱ级接头或Ⅰ级接头，且接头面积百分率不应大于 50%。

③ 受拉钢筋应力较小部位或纵向受压钢筋，接头面积百分率可不受限制。

④ 对直接承受动力荷载的结构构件，接头面积百分率不应大于 50%。

3. 加工安装流程

钢筋机械连接加工安装流程为钢筋端面切平→剥肋滚压螺纹→丝头质量检验→戴帽保护→现场安装→质量检验。

（1）钢筋端面切平

对端部不直的钢筋要预先调直，采用带锯、砂轮锯或带圆弧形刀片的专用钢筋切断机切平端面。端面应与钢筋轴线垂直。

（2）剥肋滚压螺纹

丝头加工时应采用水溶性润滑液，不得使用油性润滑液。丝头的不完整螺纹不得超过两个螺纹周长 。

（3）丝头质量检验

钢筋丝头宜满足 6f 级精度要求，应采用专用直螺纹量规检验。通规应能顺利旋入并达到要求的拧入长度，止规旋入不得超过3p（p为螺距），如图9-17所示。各规格的自检数量不应少于10%，检验合格率不应小于95%。

a)　　b)

图9-17　专用直螺纹量规

a）通规　b）止规

（4）戴帽保护

丝头加工完毕，经检验合格后，应立即戴上丝头保护帽，防止损坏丝头。

（5）现场安装

安装接头时可用管钳扳手拧紧，钢筋丝头应在套筒中央位置相互顶紧，标准型、正反丝型、异径型接头安装后的单侧外露螺纹不宜超过2p；接头安装后应用扭力扳手校核拧紧扭矩，最小拧紧扭矩值应符合表9-5的规定；校核用扭力扳手的准确度级别可选用10级。

表9-5　直螺纹接头安装时最小拧紧扭矩值

钢筋直径/mm	≤16	18~20	22~25	28~32	36~40	50
拧紧扭矩/N·m	100	200	260	320	360	460

钢筋连接完毕后，接头连接套筒外应有外露有效螺纹，且外露有效螺纹不得超过2p。

（6）质量检验

螺纹接头安装后，应进行接头现场抽检，项目应包括极限抗拉强度试验、加工和安装质量检验。抽检应按验收批进行，同钢筋生产厂、同强度等级、同规格、同类型和同形式接头应以500个为一个验收批进行检验与验收，不足500个也应作为一个验收批。抽其中10%的接头进行拧紧扭矩校核，拧紧扭矩值不合格数超过被校核接头数的5%时，应重新拧紧全部接头，直到合格为止。

对接头的每一验收批，应在工程结构中随机截取3个接头试件做极限抗拉强度试验，按设计要求的接头等级进行评定。当3个接头试件的极限抗拉强度均符合等级的强度要求时，该验收批应评定为合格。当仅有1个试件的极限抗拉强度不符合要求时，应再取6个试件进行复检。若复检中仍有1个试件的极限抗拉强度不符合要求，则该验收批应评定为不合格。

现场截取抽样试件后，原接头位置的钢筋可采用同等规格的钢筋进行搭接连接，或采用焊接及机械连接方法补接。

4. 施工注意事项

1）在进行钢筋连接时，钢筋规格应与连接套筒规格一致，并保证丝头和连接套筒内螺纹干净，同一个丝头的不完整螺纹不得超过2个螺纹周长。要注意对钢筋接头进行成品保护，如图 9-18 所示。图 9-19 为需要处理的端部。

2）安装接头时用管钳扳手拧紧，应使钢筋丝头在套筒中央位置相互顶紧，标准型接头安装后的外露螺纹不宜超过 $2p$。

图 9-18　切平并使用保护帽进行成品保护

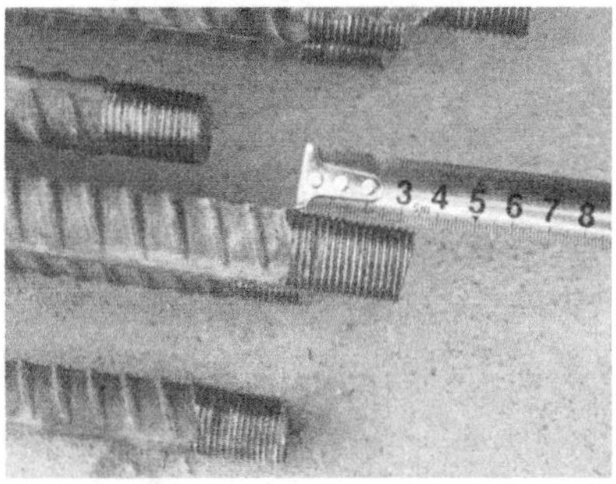

图 9-19　需处理的端部

三、绑扎搭接

搭接钢筋接头除应满足接头面积百分率的要求外，宜交错式布置，不应相邻钢筋接头连续布置。如钢筋直径相同，接头面积百分率为 50%时隔一搭一，接头面积百分率为 25%时隔三搭一。

四、钢筋的代换

1）钢筋的代换原则有等强度代换或等面积代换两种。当构件配筋受强度控制时，按钢筋代换前后强度相等的原则进行代换；当构件按最小配筋率配筋时，或同钢号钢筋之间的代换，按钢筋代换前后面积相等的原则进行代换。当构件受裂缝宽度或挠度控制时，代换前后应进行裂缝宽度和挠度验算。

2）钢筋代换时，应征得设计单位的同意，并办理相应手续。钢筋代换除应满足设计要求的构件承载力、最大力下的总伸长率、裂缝宽度验算，以及抗震规定外，还应满足最小配筋率、钢筋间距、保护层厚度、钢筋锚固长度、接头面积百分率及搭接长度等构造要求。

任务 3　钢筋的安装

1. 准备工作

1）基层清理，现场弹线，并剔凿、清理接头处表面混凝土浮浆、松动石子、混凝土块等，整理接头处插筋。

2）进行钢筋绑扎施工前，核对需绑扎钢筋的规格、直径、形状、尺寸和数量等是否与料单、料牌和施工图纸相符，核对需绑扎钢筋构件的位置、标高是否正确。

3）确定钢筋绑扎、安装的顺序，做到心中有数。

4）准备绑扎用的钢丝、工具、绑扎架及吊装运输设备等，如扳手、钢筋扎钩、小撬棍、画线尺、垫块等。

2. 基础钢筋绑扎

1）对于钢筋网的绑扎，四周两行钢筋交叉点应每点扎牢，中间部分交叉点可相隔交错扎牢，但必须保证受力钢筋不位移；双向主筋的钢筋网，则须将全部钢筋相交点扎牢；绑扎时应注意相邻绑扎点的钢丝扣要成八字形，以免网片歪斜变形。

2）基础底板采用双层钢筋网时，应在上层钢筋网下面设置钢筋撑脚，以保证钢筋位置正确。

3）钢筋的弯钩应朝上，不要倒向一边；但双层钢筋网的上层钢筋弯钩应朝下。

4）独立柱基础为双向钢筋时，其底面短边的钢筋应放在长边钢筋的上面。

5）现浇柱与基础连接用的插筋，一定要固定牢靠，位置准确，以免造成柱轴线偏移。

6）基础中纵筋的混凝土保护层厚度应按设计要求，且不应小于 40mm，当无垫层时，不应小于 70mm。

3. 柱钢筋绑扎

1）柱钢筋的绑扎应在柱模板安装前进行。

2）每层柱（嵌固部位为柱净高的 1/3）第一个钢筋接头位置距楼地面高度不宜小于 500mm、柱净高的 1/6 及柱截面长边（或直径）中的较大值。

3）钢筋安装时，应采用定位件固定钢筋的位置，并宜采用专用定位件。定位件应具有足够的承载力、刚度、稳定性和耐久性。定位件的数量、间距和固定方式，应能保证钢筋的位置偏差符合国家现行有关标准的规定。图 9-20 所示为柱定位件。混凝土框架梁、柱保护层内，不宜采用金属定位件。

图 9-20　柱定位件

4）采用复合箍筋时，箍筋外围应封闭。梁类构件复合箍筋内部宜选用封闭箍筋，单数肢也可采用拉筋；柱类构件复合箍筋内部可部分采用拉筋。当拉筋设置在复合箍筋内部不对称的一边时，沿纵筋方向的相邻复合箍筋应交错布置。

5）柱钢筋绑扎步骤

① 调整柱插筋位置。

② 套箍筋，计算柱子共需多少箍筋，并按箍筋弯钩叠合处需要错开的要求，将箍筋逐根整理好，并全部套在插筋上。

③ 立柱子主筋，并与插筋连接好。

④ 绑扎箍筋，在立好的柱子受力钢筋上，按图纸要求用粉笔画箍筋位置线，按位置线将已套好的箍筋往上移动，由上往下绑扎；箍筋的接头（弯钩叠合处）应交错布置在四角纵筋上；箍筋转角与纵筋交叉点均应扎牢（箍筋平直部分与纵筋交叉点可间隔扎牢），绑扎箍筋时，绑扣相互间应成八字形。

6）柱筋混凝土保护层厚度应符合设计或规范要求，保护层垫块应绑在柱箍筋外侧，间距一般为1000mm，或用塑料卡环卡在外层竖筋上以保证钢筋保护层厚度准确。

4. 墙钢筋绑扎

1）墙钢筋的绑扎也应在模板安装前进行。

2）墙（包括水塔壁、烟囱筒身、池壁等）的垂直钢筋每段长度不宜超过4m（钢筋直径不大于12mm）或6m（钢筋直径大于12mm）或层高加搭接长度，水平钢筋每段长度不宜超过8m，以利绑扎；钢筋的弯钩应朝向混凝土内。

3）采用双层钢筋网时，在两层钢筋间应设置撑铁或绑扎架，以固定钢筋间距。

4）剪力墙中水平分布钢筋宜放在外侧，并宜在墙端弯折锚固。采用定位件固定钢筋的位置，如图9-21所示。

图9-21　剪力墙定位件（梯子筋）固定钢筋的位置

5. 梁钢筋绑扎

1）连续梁、板的上部钢筋接头位置宜设置在跨中1/3跨度范围内，下部钢筋接头位置宜设置在梁端1/3跨度范围内，且远离柱端1.5h_0（h_0为梁的有效高度）。

2）当梁的高度较小时，梁的钢筋架空在梁模板顶上绑扎，然后再落位；当梁的高度较大（≥1.0m）时，梁的钢筋宜在梁底模上绑扎，其两侧模板或一侧模板后装；板的钢筋在模板安装后绑扎。

3）梁纵筋采用双层排列时，两排钢筋之间应垫以直径不小于25mm的短钢筋，以保持其设计距离。箍筋的接头（弯钩叠合处）应交错布置在两根角筋上，其余同柱，如图9-22所示。

4）构件交接处的钢筋位置应符合设计要求。当设计无具体要求时，应保证主要受力构件和构件中主要受力方向的钢筋位置。框架节点处梁纵筋宜放在柱纵筋内侧；当主次梁底部标高相同时，次梁下部钢筋应放在主梁下部钢筋之上；板、次梁与主梁交叉处，板的钢筋在上，次梁的钢筋居中，主梁的钢筋在下，如图9-23所示。

图9-22　框架梁箍筋的接头构造

图9-23　板、次梁与主梁交叉处钢筋构造

5）框架梁、柱交接处为核心区，箍筋严格按照设计及规范要求设置，如图 9-24 所示。钢筋穿插十分稠密时，应特别注意梁顶面主筋间要有 30mm 的净距，以利浇筑混凝土。

6）梁板钢筋绑扎时，应防止水电管线影响钢筋位置。钢筋绑扎时，可采用专用机械，以提高效率，如图 9-25 所示。

图 9-24　框架梁、柱交接处为核心区的箍筋设置

图 9-25　专用机械绑扎梁钢筋

6. 板钢筋绑扎

1）清理梁板、模板内的杂物（图 9-26）。用粉笔或板钢筋画线器在模板上画好板主筋、分布钢筋的间距位置线。

2）按画好的间距，先摆放受力钢筋，后放置分布钢筋，预埋件、电线管、预留孔等应及时配合安装。

3）绑扎楼板钢筋时，除外围两排钢筋的相交点全部绑扎外，中间部位的相交点可交错呈梅花状绑扎牢固。采用双层钢筋网时，在上层钢筋网下面应设置钢筋撑脚，以保证钢筋位置正确，如图 9-27 所示。绑扎时应注意相邻绑扎点的钢丝扣要呈八字形，以免网片歪斜变形。

图 9-26　清理梁模板内部杂物

图 9-27　设置板钢筋撑脚（马凳筋）

4）分布钢筋的每个相交点都要绑扎。

5）应注意板上部的负筋，要防止被踩下；特别是雨篷、挑檐、阳台等悬臂板，要严格控制负筋位置，以免拆模后断裂。

6）最后根据混凝土保护层要求垫好垫块。

7. 钢筋安装时的注意事项

1）高空作业时，不得将钢筋集中堆放，也不得把工具随意放在脚手板上，以免滑落伤人。

2）手工搬运钢筋必须戴好手套。多人运送钢筋，起落、转、停动作要一致，人工上下传递不得在同一垂直线上。

3）用起重机吊运钢筋骨架，必须由专人绑扎，严禁钢筋工参与绑扎，指挥吊运工作。起吊时，下方禁止站人，必须待钢筋降落到地面时方可靠近，就位支撑好后方可摘钩。

4）绑扎基础钢筋时，应按施工方案要求摆放钢筋支架或马凳，架起上部钢筋，不得任意减少支架或马凳。

5）不准将钢筋原材料、半成品、成品堆放在外脚手架和孔洞临边处。严禁在脚手架上拖拉钢筋。

6）施工场地绑扎钢筋时，要时刻注意场地的设备、开关箱、电源线和人员，防止钢筋触及他人及设备的传运部位，触及带电部位造成事故。

8. 钢筋安装验收

（1）主控项目

钢筋安装时，受力钢筋的牌号、规格和数量必须符合设计要求；受力钢筋的安装位置、锚固方式应符合设计要求。

检查数量：全数检查。

检验方法：观察，尺量。

（2）一般项目

钢筋安装允许偏差及检验方法应符合表 9-6 的规定。

梁板类构件上部受力钢筋保护层厚度的合格点率应达到 90% 及以上，且不得有超过表 9-6 中数值 1.5 倍的尺寸偏差。

表 9-6　钢筋安装允许偏差和检验方法

项目		允许偏差/mm	检验方法
绑扎钢筋网	长、宽	±10	尺量
	网眼尺寸	±20	尺量连续三档，取最大偏差值
绑扎钢筋骨架	长	±10	尺量
	宽、高	±5	尺量
纵筋	锚固长度	−20	尺量
	间距	±10	尺量两端、中间各一点，取最大偏差值
	排距	±5	尺量

（续）

<table>
<tr><th colspan="2">项目</th><th>允许偏差/mm</th><th>检验方法</th></tr>
<tr><td rowspan="3">纵筋、箍筋的混凝土保护层厚度</td><td>基础</td><td>±10</td><td>尺量</td></tr>
<tr><td>柱、梁</td><td>±5</td><td>尺量</td></tr>
<tr><td>板、墙、壳</td><td>±3</td><td>尺量</td></tr>
<tr><td colspan="2">绑扎钢筋、横向钢筋间距</td><td>±20</td><td>尺量连续三档，取最大偏差值</td></tr>
<tr><td colspan="2">钢筋弯起点位置</td><td>20</td><td>尺量，沿纵、横两个方向量测，并取其中偏差的较大值</td></tr>
<tr><td rowspan="2">预埋件</td><td>中心线位置</td><td>5</td><td>尺量</td></tr>
<tr><td>水平高差</td><td>+3，0</td><td>塞尺量测</td></tr>
</table>

检查数量：在同一检验批内，对梁、柱和独立基础，应抽查构件数量的 10%，且不应少于 3 件；对墙和板，应按有代表性的自然间抽查 10%，且不应少于 3 间；对大空间结构，墙可按相邻轴线间高度 5m 左右划分检查面，板可按纵、横轴线划分检查面，抽查 10%，且均不应少于 3 面。

实践活动

1. 活动任务

根据项目四任务 3 钢筋翻样实例计算结果，进行现浇框架梁钢筋加工安装。

2. 活动组织

项目实施中，对学生进行分组，3~4 人组成 1 个工作小组，各小组制订出钢筋绑扎安装方案及工作计划，组长协助实习指导教师指导本组学生，进行钢筋加工、安装，同时检查项目进度和质量，制订改进措施，共同完成项目任务。

3. 活动时间（12 学时）

自我检验

一、填空题

1. CRB550、CRB600H 为普通钢筋混凝土用钢筋，用于钢筋混凝土________构件和________中的受力钢筋，梁、柱中的________以及构造钢筋等。

2. 对直径小的盘条钢筋，可通过________自动去锈，________可采用圆盘铁丝刷除锈机除锈。

3. HPB300 光圆钢筋的冷拉率不宜大于________，HRB400、HRB500、HRBF400、HRBF500、RRB400 带肋钢筋的冷拉率不宜大于________，钢筋调直过程中，不应损伤带肋钢筋的横肋。

4. 钢筋切断时一般应先断________，后断________，以减少断头接头和损耗。

5. 钢筋常用的连接方式有________________、________________、________________三种。

6. 两根同牌号、不同直径的钢筋可采用________焊、________焊或________焊连接。

7. 独立柱基础底板为双向钢筋时，其底面________边的钢筋应放在________边钢筋的上面。

8. 墙的钢筋直径不大于 12mm 时，竖向钢筋每段长度不宜超过________，钢筋直径大于 12mm 时，竖向钢筋每段长度不宜超过________。水平段钢筋每段长度不宜超过________，钢筋弯钩应朝向________。

9. 当梁高度较小时，梁的钢筋应________绑扎，当梁的高度较大时，梁的钢筋宜在________绑扎。板的钢筋在________绑扎。

10. 板、次梁与主梁交叉处，________的钢筋在上，________的钢筋居中，________的钢筋在下。

二、单选题

1. 关于墙钢筋绑扎的说法，正确的是（　　）。

A. 钢筋直径小于或等于 12mm 时，墙垂直钢筋每段长度不宜超过 6m

B. 钢筋直径大于 12mm 时，墙垂直钢筋每段长度不宜超过 8m

C. 水平钢筋每段长度不宜超过 10m

D. 剪力墙中水平分布钢筋宜放在外侧，并在墙端弯折锚固

2. 关于梁、板钢筋绑扎的说法，正确的是（　　）。

A. 梁的高度较小时，梁的钢筋宜在梁底模上绑扎

B. 梁的高度较大时，梁的钢筋宜架空在梁模板顶上绑扎

C. 板、次梁与主梁交叉处，板的钢筋在上，次梁的钢筋居中，主梁的钢筋在下

D. 框架节点处钢筋穿插十分稠密时，应保证梁顶面主筋间的净距最小值 10mm

3. 板、次梁与主梁交叉处，钢筋绑扎的位置为（　　）。

A. 板的钢筋在上，次梁钢筋居中，主梁钢筋在下

B. 次梁钢筋在上，板的钢筋居中，主梁钢筋在下

C. 主梁钢筋在上，次梁钢筋居中，板的钢筋在下

D. 板的钢筋在上，主梁钢筋居中，次梁钢筋在下

4. 关于柱钢筋绑扎的说法，正确的是（　　）。

A. 框架梁、牛腿及柱帽等钢筋，应放在柱子纵筋外侧

B. 柱钢筋的绑扎应在柱模板安装后进行

C. 箍筋接头应交错布置在四角纵筋上

D. 钢筋安装应采用金属定位件

5. 冷弯性是反映钢筋的（　　）指标。

A. 屈服强度　　B. 延伸率　　C. 塑性　　D. 强度

6. 钢筋焊接时，不需要施加顶锻压力的焊接方法是（　　）。

A. 闪光对焊　　B. 电弧焊　　C. 电渣压力焊　　D. 气压焊

7. 关于钢筋绑扎的说法错误的是（　　）。

A. 框架梁的上部钢筋接头位置宜设置在跨中 1/3 跨度范围内

B. 双向主筋的钢筋网，四周两行钢筋交叉点应每点扎牢，中间部分交叉点可相隔交错扎牢

C. 板、次梁与主梁交叉处，板的钢筋在上，次梁的钢筋居中，主梁的钢筋在下
D. 框架节点处钢筋穿插十分稠密时，梁顶面主筋间的净距要有30mm，以利浇筑混凝土
8. 梁下部纵筋接头位置宜设置在（　　）。
A. 梁跨中　　B. 梁支座
C. 距梁支座1/3处　　D. 可随意设置
9. 下列钢筋属于细晶粒热轧钢筋的是（　　）。
A. HRB400　　B. HRB400E　　C. HRBF400　　D. RRB400
10. 关于控制钢筋伸长率的说法，正确的是（　　）。
A. HPB300钢筋冷拉率不宜大于4%
B. HRB400钢筋冷拉率不宜大于3%
C. HRB500钢筋冷拉率不宜大于2%
D. RRB600钢筋冷拉率不宜大于1%
11. 当采用冷拉调直钢筋时，必须控制钢筋的（　　）。
A. 伸长率　　B. 屈服强度　　C. 强屈比　　D. 延伸率
12. 关于基础钢筋施工的说法，正确的是（　　）。
A. 钢筋网绑扎时，必须将全部钢筋相交点扎牢，不可漏绑
B. 底板双层钢筋，上层钢筋弯钩朝下，下层钢筋弯钩可朝上或水平
C. 纵筋混凝土保护层厚度不应小于40mm，无垫层时不应小于70mm
D. 独立柱基础为双向钢筋时，其底面长边钢筋应放在短边钢筋的上面
13. 关于钢筋接头位置设置的说法，正确的是（　　）。
A. 受力较小处
B. 同一纵筋可设置两个或两个以上接头
C. 接头应设置在有抗震设计要求的柱端箍筋加密区范围内
D. 余热处理钢筋应采用焊接连接
14. 钢筋代换可采用等强度代换原则的情况有（　　）。
A. 构件配筋受强度控制的　　B. 构件按最小配筋率配筋的
C. 同牌号钢筋之间代换的　　D. 构件受裂缝宽度控制的
15. 关于钢筋代换的说法，不正确的是（　　）。
A. 当构件配筋受强度控制时，按钢筋代换前后强度相等的原则代换
B. 当构件按最小配筋率配筋时，按钢筋代换前后截面积相等的原则代换
C. 钢筋代换时应征得监理单位的同意
D. 当构件受裂缝宽度控制时，代换前后应进行裂缝宽度和挠度验算
16. 关于钢筋安装工程的说法，错误的是（　　）。
A. 框架梁钢筋一般应安装在柱纵筋外侧
B. 柱箍筋转角与纵筋交叉点均应扎牢
C. 楼板的钢筋中间部分可以相隔交叉绑扎
D. 现浇悬挑板上部负筋被踩下可以不修理

三、简答题

1. 钢筋进场后需要做力学性能试验，试回答在现场对钢筋的抽样方法。

2. 简述柱子钢筋绑扎安装工艺要求。
3. 钢筋安装完毕后应进行检查验收，试简述其检查验收的内容。
4. 电渣压力焊接头外观质量检查应符合哪些规定？
5. 剥肋滚压螺纹丝头检验有哪些要求？
6. 钢筋安装验收主控项目有哪些要求？
7. 钢筋拉伸、弯曲、质量偏差试样检验有哪些要求？

附　录

混凝土框架结构图纸实例

（下载链接）

参考文献

[1] 孙学礼，王松军. 建筑施工技术与机械 [M]. 3版. 北京：高等教育出版社，2022.
[2] 张淑敏，陈志会. 钢筋翻样与加工 [M]. 北京：中国建筑工业出版社，2019.
[3] 孙学礼，战东升. 混凝土结构施工图平法识读 [M]. 2版. 北京：机械工业出版社，2023.
[4] 王仁田，林宏剑. 建筑结构施工图识读 [M]. 北京：高等教育出版社，2015.
[5] 周宏生. 钢筋翻样就这么简单：老周带您学翻样 [M]. 北京：中国时代经济出版社，2013.